移动学习系列教材

高 等 数 学

上 册

第 2 版

主　编　杜洪艳
副主编　高　萍　韩世勤
参　编　胡满姑　朱小红　张馨元　崔淑琪

机 械 工 业 出 版 社

本书是以教育部高等工科数学课程教学指导委员会制定的《高等数学课程教学基本要求》为标准编写而成的. 书中渗透了不少现代数学观点及数学文化内容，增加了部分数学实验的内容，以培养学生的专业素质、提高学生应用数学的能力为目的，充分吸收了编者多年来的教学实践与教学改革成果.

本书内容包括函数与极限、导数与微分、微分中值定理与导数的应用、不定积分、定积分、定积分的应用、微分方程. 节后配有相应的习题，每章末配有综合练习，书末附有部分习题的参考答案.

本书适用于普通高等院校本、专科高等数学课程的教学，也可作为科技工作者的参考用书.

图书在版编目（CIP）数据

高等数学 . 上册/杜洪艳主编 . —2 版 . —北京：机械工业出版社，2018.2（2022.8 重印）

移动学习系列教材

ISBN 978-7-111-58595-4

Ⅰ. ①高… Ⅱ. ①杜… Ⅲ. ①高等数学 – 高等学校 – 教材 Ⅳ. ①O13

中国版本图书馆 CIP 数据核字（2017）第 295151 号

机械工业出版社（北京市百万庄大街 22 号 邮政编码 100037）
策划编辑：韩效杰 责任编辑：韩效杰 汤 嘉
责任校对：樊钟英 封面设计：鞠 杨
责任印制：张 博
保定市中画美凯印刷有限公司印刷
2022 年 8 月第 2 版第 5 次印刷
184mm×260mm · 18 印张 · 435 千字
标准书号：ISBN 978-7-111-58595-4
定价：49.80 元

电话服务 网络服务
客服电话：010 - 88361066 机 工 官 网：www.cmpbook.com
　　　　　010 - 88379833 机 工 官 博：weibo.com/cmp1952
　　　　　010 - 68326294 金 书 网：www.golden-book.com
封底无防伪标均为盗版 机工教育服务网：www.cmpedu.com

前　　言

科学的飞速发展和计算机的快速普及，使得数学在其他科学领域中的应用空前广泛，社会各个领域对数学的需求也越来越多，对各专业人才的数学素养要求也越来越高．本书是以教育部高等工科数学课程教学指导委员会制定的《高等数学课程教学基本要求》为标准，以提高学生的专业素质为目的，在充分吸收编者多年来的教学实践和教学改革成果的基础上编写而成的．

"高等数学"是高校的基础课程之一，这门课程的思想和方法是人类文明发展史上理性智慧的结晶，它不仅提供了解决实际问题的有力的数学工具，同时还给学生提供了一种思维的训练方法，帮助学生提高作为应用型、创造型、复合型人才所必需的文化素质和修养．本书在编写过程中，注重强调数学的思想方法，重点培养学生的数学思维能力，并力求提高学生的数学素养，从而体现出数学既是一种工具，同时也是一种文化的思想．在内容选取上删去了传统本科教材中难而繁的内容，保留了高等数学传统的知识内容，渗透了不少现代数学观点，增加了一批各学科领域中的应用型例题以及以往传统教材中没有的数学实验，以利于学生更好地利用计算机来应用数学．期望通过对本书的学习，学生不仅达到会数学、更达到会用数学的目的．

本书对数学的基本概念和原理的讲述通俗易懂，同时又兼顾了数学的科学性与严谨性；对定义和定理等的叙述准确、清晰，并在节后配有相应的习题，每章末配有综合练习．本书适用于普通高等院校本、专科高等数学课程的教学，也可作为科技工作者的参考用书．

参加本书编写的人员有武昌理工学院的杜洪艳、高萍、韩世勤、胡满姑、朱小红、张馨元、崔淑琪等．全书的框架结构统稿及定稿由主编杜洪艳负责．

由于编者水平有限，书中难免有不妥之处，恳请专家及读者批评指正．

编　者

目　　录

第 1 章

函数与极限

函数是微积分学的主要研究对象，而极限是相应的研究工具．本章将在高中所学知识的基础上介绍函数、极限和函数的连续性等概念及它们的性质．

1.1 函数

1.1.1 预备知识

实数集是以实数为元素的集合，根据集合所包含的元素是否为有限个可将集合分为有限集和无限集．区间即为实数集中的无限集．

1. 区间

设 a，b 是两个实数，且 $a < b$，满足不等式 $a < x < b$ 的一切实数 x 的全体构成的数集称为开区间，记为 (a,b)，即 $(a,b) = \{x \mid a < x < b\}$；满足不等式 $a \leqslant x \leqslant b$ 的一切实数 x 的全体构成的数集称为闭区间，记为 $[a,b]$，即 $[a,b] = \{x \mid a \leqslant x \leqslant b\}$；满足不等式 $a < x \leqslant b$ 或 $a \leqslant x < b$ 的一切实数 x 的全体构成的数集称为半开区间，记为 $(a,b]$ 或 $[a,b)$．$|b-a|$ 为上述区间的区间长度．

当区间长度为有限长时，该区间称为有限区间；当区间长度为无限长时，该区间称为无限区间．例如 $(-\infty, +\infty)$ 表示全体实数构成的集合；$(a, +\infty)$ 表示所有大于 a 的实数构成的数集；$(-\infty, a)$ 表示所有小于 a 的实数构成的数集；$[a, +\infty)$ 表示所有大于或等于 a 的实数构成的数集；$(-\infty, a]$ 表示所有小于或等于 a 的实数构成的数集．

2. 绝对值

设 a 是一个实数，a 的绝对值用记号 $|a|$ 表示，即有定义

$$|a| = \begin{cases} a, & \text{当 } a \geqslant 0 \text{ 时}, \\ -a, & \text{当 } a < 0 \text{ 时}, \end{cases}$$

由此可知，$|a| \geq 0$，且有

$$|a| = \sqrt{a^2}.$$

其几何意义是：$|a|$ 表示数轴上点 a 与原点 O 之间的距离．

下面两式经常用到：

$$|x| \leq a \Leftrightarrow -a \leq x \leq a;$$
$$|x| \geq a \Leftrightarrow x \leq -a \text{ 或 } x \geq a.$$

这里我们假定 $a > 0$．由 $|x|$ 的**几何意义**可知，$|x| \leq a$ 表示点 x 与原点 O 之间的距离不超过 a，而 $|x| \geq a$ 表示点 x 与原点 O 之间的距离不小于 a．

3. 邻域

设 a 和 δ 是两个实数，且 $\delta > 0$，所有满足不等式

$$|x - a| < \delta$$

的一切实数 x 的全体构成的数集称为点 a 的 δ 邻域，记作 $U(a, \delta)$ 或 $U(a)$，即

$$U(a, \delta) = \{x \mid |x - a| < \delta\}.$$

点 a 称为该邻域的中心，δ 称为该邻域的半径．

如果仅仅研究 x 在点 a 邻近的变化情况，就需要用到邻域．有时 $x \neq a$，则需要把邻域的中心去掉．去掉中心后的点 a 的 δ 邻域，称为点 a 的去心 δ 邻域，记作 $\mathring{U}(a)$，即

$$\mathring{U}(a, \delta) = \{x \mid 0 < |x - a| < \delta\}.$$

1.1.2　函数的概念

在研究某一现象或变化过程时，有些量始终取不变的值即常量（一般用字母 $a, b, c, \cdots$ 表示），还有一些量可取变化的值即变量（一般用字母 $x, y, z, \cdots$ 表示），它们之间相互关联，遵从一定的变化规律．

下面我们来考察几个实例．

成本问题　设某厂生产某产品，日产 x 单位，它的日固定成本为 130 元，生产一个单位产品的成本为 6 元，那么该厂日产量 x 与日总成本 C 之间的依赖关系由 $C = 130 + 6x$ 给出，当 $x = 30$ 单位时，$C = 310$ 元；当 $x = 50$ 单位时，$C = 430$ 元，即当产量 x 变化时，成本 C 也随之而变化．

自由落体问题　设物体下落的时间为 t，下落的距离为 s．假定开始下落的时刻为 $t = 0$，那么 s 与 t 之间的关系由 $s = \dfrac{1}{2}gt^2$ 给出，其中 g 是重力加速度．在这个关系中，距离 s 随时间 t 的变化而变化．例如，当 $t = 1\text{s}$ 时，$s = \dfrac{1}{2}g$；当 $t = 3\text{s}$ 时，$s = \dfrac{9}{2}g$，等等．当下落时间 t 取定一个值 t_0 时，对应的距离 $s = \dfrac{1}{2}gt_0^2$ 的值也就确定了．

上面列举的实际例子中抽去所考察问题的具体背景，我们看到，在上述关系中，当其中一个变量在某一范围内每取定一个数值时，另一个变量就有唯一确定的值与之对应．这种两个变量之间的对应关系就是函数概念的实质．

我们还需注意到，在上面的实例中，变量的取值都有一定的范围．成本问题中，产品的日产量 x 取自然数，成本 C 取正实数；自由落体问题中，时间 t 及距离 s 均不能取负值．可见，在每一个确定的关系中，变量都具有明确的取值范围．

下面，我们给出函数的定义．

定义 1.1 设 x，y 是两个变量，当变量 x 在非空数集 D 中任意取定一个数值时，如果依照某种对应法则 f，变量 y 有唯一确定的数值与之对应，那么，称 y 是 x 的函数，记为

$$y = f(x),$$

其中，x 称为自变量，y 称为函数（或因变量）．数集 D 称为函数的定义域．

当 x 取 D 中的数值 x_0 时，与 x_0 对应的 y 值称为函数 $y = f(x)$ 在点 x_0 处的函数值，记作 $f(x_0)$．

当 x 遍取 D 中每一个值时，对应的函数值全体组成的数集

$$W = \{y \mid y = f(x), x \in D\}$$

称为函数的值域．

借助于图像的直观形象来研究函数是很有益的．为此，首先应明确什么是函数的图像，函数与其图像是什么关系．

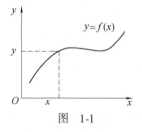

图 1-1

给定函数 $y = f(x)$，点集 $\{(x,y) \mid y = f(x)\}$ 所构所的图形，即为函数 $y = f(x)$ 的图像（图 1-1）．

函数与其图像的关系是：图像上任一点 (x,y) 的纵坐标 y 是横坐标 x 对应的函数值 $y = f(x)$．

这样我们可以通过分析函数图像的形态来研究函数．

根据函数的定义，函数的定义域和对应法则是确定函数的两个**重要因素**．在实际问题中，函数的定义域应根据问题的实际意义来确定；对于用一个解析式表示的函数，它的定义域可由函数表达式本身来确定，即要使运算有意义．若函数的自变量在不同范围内取值时有不同的解析式（此类函数称为**分段函数**），则它的定义域是其自变量各取值范围的并集．

例 1 求下列函数的定义域：

(1) $y = \dfrac{1}{9 - x^2} + \sqrt{x + 1}$；

(2) $y = \lg(x^2 - 5x + 6)$；

(3) $y = \arcsin \dfrac{x + 1}{2}$．

解 (1)由 $9 - x^2 \neq 0$ 得 _____,

又由 $x + 1 \geqslant 0$ 得 _____,

所以函数的定义域为 $[-1, 3) \cup (3, +\infty)$.

(2)由 $x^2 - 5x + 6 > 0$ 得 _____,

所以函数的定义域为 $(-\infty, 2) \cup (3, +\infty)$.

(3)由 $-1 \leqslant \dfrac{x+1}{2} \leqslant 1$ 得 $-2 \leqslant x + 1 \leqslant 2$,

即 _____,

所以函数的定义域为 _____.

例2 作分段函数

$$f(x) = \begin{cases} x, & x \geqslant 0, \\ x+1, & x < 0 \end{cases}$$

的图像,并指出其定义域.

解 在一个坐标系中作出对应区间上的图形(图1-2),因为 x 取 $(-\infty, 0) \cup [0, +\infty) = (-\infty, +\infty)$,所以此分段函数 $f(x)$ 的定义域为 $(-\infty, +\infty)$.

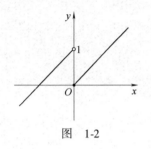

图 1-2

1.1.3 函数的基本性质

1. 函数的单调性

设函数 $f(x)$ 在区间 (a, b) 内有定义,如果对于区间 (a, b) 内的任意两点 x_1 和 x_2,当 $x_1 < x_2$ 时,总有 $f(x_1) < f(x_2)$(或 $f(x_1) > f(x_2)$),则称函数 $f(x)$ 在区间 (a, b) 内是单调增加(或单调减少)的. 单调增加(或单调减少)的函数统称为单调函数.

单调增加(或单调减少)函数的图像是沿 x 轴正向逐渐上升(或下降)的(图1-3).

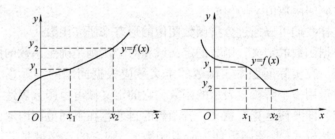

图 1-3

图 1-4

例如,函数 $y = x^2$ 在区间 $(-\infty, +\infty)$ 内不是单调函数(图1-4),但在区间 $(-\infty, 0]$ 内是单调减少的,而在区间 $[0, +\infty)$ 内是单调增加的.

2. 函数的奇偶性

设函数 $f(x)$ 的定义域 D 关于原点对称,如果对于任一 $x \in D$,

$f(-x) = -f(x)$恒成立，则称$f(x)$为奇函数；如果对于任一$x \in D$，$f(-x) = f(x)$恒成立，则称$f(x)$为偶函数.

例如，$f(x) = x^3$是奇函数，因为$f(-x) = (-x)^3 = -x^3 = -f(x)$；而$f(x) = x^2$是偶函数，因为$f(-x) = (-x)^2 = x^2 = f(x)$.

奇函数的图像是关于原点对称的. 因为，若$f(x)$是奇函数，则$f(-x) = -f(x)$. 如果$A(x, f(x))$是图像上的点，那么它关于原点对称的点$A'(-x, -f(x))$也必在图像上(图1-5a).

偶函数的图像是关于y轴对称的，因为如果$f(x)$是偶函数，则$f(-x) = f(x)$. 如果$A(x, f(x))$是图像上的点，那么它关于y轴对称的点$A'(-x, f(x))$也必在图像上(图1-5b).

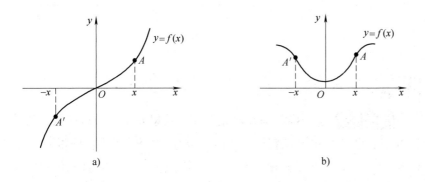

图 1-5

有的函数既非奇函数又非偶函数，称为非奇非偶函数，如$y = 2x + 3$等.

而$y = 0$既是奇函数又是偶函数.

3. 函数的有界性

设函数$f(x)$在区间(a, b)内有定义，如果存在一个正数M，使得对于区间(a, b)内的任意x，对应的函数值$f(x)$恒有$|f(x)| \leq M$，就称函数$f(x)$在(a, b)内有界；如果这样的数M不存在，则称函数$f(x)$在区间(a, b)内无界.

例如，函数$f(x) = \sin x$，$f(x) = \cos x$，$f(x) = \arctan x$，$f(x) = \text{arccot} x$在定义域$(-\infty, +\infty)$内是有界的；函数$f(x) = \sin \dfrac{1}{x}$在$\overset{\circ}{U}(0, \delta)$内是有界的.

而函数$f(x) = \dfrac{1}{x}$在区间$(0, 1)$内是无界的，函数$f(x) = x^3$在$(-\infty, +\infty)$内也是无界的，等等.

4. 函数的周期性

设函数$f(x)$的定义域为D，如果存在一个不为零的数l，使得对于任一$x \in D$，有$(x \pm l) \in D$，且$f(x + l) = f(x)$恒成立，则函数$f(x)$称为周期函数，l称为这个函数的周期. 通常我们所说的周期指的是最小正周期, 但并不是所有的周期函数一定会有最小正周期.

例如, 函数 $\sin x$, $\cos x$ 都是以 2π 为周期的周期函数; 函数 $\tan x$, $\cot x$ 都是以 π 为周期的周期函数.

一个周期为 l 的周期函数, 它的图像在定义域内每个长度为 $|l|$ 的相邻区间上有着相同的形状(图 1-6).

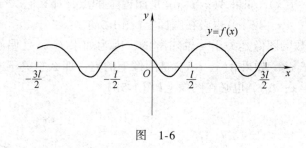

图 1-6

1.1.4 反函数

定义 1.2 设函数 $y = f(x)$ 是定义在数集 D 上的单调函数, 值域为 W; 如果对于 W 中的每一个 y 值, 恰有一个数 $x \in D$, 使得 $f(x) = y$, 那么, 我们把这个 x 记作 $f^{-1}(y)$, 即 $x = f^{-1}(y)$, 这样所确定的以 y 为自变量的函数, 叫做 $y = f(x)$ 的反函数. 它的定义域为 W, 值域为 D.

习惯上, 函数的自变量用 x 表示。所以, $y = f(x)$ 的反函数通常表示为 $y = f^{-1}(x)$.

反函数 $y = f^{-1}(x)$ 的图像, 与函数 $y = f(x)$ 的图像关于(在 x, y 轴的单位长度相等的同一坐标系中)直线 $y = x$ 对称(图 1-7).

例3 求函数

$$y = \frac{1}{2}(e^x - e^{-x})$$ 的反函数.

图 1-7

解 由 $y = \frac{1}{2}(e^x - e^{-x})$ 得

$$e^{2x} - 2ye^x - 1 = 0,$$

有

$$e^x = \frac{2y \pm \sqrt{4y^2 + 4}}{2} = y \pm \sqrt{y^2 + 1}.$$

因 $e^x > 0$, 则

$$e^x = \underline{\qquad\qquad},$$

于是

$$x = \ln(y + \sqrt{1 + y^2}).$$

故函数 $y = \frac{1}{2}(e^x - e^{-x})$ 的反函数为

$$\underline{\qquad\qquad}, \ x \in \mathbf{R}.$$

数学中称 $y = \frac{1}{2}(e^x - e^{-x})$ 为双曲正弦函数，它的反函数称为反双曲正弦函数，分别记为

$$\sinh x = \frac{1}{2}(e^x - e^{-x}), \quad \text{arsinh } x = \ln(x + \sqrt{1 + x^2}).$$

类似地，有

双曲余弦函数　　$\cosh x = \frac{1}{2}(e^x + e^{-x})$；

双曲正切函数　　$\tanh x = \frac{e^x - e^{-x}}{e^x + e^{-x}}$.

它们的反函数是

反双曲余弦函数　　$\text{arcosh } x = \ln(x + \sqrt{x^2 - 1})$；

反双曲正切函数　　$\text{artanh } x = \frac{1}{2}\ln\frac{1 + x}{1 - x}$.

1.1.5　初等函数

1. 基本初等函数

常数函数、幂函数、指数函数、对数函数、三角函数、反三角函数，统称为基本初等函数. 它们的定义、定义域、图像及特性见附录 C.

另外，常用到线性函数 $f(x) = kx + b$，其图像为平面上的一条直线，定义域为 $(-\infty, +\infty)$. 当 $k > 0$ 时，为单调递增函数；当 $k < 0$ 时，为单调递减函数；k 称为直线的斜率.

2. 复合函数

设 y 是 u 的函数，$y = f(u)$，而 u 又是 x 的函数，$u = \varphi(x)$，用 D 表示 $\varphi(x)$ 的定义域或其中一部分. 如果对于 x 在 D 上取值时所得对应的 u 值，函数 $y = f(u)$ 是有定义的，则 y 成为 x 的函数，记为

$$y = f(\varphi(x)).$$

这个函数称为函数 $y = f(u)$ 及 $u = \varphi(x)$ 的复合函数，它的定义域为 D，变量 u 称作这个复合函数的中间变量.

例如，$y = \sin^2 x$ 是由 $y = u^2$ 及 $u = \sin x$ 复合而成的复合函数，它的定义域为 $(-\infty, +\infty)$，也是 $u = \sin x$ 的定义域；又如，$y = \sqrt{1 - x^2}$ 是由 $y = u^{\frac{1}{2}}$ 及 $u = 1 - x^2$ 复合而成的复合函数，它的定义域是 $[-1, 1]$，只是 $u = 1 - x^2$ 的定义域 $(-\infty, +\infty)$ 的一部分.

必须注意，并不是任何两个函数都可以复合成一个复合函数的. 例如，函数 $y = \arcsin u$ 及 $u = 2 + x^2$，就不能复合成一个复合函数. 因为对于 $u = 2 + x^2$ 的定义域 $(-\infty, +\infty)$ 中任何 x 值所对应的 u 值（均大于或等于 2），$y = \arcsin x$ 都没有定义.

复合函数不仅可以由两个函数复合而成，也可以由更多个函数复合而成. 例如，$y = \ln(1 + \sqrt{1 + x^2})$ 就是由 $y = \ln u$，$u = 1 + v$，$v = w^{\frac{1}{2}}$，$w = 1 + x^2$ 复合而成的复合函数，它的定义域与 $w = 1 + x^2$ 的定义域同为 $(-\infty, +\infty)$.

3. 初等函数

由基本初等函数经过有限次的四则运算或有限次的复合所形成的并且可以用一个式子表示的函数，称为初等函数.

本书所讨论的函数主要是初等函数.

1.1.6　建立函数关系式举例

在解决实际问题时，通常需要建立函数关系式. 为此，需要明确问题中的自变量与因变量，再根据相关规律建立函数关系式. 下面列举一些简单的实际问题，说明建立函数关系式的过程.

例4　用铁皮做一个容积为 V 的圆柱形罐头盒，试将它的表面积表示成底面半径的函数.

解　设底面半径为 x，表面积为 y，如果罐头盒的高为 h，由题意知 $\pi x^2 h = V$，那么

$$h = \underline{\hspace{3cm}}$$

从而

$$y = \underline{\hspace{3cm}},$$

即

$$y = 2\left(\frac{V}{x} + \pi x^2\right), \quad x \in (0, +\infty).$$

例5　弹簧受力则伸长，由实验知，在弹性限度内，伸长量与受力大小成正比. 现已知一弹性限度为 P 的弹簧受力 9.8N 时，伸长量为 0.02m. 求弹簧的伸长量与受力之间的函数关系.

解　设弹簧受力 F 时，其伸长量为 l，由实验知，l 与 F 成正比，即

$$l = kF \quad (k \text{ 为比例常数}).$$

由已知条件 $F = 9.8$N 时，$l = 0.02$m，代入上式，得

$$0.02 = k \cdot 9.8, \quad \text{即 } k = \frac{1}{490}.$$

故有 l 与 F 间的函数关系：

$$l = \frac{F}{490}, \quad F \in [0, P].$$

例6　某运输公司的货物运价为：距离在 a(km) 以内，每千米的

运价为 k 元；距离超过 $a(\mathrm{km})$，超过部分的运价为 $\dfrac{4}{5}k$ 元/千米．求总的运费 m 和距离 s 之间的函数关系.

解 根据题意，在不同距离范围内运价是不同的.

当 $0 < s \leqslant a$ 时，$m = ks$；当 $s > a$ 时，$m = ka + \dfrac{4}{5}k(s-a)$，故 m 和 s 之间的函数关系为

$$m = \begin{cases} ks, & 0 < s \leqslant a, \\ ka + \dfrac{4}{5}k(s-a), & s > a. \end{cases}$$

这是一个分段函数，定义域为 $(0, +\infty)$.

例7 在机械中常用一种曲轴连杆机构（图1-8），当主动轮转动时，连杆 AB 带动滑块 B 作往复直线运动．设主动轮半径为 r，转动的匀角速度为 ω，连杆长度为 l，求滑块 B 的运动规律.

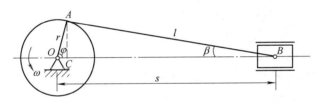

图 1-8

解 设运动开始后，经过时间 t，滑块 B 离 O 点的距离为 s，求滑块 B 的运动规律就是建立 s 与 t 之间的函数关系.

设主动轮开始旋转时，A 点正好在 OB 的连线上，经过时间 t 后，主动轮转了角 $\varphi(\mathrm{rad})$，那么 $\varphi = \omega t$，由于 $s = OC + CB$，而 $OC = r\cos\varphi = r\cos\omega t$，$CB = \sqrt{AB^2 - CA^2}$，从而 $CB = \sqrt{l^2 - r^2\sin^2\omega t}$，故得

$$s = r\cos\omega t + \sqrt{l^2 - r^2\sin^2\omega t}, \quad t \in [0, +\infty).$$

建立函数关系式的方法很多．总的来说，分析已知条件，设立未知变量，从实验或已知规律建立相应等式，再整理化简后，就得到函数关系式．当然，还应加以证明或验证.

习题 1.1

1. 用区间表示下列已知邻域：

(1) $U(0, 0.02)$；　　　　　　　(2) $U(3, 0.1)$；

(3) $U(-\pi, 0.01)$；　　　　　　(4) $\mathring{U}(1, 0.2)$；

(5) $\mathring{U}(0, 0.5)$；　　　　　　　(6) $\mathring{U}\left(\dfrac{\pi}{2}, 0.1\right)$.

2. 求下列函数的定义域：

(1) $y = \dfrac{x}{x^2 - 2x - 35}$；　　　　　　(2) $y = \sqrt{2x + 5}$；

(3) $y = \ln(x + 1) + \arctan x$；　　　　(4) $y = \mathrm{e}^{\frac{1}{x-1}}$.

3. 设 $f(x) = \sqrt{x^2 + 4}$，求函数值 $f(0)$，$f(1)$，$f(-x)$，$f\left(\dfrac{1}{a}\right)$ 和 $f(x_0 + h)$.

4. 设函数

$$g(x) = \begin{cases} |\sin x|, & |x| < \dfrac{\pi}{3}, \\ 0, & |x| \geqslant \dfrac{\pi}{3}. \end{cases}$$

求 $g\left(\dfrac{\pi}{6}\right)$，$g\left(\dfrac{\pi}{4}\right)$，$g\left(-\dfrac{\pi}{4}\right)$ 和 $g(-2)$.

5. 确定下列函数的定义域并作函数图像：

(1) $f(x) = \begin{cases} 1, & x > 0, \\ 0, & x = 0, \\ -1, & x < 0; \end{cases}$

(2) $f(x) = \begin{cases} \sqrt{1 - x^2}, & |x| \leqslant 1, \\ x - 1, & 1 < |x| < 2; \end{cases}$

(3) $f(x) = 2 - |x - 3|$.

6. 指出下列函数在指定区间内的单调性：

(1) $y = x^2$，$x \in (-1, 0)$；

(2) $y = \lg x$，$x \in (0, +\infty)$；

(3) $y = \sin x$，$x \in \left(-\dfrac{\pi}{2}, \dfrac{\pi}{2}\right)$；

(4) $y = 2^{-x}$，$x \in (-\infty, +\infty)$.

7. 指出下列函数哪些是奇函数，哪些是偶函数，哪些是非奇非偶函数：

(1) $y = \dfrac{1 + x^2}{1 - x^2}$；

(2) $y = x(x - 1)(x + 1)$；

(3) $y = \dfrac{1}{2}(a^x + a^{-x})$；

(4) $y = 2x^3 - 3x^2$；

(5) $y = \lg \dfrac{1 + x}{1 - x}$；

(6) $y = \sin x - \cos x$.

8. 下列函数中哪些函数在区间 $(-\infty, +\infty)$ 内有界？

(1) $y = \sin^2 x + 3$；

(2) $y = \sin \dfrac{x}{2} + \cos \dfrac{x}{2}$；

(3) $y = x^2 - 4x - 5$.

9. 下列函数中哪些是周期函数？对于周期函数，指出其周期：

(1) $y = \cos(x - 2)$；　　　　　　(2) $y = \sin 4x$；

(3) $y = 1 + \sin \pi x$；　　　　　(4) $y = x \sin x$.

10. 求下列函数的反函数，并指出反函数的定义域：

(1) $y = \sqrt[3]{x+1}$；   (2) $y = 1 + \ln(x+2)$；

(3) $y = \dfrac{1-x}{1+x}$；   (4) $y = \dfrac{2^x}{2^x+1}$．

11. 将下列各题中的变量 y 表示为变量 x 的函数，并写出它们的定义域：

(1) $y = \sqrt{u}$，$u = x^2 - 3x + 2$；

(2) $y = \ln u$，$u = 3^v$，$v = \sin x$；

(3) $y = u^3$，$u = \cos v$，$v = \mathrm{e}^x - 1$；

(4) $y = \arcsin u$，$u = \dfrac{x-1}{2x+1}$．

12. 指出下列复合函数的复合过程：

(1) $y = (1+x)^{20}$；   (2) $y = \mathrm{e}^{x+1}$；

(3) $y = \ln(x+5)$；   (4) $y = \cos^2(3x+1)$；

(5) $y = \arcsin\sqrt{\ln(x^2-1)}$；   (6) $y = \ln[\ln(\ln x)]$．

13. 设 $f(x) = \dfrac{x}{1-x}$，求 $f\left(\dfrac{1}{x}\right)$，$f[f(x)]$．

14. 火车站收取行李费的规定如下：当行李不超过 50kg 时，按基本运费每千克 0.15 元计算；超过 50kg 时，超过部分按每千克 0.25 元计算．试求运费 y 与行李质量 x 之间的函数关系式．

15. 已知一物体与地面的摩擦系数是 μ，质量为 M，设有一与水平方向成 α 角的拉力 F，使物体从静止开始移动（图 1-9），求物体开始沿地面移动时拉力 F 的大小与角 α 之间的函数关系式．

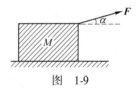

图 1-9

1.2 极限的概念

1.2.1 数列的极限

定义 1.3 以自然数 n 为自变量的函数 $a_n = f(n)$，把它依次写出来，就称作一个**数列**：

$$a_1,\ a_2,\ a_3,\ \cdots,\ a_n,\ \cdots.$$

它的每个值叫做数列的一个**项**，a_n 叫做数列的**一般项**或**通项**．数列可简记为 $\{a_n\}$．当数列 $\{a_n\}$ 为有限项时称为有限数列，当数列 $\{a_n\}$ 有无穷多项时称为无穷数列，简称数列．

例如，数列：

(1) $2,\ 4,\ 6,\ \cdots,\ 2n,\ \cdots$；

(2) $\dfrac{1}{2},\ \dfrac{1}{4},\ \dfrac{1}{8},\ \cdots,\ \dfrac{1}{2^n},\ \cdots$；

(3) $1,\ -\dfrac{1}{2},\ \dfrac{1}{3},\ \cdots,\ (-1)^{n-1}\dfrac{1}{n},\ \cdots$；

(4) $1,\ -1,\ 1,\ -1,\ \cdots,\ (-1)^{n+1},\ \cdots$；

(5) $\dfrac{1}{2}$, $\dfrac{2}{3}$, $\cdots$, $\dfrac{n}{n+1}$, $\cdots$.

我们来考察当 n 无限增大时，这些数列的变化趋势. n 无限增大，我们用记号 $n\to\infty$ 来表示. 我们发现，上述数列呈现不同的特征. 其中有的数列当 $n\to\infty$ 时，a_n 能与某个确定的常数 a 无限趋近，这时，我们就说数列 $\{a_n\}$ 以 a 为极限，记为 $a_n\to a\,(n\to\infty)$. 不难看出：

$$\dfrac{1}{2^n}\to0(n\to\infty);\ (-1)^{n+1}\dfrac{1}{n}\to0(n\to\infty);\ \dfrac{n}{n+1}\to1(n\to\infty).$$

在数轴上，我们把 $\{a_n\}$ 的各项对应的点及 a 对应的点描绘出来，发现随着 n 趋近于 ∞，a_n 可以从 a 的左侧趋近于 a，也可以从 a 的右侧趋近于 a；也可以时而在 a 的左侧，时而在 a 的右侧趋近于 a，如上述数列(3). 另外，当 n 以某一定速度趋近于 ∞ 时，a_n 趋近于 a 的速度也有很大的差别，有的快，有的慢，如 $\dfrac{1}{2^n}$ 比起 $(-1)^{n-1}\dfrac{1}{n}$ 趋于 0 的速度快. 但是，它们总有一个共同之处：不论你预先给定一个多么小的正数 ε，趋近过程进行到一定阶段，即数列到了某一项 a_N，当 $n>N$ 之后，就一定有 $|a_n-a|<\varepsilon$. 由此我们可以给出极限的精确定义.

定义 1.4　设有数列 $\{a_n\}$，如果对于预先给定的任意小的正数 ε，总存在着一个正整数 N，使得对于 $n>N$ 的一切 a_n，不等式

$$|a_n-a|<\varepsilon$$

恒成立，则常数 a 称作数列 $\{a_n\}$ 当 $n\to\infty$ 时的极限，或者说数列 $\{a_n\}$ 收敛于 a，并记作

$$\lim_{n\to\infty}a_n=a\quad\text{或}\ a_n\to a(n\to\infty).$$

为了表述方便，引入记号："$\forall$"表示"任意的"，"$\exists$"表示"存在". 那么，数列极限的定义可表述为

对 $\{a_n\}$，如果对于 $\forall\varepsilon>0$，$\exists N(N\in\mathbf{Z}^+)$，当 $n>N$ 时，恒有 $|a_n-a|<\varepsilon$ 成立，则 $\lim\limits_{n\to\infty}a_n=a$.

如果数列 $\{a_n\}$ 没有极限，就说数列 $\{a_n\}$ 是发散的.

由此定义可知，如果数列 $\{a_n\}$ 收敛，那么其极限是唯一确定的，$\{a_n\}$ 一定有界；如果 $\lim\limits_{n\to\infty}a_n=a$，$a>0$(或 $a<0$)，那么总存在着正整数 N，当 $n>N$ 时，必有 $a_n>0$(或 $a_n<0$).

注意：数列极限的定义并未提供如何去求已知数列的极限的方法.

例1　证明数列 $\dfrac{1}{2}$, $\dfrac{2}{3}$, $\dfrac{3}{4}$, $\cdots$, $\dfrac{n}{n+1}$, $\cdots$的极限是 1.

证　由于

$$|a_n - a| = \left| \frac{n}{n+1} - 1 \right| = \frac{1}{n+1},$$

对于预先给定的无论多么小的正数 ε，要使 $|a_n - a| < \varepsilon$，只需 $\frac{1}{n+1}$ $< \varepsilon$，即 $n+1 > \frac{1}{\varepsilon}$ 或 $n > \frac{1}{\varepsilon} - 1$，取正整数 $N \geq \frac{1}{\varepsilon} - 1$，当 $n > N$ 时，总有 $\left| \frac{n}{n+1} - 1 \right| < \varepsilon$ 成立，故 $\lim\limits_{n \to \infty} \frac{n}{n+1} = 1$.　　　　证毕.

1.2.2　函数的极限

1. 函数的极限

函数 $f(x)$ 的极限有两类情形，一类是自变量 x 趋近于某实数 a，记作 $x \to a$；另一类是自变量 x 的绝对值无限增大，记作 $|x| \to +\infty$. 下面分别讨论在这两类情形下，对应的函数值 $f(x)$ 的变化趋势.

（1）当 $x \to a$ 时，函数 $f(x)$ 的极限

如果对于无限趋近于 a 的 x（$x \neq a$），$f(x)$ 无限趋近于唯一确定的常数 A，我们就说"当 $x \to a$ 时，$f(x)$ 以 A 为极限".

对无限趋近于 a 的 x，用 $|x - a| < \delta$ 表示，其中 δ 是一个任意小的正数，而无限趋近于 A 的 $f(x)$ 由 $|f(x) - A| < \varepsilon$ 表示，这里 ε 是一个预先给定的任意小的正数，这样就有函数当 $x \to a$ 时的极限的定义.

定义 1.5　设若 $f(x)$ 在 $\mathring{U}(x_0)$ 内有定义，如果对于任意的 $\varepsilon > 0$，总存在着一个 $\delta > 0$，使得满足条件 $0 < |x - a| < \delta$ 的一切 x，都有

$$|f(x) - A| < \varepsilon$$

恒成立（其中 A 为常数），则称当 $x \to a$ 时函数 $f(x)$ 以 A 为极限，记作

$$\lim\limits_{x \to a} f(x) = A \quad \text{或} \quad f(x) \to A(x \to a).$$

在上述定义中，$0 < |x - a| < \delta$ 表示 x 在 a 的去心的 δ 邻域内，这里 δ 的大小表示 x 趋近于 a 的程度，它依赖于预先给定的正数 ε，一般来说，当 ε 减小时，δ 也相应地减小.

正是由于 $x \neq a$，因此当 $x \to a$ 时，函数 $f(x)$ 有无极限与 $f(x)$ 在点 a 处有无定义没有必然的联系.

函数当 $x \to a$ 时的极限可作如下**几何解释**.

任意给定无论多么小的 $\varepsilon > 0$，作直线 $y = A + \varepsilon$，$y = A - \varepsilon$，在这两条直线之间形成一条横向带形区域. 对于给定的 ε，存在点 a 的一个去心的 δ 邻域，当 $x \in \mathring{U}(a, \delta)$ 时，$f(x)$ 的图像落在这横向带形区域

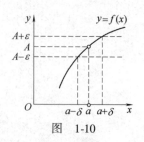

图 1-10

内，如图1-10所示.

例2 证明

$$\lim_{x \to a} C = C (C \text{ 为常数}).$$

证 任意给定 $\varepsilon > 0$，恒可取 $\delta > 0$，当 $0 < |x - a| < \delta$ 时

$$|f(x) - A| = |C - C| = 0 < \varepsilon,$$

故 $\lim_{x \to a} C = C$.

证毕.

例3 证明 $\lim_{x \to a} x = a$.

证 任意给定 $\varepsilon > 0$，取 $\delta = \varepsilon$，当 _____ 时，有

$$|f(x) - A| = |x - a| < \varepsilon,$$

故 $\lim_{x \to a} x = a$.

当 $x \to a$ 时，$f(x)$ 有极限为 A 也可如下表述：

对 $y = f(x)$，如果对于 $\forall \varepsilon > 0$，$\exists \delta > 0$，当 $0 < |x - a| < \delta$ 时，恒有 $|f(x) - A| < \varepsilon$ 成立，那么 $\lim_{x \to a} f(x) = A$.

(2) 单侧极限

在函数极限的定义中，当 $x \to a$ 时，x 既可从 a 的左侧也可从 a 的右侧趋近于 a. 但有时所讨论的 x 的值，只能从 a 的左侧或是只能从 a 的右侧趋近于 a. 如果 x 从 a 的左侧趋近 a，而函数 $f(x)$ 的极限 A 存在，这个极限就叫做函数 $f(x)$ 当 $x \to a$ 时的<u>左极限</u>，记作

$$\lim_{x \to a^-} f(x) = A \quad \text{或} \quad f(a - 0) = A.$$

当 x 从 a 的右侧趋近于 a，函数 $f(x)$ 的极限 A 存在，这个极限就叫做函数 $f(x)$ 当 $x \to a$ 时的<u>右极限</u>，记作

$$\lim_{x \to a^+} f(x) = A \quad \text{或} \quad f(a + 0) = A.$$

不难看出，函数 $f(x)$ 当 $x \to a$ 时极限存在的充分必要条件是 a 处的左、右极限都存在且相等，即

$$\lim_{x \to a^-} f(x) = \lim_{x \to a^+} f(x).$$

因此，即使 $f(a - 0)$，$f(a + 0)$ 都存在，但如果不相等，那么 $\lim_{x \to a} f(x)$ 也不存在.

例4 证明函数

$$f(x) = \begin{cases} x + 1, & x > 0, \\ 0, & x = 0, \\ x - 1, & x < 0 \end{cases}$$

当 $x \to 0$ 时, 极限不存在.

    证 $f(x)$ 在 $x = 0$ 处的左极限是

$$\lim_{x \to 0^-} f(x) = \lim_{x \to 0^-} (x - 1) = -1;$$

而 $f(x)$ 在 $x = 0$ 处的右极限是

$$\lim_{x \to 0^+} f(x) = \lim_{x \to 0^+} (x + 1) = 1.$$

有 $f(0 - 0) \neq f(0 + 0)$, 如图 1-11 所示. 故 $f(x)$ 在 $x = 0$ 处极限不存在.

    (3) 当 $x \to \infty$ 时, 函数 $f(x)$ 的极限

    设函数 $f(x)$ 对于绝对值无论多大的 x 都有定义, 当 $|x|$ 无限增大时, $f(x)$ 的值无限趋近于某唯一确定的常数 A, 则 A 叫做 $f(x)$ 当 $x \to \infty$ 时的极限.

    定义 1.6 如果对于预先给定的 $\varepsilon > 0$, 若总存在着一个 $M > 0$, 使得满足不等式 $|x| > M$ 的一切 x, 对应的函数值 $f(x)$, 恒有不等式

$$|f(x) - A| < \varepsilon$$

成立, 则称 A 是 $f(x)$ 当 $x \to \infty$ 时的极限, 记作

$$\lim_{x \to \infty} f(x) = A \quad \text{或} \quad f(x) \to A \, (x \to \infty).$$

    这里, $x \to \infty$ 表示 $|x|$ 无限增大, 如果 x 仅取负 (或正) 值而绝对值无限增大, 则记作 $x \to -\infty$ (或 $x \to +\infty$).

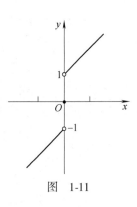

图 1-11

    例如, $\lim\limits_{x \to +\infty} \arctan x = \dfrac{\pi}{2}$, $\lim\limits_{x \to -\infty} \arctan x = -\dfrac{\pi}{2}$, 当 $|x| \to \infty$ 时, 即 $x \to -\infty$ 且 $x \to +\infty$ 时, $\arctan x$ 不是趋近于同一个确定常数, 所以 $\lim\limits_{x \to \infty} \arctan x$ 不存在, 如图 1-12 所示.

    例 5 证明

$$\lim_{x \to \infty} \frac{1}{x} = 0.$$

    证 任给 $\varepsilon > 0$, 由 $\left| \dfrac{1}{x} - 0 \right| = \left| \dfrac{1}{x} \right| < \varepsilon$, 即 $|x| > \dfrac{1}{\varepsilon}$, 取 $M = \dfrac{1}{\varepsilon}$, 则对一切适合不等式 $|x| > M = \dfrac{1}{\varepsilon}$ 的 x, 不等式 $\left| \dfrac{1}{x} - 0 \right| < \varepsilon$ 恒成立, 故 $\lim\limits_{x \to \infty} \dfrac{1}{x} = 0$, 如图 1-13 所示.

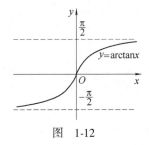

图 1-12

    2. 函数极限的性质

由函数极限的定义可知:

    (1) 唯一性: 如果 $\lim\limits_{x \to a} f(x)$ 存在, 那么该极限唯一.

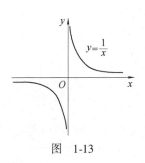

图 1-13

(2)局部有界性：如果$\lim\limits_{x\to a}f(x)=A$存在，那么存在常数$M>0$和$\delta>0$，使得当$0<|x-a|<\delta$时，有$|f(x)|\leqslant M$.

(3)局部保号性：如果$\lim\limits_{x\to a}f(x)=A$存在，且$A>0$（或$A<0$），那么存在常数$\delta>0$，使得当$0<|x-a|<\delta$时，有$f(x)>0$（或$f(x)<0$）；反之，如果$x\in\mathring{U}(a,\delta)$时，$f(x)\geqslant0$（或$f(x)\leqslant0$），且$\lim\limits_{x\to a}f(x)=A$，那么$A\geqslant0$（或$A\leqslant0$）.

(4)局部保序性：如果$\lim\limits_{x\to a}f(x)=A$，$\lim\limits_{x\to a}g(x)=B$且$A>B(A<B)$那么存在常数$\delta>0$，当$0<|x-a|<\delta$时，有$f(x)>g(x)$（或$f(x)<g(x)$）；

反之，如果$x\in\mathring{U}(a,\delta)$时，$f(x)>g(x)$或（$f(x)<g(x)$），且$\lim\limits_{x\to a}f(x)=A$，$\lim\limits_{x\to a}g(x)=B$，那么$A\geqslant B$（或$A\leqslant B$）.

当$x\to\infty$时，若$f(x)$的极限仍存在，则有上述类似的结论.

习题 1.2

1. 观察下列数列当$n\to\infty$时的变化趋势，如果有极限，则写出它们的极限：

(1)$a_n=(-1)^{n+1}\dfrac{1}{n+1}$;

(2)$b_n=\dfrac{n}{n+2}$;

(3)$c_n=2-\dfrac{1}{10^n}$;

(4)$x_n=(-1)^{n+1}n$;

(5)$y_n=\mathrm{e}^{-n}$;

(6)$z_n=\sin\dfrac{n\pi}{2}$.

2. 用极限定义证明：

(1)$\lim\limits_{n\to\infty}\dfrac{5n+1}{3n+2}=\dfrac{5}{3}$;

(2)$\lim\limits_{n\to\infty}0.\underbrace{999\cdots9}_{n\uparrow}=1$;

(3)$\lim\limits_{x\to1}(2x-1)=1$;

(4)$\lim\limits_{x\to-2}\dfrac{x^2-4}{x+2}=-4$;

(5)$\lim\limits_{x\to\infty}\dfrac{1+x^3}{2x^3}=\dfrac{1}{2}$;

(6)$\lim\limits_{x\to+\infty}\dfrac{\sin x}{\sqrt{x}}=0$;

(7)若$\lim\limits_{x\to a}f(x)=A$，且$A>0$，则在点$a$的某个去心邻域内，$f(x)>0$.

3. 画出$f(x)$的图像，并考察当$x\to0$时，$f(x)$的极限是否存在：

(1)$f(x)=\dfrac{x}{x}$;

(2)$f(x)=\dfrac{|x|}{x}$;

(3)$f(x)=\begin{cases}x+1,&x<0,\\2^x,&x\geqslant0;\end{cases}$

(4)$f(x)=\begin{cases}2,&x<0,\\x^2,&x\geqslant0.\end{cases}$

4. 观察下列极限是否存在，如果存在，则写出它们的极限：

(1)$\lim\limits_{x\to4}\sqrt{x}$;

(2)$\lim\limits_{x\to\infty}\dfrac{1}{x^2}$;

(3)$\lim\limits_{x\to+\infty}\mathrm{e}^x$;

(4)$\lim\limits_{x\to0}\cos\dfrac{1}{x}$.

1.3 极限运算法则与两个重要极限

1.3.1 极限的四则运算

定理 1.1 如果 $\lim\limits_{x \to a} f(x)$ 和 $\lim\limits_{x \to a} g(x)$ 都存在，那么

$$(1)\ \lim_{x \to a}(f(x) \pm g(x)) = \lim_{x \to a}f(x) \pm \lim_{x \to a}g(x); \tag{1-1}$$

$$(2)\ \lim_{x \to a}(f(x) \cdot g(x)) = \lim_{x \to a}f(x) \cdot \lim_{x \to a}g(x); \tag{1-2}$$

$$(3)\ \lim_{x \to a}\frac{f(x)}{g(x)} = \frac{\lim\limits_{x \to a}f(x)}{\lim\limits_{x \to a}g(x)} (\lim_{x \to a}g(x) \neq 0). \tag{1-3}$$

证 （1）设 $\lim\limits_{x \to a} f(x) = A$，$\lim\limits_{x \to a} g(x) = B$，由极限定义，对任给的

$\varepsilon > 0$，存在 $\delta_1 > 0$，当 $0 < |x - a| < \delta_1$ 时，$|f(x) - A| < \dfrac{\varepsilon}{2}$.

对同一个 $\varepsilon > 0$，存在 $\delta_2 > 0$，当 $0 < |x - a| < \delta_2$ 时，$|g(x) - B| < \dfrac{\varepsilon}{2}$.

取 $\delta = \min\{\delta_1, \delta_2\}$，则当 $0 < |x - a| < \delta$ 时，
$$|f(x) \pm g(x) - (A \pm B)| = |(f(x) - A) \pm (g(x) - B)|$$
$$\leqslant |f(x) - A| + |g(x) - B| < \frac{\varepsilon}{2} + \frac{\varepsilon}{2} = \varepsilon.$$

证毕.

（2）、（3）证明略.

公式(1-1)、公式(1-2)可推广到含任意有限个函数的情形.

当 $x \to \infty$ 时，有类似的运算法则：

$$\lim_{x \to \infty}(f(x) \pm g(x)) = \lim_{x \to \infty}f(x) \pm \lim_{x \to \infty}g(x); \tag{1-4}$$

$$\lim_{x \to \infty}(f(x) \cdot g(x)) = \lim_{x \to \infty}f(x) \cdot \lim_{x \to \infty}g(x); \tag{1-5}$$

$$\lim_{x \to \infty}\frac{f(x)}{g(x)} = \frac{\lim\limits_{x \to \infty}f(x)}{\lim\limits_{x \to \infty}g(x)} \quad (\lim_{x \to \infty}g(x) \neq 0). \tag{1-6}$$

特别地，当 k 为常数时，

$$\lim_{\substack{x \to a \\ (x \to \infty)}} kf(x) = k \lim_{\substack{x \to a \\ (x \to \infty)}} f(x); \tag{1-7}$$

又
$$\lim_{\substack{x \to a \\ (x \to \infty)}} (f(x))^n = (\lim_{\substack{x \to a \\ (x \to \infty)}} f(x))^n. \tag{1-8}$$

例 1 $\lim\limits_{x \to 1}(4x + 3) = \lim\limits_{x \to 1}(4x) + \lim\limits_{x \to 1}3 = 4 \lim\limits_{x \to 1}x + \lim\limits_{x \to 1}3$
$$= 4 \times 1 + 3 = 7.$$

例 2 $\lim\limits_{x \to 2}[(3x^2 - 2x + 4)(x^2 + 5x - 3)]$
$$= \lim_{x \to 2}(3x^2 - 2x + 4) \cdot \lim_{x \to 2}(x^2 + 5x - 3)$$
$$= 12 \times 11 = 132.$$

例3　$\lim\limits_{x\to 2}\dfrac{x^2-3x+2}{x^2-x-2}=\lim\limits_{x\to 2}\dfrac{(x-1)(x-2)}{(x+1)(x-2)}=\lim\limits_{x\to 2}\dfrac{x-1}{x+1}=\dfrac{\lim\limits_{x\to 2}(x-1)}{\lim\limits_{x\to 2}(x+1)}=\dfrac{1}{3}.$

1.3.2　两个重要极限

根据极限的定义来判断函数的极限是否存在是比较困难的，下面我们介绍两个函数极限存在的准则.

定理1.2　（准则Ⅰ）如果对于任意的 $x\in \overset{\circ}{U}(a,\delta)$（或 $x\in \{x\mid |x|>X\}$）有

$$g(x)\leqslant f(x)\leqslant h(x)$$

成立，并且

$$\lim_{x\to a}g(x)=\lim_{x\to a}h(x)=A(\text{或}\lim_{x\to\infty}g(x)=\lim_{x\to\infty}h(x)=A),$$

则

$$\lim_{x\to a}f(x)=A(\text{或}\lim_{x\to\infty}f(x)=A).$$

证明略.

应用准则Ⅰ，有第一个重要极限

$$\lim_{x\to 0}\frac{\sin x}{x}=1. \tag{1-9}$$

首先注意到，函数 $\dfrac{\sin x}{x}$ 对于一切 $x\neq 0$ 都有定义.

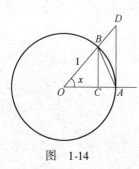

图　1-14

在图 1-14 所示的单位圆中，设圆心角 $\angle AOB=x\left(0<x<\dfrac{\pi}{2}\right)$，点 A 处的切线与 OB 的延长线交于 D，又 $BC\perp OA$，则

$$\sin x=CB,\quad x=\overset{\frown}{AB},\quad \tan x=AD.$$

因为

$$\triangle AOB \text{ 的面积} < \text{圆扇形 } AOB \text{ 的面积} < \triangle AOD \text{ 的面积},$$

所以

$$\frac{1}{2}\sin x<\frac{1}{2}x<\frac{1}{2}\tan x$$

即

$$\sin x<x<\frac{\sin x}{\cos x}.$$

有

$$1<\frac{x}{\sin x}<\frac{1}{\cos x},\quad \text{或 } \cos x<\frac{\sin x}{x}<1.$$

当 x 用 $-x$ 代替时，$\cos x$ 与 $\dfrac{\sin x}{x}$ 都不变，所以上面的不等式对于开区间 $\left(-\dfrac{\pi}{2},0\right)$ 内的一切 x 均成立. 而 $\lim\limits_{x\to 0}\cos x=1$，故由准则Ⅰ知 $\lim\limits_{x\to 0}\dfrac{\sin x}{x}=1.$

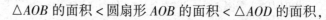

例4　求 $\lim\limits_{x\to 0}\dfrac{\tan x}{x}$.

解　$\lim\limits_{x\to 0}\dfrac{\tan x}{x}=\lim\limits_{x\to 0}\left(\dfrac{\sin x}{x}\cdot\dfrac{1}{\cos x}\right)=\lim\limits_{x\to 0}\dfrac{\sin x}{x}\cdot\lim\limits_{x\to 0}\dfrac{1}{\cos x}$

$$=1\times 1=1.$$

例 5 求 $\lim\limits_{x \to 0} \dfrac{1 - \cos 2x}{x^2}$.

解 $\lim\limits_{x \to 0} \dfrac{1 - \cos 2x}{x^2} = \lim\limits_{x \to 0} \dfrac{2\sin^2 x}{x^2} = 2\lim\limits_{x \to 0}\left(\dfrac{\sin x}{x} \cdot \dfrac{\sin x}{x}\right)$

$$= 2\lim\limits_{x \to 0}\dfrac{\sin x}{x} \cdot \lim\limits_{x \to 0}\dfrac{\sin x}{x} = 2.$$

例 6 求 $\lim\limits_{x \to 0} \dfrac{\arcsin x}{x}$.

解 令 $t = \arcsin x$，则 $x = \sin t$；当 $x \to 0$ 时，$t \to 0$，于是

$$\lim\limits_{x \to 0} \dfrac{\arcsin x}{x} = \lim\limits_{t \to 0} \dfrac{t}{\sin t} = 1.$$

定理 1.3 （准则 Ⅱ）单调有界的数列必有极限.

证明略.

应用准则 Ⅱ，有第二个重要极限

$$\lim\limits_{x \to \infty}\left(1 + \dfrac{1}{x}\right)^x = \mathrm{e}. \tag{1-10a}$$

考察当 $n \to \infty$ 时，数列 $y_n = \left(1 + \dfrac{1}{n}\right)^n$ 的极限. 由于

$$y_n = \left(1 + \dfrac{1}{n}\right)^n = \mathrm{C}_n^0 + \mathrm{C}_n^1 \cdot \dfrac{1}{n} + \cdots + \mathrm{C}_n^n\left(\dfrac{1}{n}\right)^n$$

$$= 1 + \sum_{k=1}^{n} \dfrac{n!}{k!(n-k)!} \cdot \dfrac{1}{n^k}$$

$$= 1 + 1 + \sum_{k=2}^{n} \dfrac{1}{k!}\left(1 - \dfrac{1}{n}\right)\cdots\left(1 - \dfrac{k-1}{n}\right),$$

而

$$y_{n+1} = 1 + 1 + \sum_{k=2}^{n+1} \dfrac{1}{k!}\left(1 - \dfrac{1}{n+1}\right)\cdots\left(1 - \dfrac{k-1}{n+1}\right)$$

$$= 1 + 1 + \sum_{k=2}^{n} \dfrac{1}{k!}\left(1 - \dfrac{1}{n+1}\right)\cdots\left(1 - \dfrac{k-1}{n+1}\right) +$$

$$\dfrac{1}{(n+1)!}\left(1 - \dfrac{1}{n+1}\right)\cdots\left(1 - \dfrac{n}{n+1}\right),$$

显然 $y_{n+1} > y_n$，即数列 y_n 单调增加. 又因为

$$y_n = 1 + 1 + \sum_{k=2}^{n} \dfrac{1}{k!}\left(1 - \dfrac{1}{n}\right)\cdots\left(1 - \dfrac{k-1}{n}\right)$$

$$< 2 + \sum_{k=2}^{n} \dfrac{1}{2^{k-1}} = 3.$$

故 $0 < y_n < 3$，即数列 y_n 有界. 由准则 Ⅱ 可知，数列 y_n 的极限存在，我们将它记作 e. 即

$$\lim\limits_{n \to \infty}\left(1 + \dfrac{1}{n}\right)^n = \mathrm{e}.$$

实际上, 把整数变量 n 换成实数变量 x, 当 $x \to \infty$ 时, $\left(1 + \dfrac{1}{x}\right)^x$ 的极限也存在且等于 e, 于是就得到第二个重要极限

$$\lim_{x \to \infty} \left(1 + \frac{1}{x}\right)^x = e.$$

第二个重要极限还有另一种形式

$$\lim_{x \to 0} (1 + x)^{\frac{1}{x}} = e. \tag{1-10b}$$

这是由于作变量代换 $t = \dfrac{1}{x}$, 即可推出.

例 7 求 $\lim\limits_{x \to 0} (1 + 2x)^{\frac{3}{x}}$.

解 令 $t = \dfrac{1}{x}$, 则当 $x \to 0$ 时, $t \to \infty$.

$$\lim_{x \to 0} (1 + 2x)^{\frac{3}{x}} = \lim_{t \to \infty} \underline{\hspace{2cm}} = \lim_{t \to \infty} \left(1 + \frac{1}{t/2}\right)^{6(t/2)} = e^6.$$

例 8 求 $\lim\limits_{x \to \infty} \left(1 - \dfrac{1}{x}\right)^x$.

解 令 $t = -x$, $x \to \infty$ 时, $t \to \infty$, 于是

$$\lim_{x \to \infty} \left(1 - \frac{1}{x}\right)^x = \lim_{t \to \infty} \underline{\hspace{2cm}} = \lim_{t \to \infty} \frac{1}{\left(1 + \dfrac{1}{t}\right)^t} = \frac{1}{e}.$$

例 9 设银行的存款年利率为 r, 存款本金为 A_0. 问: t 年末本金与利息合在一起的值 A_t 是多少?

解 一年末的本息和为 $A_1 = A_0(1 + r)$;

两年末的本息和为 $A_2 = A_1(1 + r) = A_0(1 + r)^2$;

$$\vdots$$

t 年末的本息和为 $A_t = A_0(1 + r)^t$.

如果利息半年计算一次, 由于半年的利率为 $\dfrac{r}{2}$, 到年末的本息和为

$$A = A_0 \left(1 + \frac{r}{2}\right)^2;$$

如果一年计算 n 次利息, 那么年末的本息和为

$$A = A_0 \left(1 + \frac{r}{n}\right)^n;$$

如果计息时间无限缩短, 每时每刻都计算利息, 即令 $n \to \infty$, 那么年末的本息和为

$$A = \lim_{n \to \infty} A_0 \left(1 + \frac{r}{n}\right)^n = \lim_{n \to \infty} A_0 \left[\left(1 + \frac{r}{n}\right)^{\frac{n}{r}}\right]^r = A_0 e^r.$$

t 年后的本息和为

$$A_t = \lim_{n \to \infty} A_0 \left(1 + \frac{r}{n}\right)^{nt} = \lim_{n \to \infty} A_0 \left[\left(1 + \frac{r}{n}\right)^{\frac{n}{r}}\right]^{rt} = A_0 e^{rt}.$$

所以，若以"连续复利"计算则有公式

$$A_t = A_0 e^{rt}. \tag{1-11}$$

习题 1.3

1. 计算下列极限：

$(1) \lim_{x \to 2} \dfrac{x^2 + 5}{x - 3}$； $\qquad$ $(2) \lim_{x \to \sqrt{3}} \dfrac{x^2 - 1}{x^2 + 1}$；

$(3) \lim_{x \to 0} \dfrac{4x^3 - 2x^2 + x}{3x^2 + 2x}$； $\qquad$ $(4) \lim_{h \to 0} \dfrac{(x + h)^2 - x^2}{h}$；

$(5) \lim_{n \to \infty} \dfrac{2^n + 3^n}{2^n - 3^n}$； $\qquad$ $(6) \lim_{x \to 1} \left(\dfrac{1}{1 - x} - \dfrac{3}{1 - x^3}\right)$.

2. 计算下列极限：

$(1) \lim_{x \to 0} \dfrac{\sin 2x}{x}$； $\qquad$ $(2) \lim_{x \to 0} x \cot x$； $\qquad$ $(3) \lim_{x \to 0} \dfrac{\arctan x}{x}$；

$(4) \lim_{x \to 0} \dfrac{\sin 5x}{\sin 2x}$； $\qquad$ $(5) \lim_{x \to \pi} \dfrac{\tan x}{x - \pi}$； $\qquad$ $(6) \lim_{x \to \infty} x^2 \sin \dfrac{1}{x^2}$.

3. 计算下列极限：

$(1) \lim_{x \to \infty} \left(1 - \dfrac{2}{x}\right)^x$； $\qquad$ $(2) \lim_{x \to \infty} \left(\dfrac{x + 1}{x}\right)^{3x}$； $\qquad$ $(3) \lim_{x \to 0} (1 + 3x)^{\frac{1}{x}}$；

$(4) \lim_{x \to \infty} \left(1 + \dfrac{1}{x}\right)^{\frac{x}{2}}$； $\qquad$ $(5) \lim_{x \to 0} (1 - kx)^{\frac{4}{x}} \ (k > 0)$； $\qquad$ $(6) \lim_{x \to \infty} \left(\dfrac{2x + 3}{2x + 1}\right)^{x + 1}$.

4. 家长为了孩子的教育，打算在一家投资担保证券公司投入一笔资金，需要 5 年后价值为 12000 元．如果该证券公司以年利率 9%，以每年支付 4 次的方式付息，家长应投入多少钱？如果复利是连续的，应投入多少钱？

1.4 无穷小与无穷大

1.4.1 无穷小

1. 定义

在实际问题中，常常遇到极限为零的变量．我们给出下面的定义．

定义 1.7 如果当 $x \to a$（或 $x \to \infty$）时，函数 $f(x)$ 的极限为零，即

$$\lim_{x \to a} f(x) = 0 \ (\text{或} \lim_{x \to \infty} f(x) = 0),$$

那么，函数 $f(x)$ 叫做当 $x \to a$（或 $x \to \infty$）时的<u>无穷小量</u>，简称无穷小．

例如，因为 $\lim\limits_{x \to 0} \sin x = 0$，所以 $\sin x$ 是 $x \to 0$ 时的无穷小；

因为 $\lim\limits_{x\to\infty}\dfrac{1}{x}=0$，所以 $\dfrac{1}{x}$ 是 $x\to\infty$ 时的无穷小.

注意：说一个函数是无穷小，必须指明其自变量 x 的变化过程.

例如，$\sin x$ 是 $x\to 0$ 时的无穷小，当 $x\to\dfrac{\pi}{4}$ 时，$\sin x$ 就不是无穷小，因

$\lim\limits_{x\to\frac{\pi}{4}}\sin x=\dfrac{\sqrt{2}}{2}\neq 0$.

不能把"无穷小"与很小的数混淆起来. 因为很小的数如 10^{-20}、10^{-100} 等，虽然很小，但总是不变的，它们不能以零为极限.

常数中只有 0 是无穷小，因为 $\lim\limits_{\substack{x\to a\\(x\to\infty)}}0=0$.

2. 性质

(1) 有限个无穷小的和仍是无穷小；

(2) 有界函数与无穷小的乘积仍是无穷小；

(3) 有限个无穷小的乘积仍是无穷小.

证　设 α 及 β 是当 $x\to x_0$ 时的两个无穷小.

(1) 对于 $\forall\varepsilon>0$，由于 $\lim\limits_{x\to x_0}\alpha=0$，则对于 $\dfrac{\varepsilon}{2}>0$，$\exists\delta_1>0$，当 $0<|x-x_0|<\delta_1$ 时，不等式

$$|\alpha|<\frac{\varepsilon}{2}$$

成立. 又因 $\lim\limits_{x\to x_0}\beta=0$；则对于 $\dfrac{\varepsilon}{2}>0$，$\exists\delta_2>0$，当 $0<|x-x_0|<\delta_2$ 时，不等式

$$|\beta|<\frac{\varepsilon}{2}$$

成立. 取 $\delta=\min\{\delta_1,\ \delta_2\}$，当 $0<|x-x_0|<\delta$ 时，

$$|\alpha+\beta|\leqslant|\alpha|+|\beta|<\frac{\varepsilon}{2}+\frac{\varepsilon}{2}=\varepsilon.$$

这就证明了 $\alpha+\beta$ 也是当 $x\to x_0$ 时的无穷小.

有限个无穷小之和的情形可以同样证明.

(2) 设函数 u 在 x_0 的某一去心邻域 $\mathring{U}(x_0,\delta_1)$ 内有界，即 $\exists M>0$ 使 $|u|\leqslant M$ 对一切 $x\in\mathring{U}(x_0,\delta_1)$ 成立，由于 $\lim\limits_{x\to x_0}\alpha=0$，即对于 $\forall\varepsilon>0$，$\exists\delta_2>0$，当 $x\in\mathring{U}(x_0,\delta_2)$ 时有

$$|\alpha|<\frac{\varepsilon}{M}.$$

取 $\delta=\min\{\delta_1,\delta_2\}$，则当 $x\in\mathring{U}(x_0,\delta)$ 时，

$$|u\alpha|=|u|\cdot|\alpha|<M\cdot\frac{\varepsilon}{M}=\varepsilon.$$

即

$$\lim\limits_{x\to x_0}u\alpha=0.$$

(3) 可由性质(2)证明.

例 1 求 $\lim\limits_{x \to 0} x \sin \dfrac{1}{x}$.

解 因为当 $x \to 0$ 时，$\sin \dfrac{1}{x}$ 的极限不存在，所以不能运用极限的运算法则；但 $x \to 0$ 时，x 是无穷小，而 $\left| \sin \dfrac{1}{x} \right| \leqslant 1$，即 $\sin \dfrac{1}{x}$ 是有界函数，根据上述性质（3），可知

$$\lim\limits_{x \to 0} x \sin \dfrac{1}{x} = 0.$$

例 2 求 $\lim\limits_{x \to \infty} \dfrac{\cos x}{x}$.

解 因为当 $x \to \infty$ 时，分子 $\cos x$ 与分母 x 的极限都不存在，不能运用极限运算法则；但 $\dfrac{\cos x}{x} = \dfrac{1}{x} \cos x$，当 $x \to \infty$ 时，＿＿＿＿＿＿为无穷小，且＿＿＿＿＿＿有界，故

$$\lim\limits_{x \to \infty} \dfrac{\cos x}{x} = \lim\limits_{x \to \infty} \left(\dfrac{1}{x} \cos x \right) = 0.$$

3. 函数极限与无穷小的关系

定理 1.4 　若自变量在某一变化过程中函数的极限存在，则在该变化过程中函数等于它的极限与同一变化过程中的无穷小之和；反之，若自变量在某一变化过程中函数可以表示成常数与同一变化过程中的无穷小之和，则函数在这一变化过程中的极限即为该常数.

下面就 $x \to a$ 的情形加以证明.

证 设 $\lim\limits_{x \to a} f(x) = A$，令 $\alpha = f(x) - A$，则

$$\lim\limits_{x \to a} \alpha = \lim\limits_{x \to a} (f(x) - A) = \lim\limits_{x \to a} f(x) - \lim\limits_{x \to a} A = A - A = 0,$$

即 α 是当 $x \to a$ 时的无穷小；由于 $\alpha = f(x) - A$，有 $f(x) = A + \alpha$；反之，设 $f(x) = A + \alpha$，α 是当 $x \to a$ 时的无穷小，则

$$\lim\limits_{x \to a} f(x) = \lim\limits_{x \to a} (A + \alpha) = \lim\limits_{x \to a} A + \lim\limits_{x \to a} \alpha = A.$$

类似地，可证当 $x \to \infty$ 时的情形.

1.4.2 　无穷大

1. 定义

定义 1.8 　如果当 $x \to a$（或 $x \to \infty$）时，函数 $f(x)$ 的绝对值无限增大，那么函数 $f(x)$ 叫做当 $x \to a$（或 $x \to \infty$）时的<u>无穷大量</u>，简称无穷大.

按照极限的定义，此时 $f(x)$ 的极限是不存在的. 但为了叙述函数的这种特殊情形，我们将其简记为

$$\lim\limits_{\substack{x \to a \\ (x \to \infty)}} f(x) = \infty.$$

例如，当 $x \to 0$ 时，$\left| \dfrac{1}{x} \right|$ 无限增大，所以 $\dfrac{1}{x}$ 是当 $x \to 0$ 时的无穷

大,即

$$\lim_{x \to 0} \frac{1}{x} = \infty.$$

又如,当 $x \to \frac{\pi}{2}$ 时,$|\tan x|$ 无限增大,所以 $\tan x$ 是当 $x \to \frac{\pi}{2}$ 时的无穷大,即

$$\lim_{x \to \frac{\pi}{2}} \tan x = \infty.$$

如果当 $x \to a$(或 $x \to \infty$)时,$f(x)$ 只取正值(或只取负值),而绝对值无限增大,就记作

$$\lim_{\substack{x \to a \\ (x \to \infty)}} f(x) = +\infty \ (\text{或} \ \lim_{\substack{x \to a \\ (x \to \infty)}} f(x) = -\infty).$$

例如,$\qquad \lim_{x \to +\infty} e^x = +\infty, \ \lim_{x \to 0^+} \ln x = -\infty.$

注意:(1)说一个函数是无穷大,必须指明 x 的变化过程.例如,$\frac{1}{x}$ 是 $x \to 0$ 时的无穷大,当 x 趋近于任何其他值时,$\frac{1}{x}$ 都不会是无穷大.

(2)不要把"无穷大"与"很大的数"混淆起来.例如,10^{20}、10^{100} 等虽然很大,但常数的极限是它本身,不会无限增大.

2. 无穷大与无穷小的关系

我们知道,当 $x \to 0$ 时,$\sin x$ 是无穷小,而 $\frac{1}{\sin x}$ 是无穷大;当 $x \to \infty$ 时,x 是无穷大,而 $\frac{1}{x}$ 是无穷小.

一般地,在自变量的同一变化过程中,如果 $f(x)$ 是无穷大,则 $\frac{1}{f(x)}$ 是无穷小;反之,如果 $f(x)$ 为无穷小,且 $f(x) \neq 0$,则 $\frac{1}{f(x)}$ 为无穷大.

利用无穷大与无穷小的关系,可求一些函数的极限.

例 3 求 $\lim\limits_{x \to 1} \dfrac{x+4}{x-1}$.

解 当 $x \to 1$ 时,$x-1$ 为无穷小,即上式分母的极限为零,不能运用极限的运算法则.但因为

$$\lim_{x \to 1} \frac{x-1}{x+4} = 0,$$

根据无穷小与无穷大的关系,有

$$\lim_{x \to 1} \frac{x+4}{x-1} = \infty.$$

例 4 求 $\lim\limits_{x \to \infty} (x^2 - 3x + 1)$.

解　当 $x \to \infty$ 时，x^2，$3x$ 的极限都不存在，不能运用极限运算法测，但因为

$$\lim_{x \to \infty} \frac{1}{x^2 - 3x + 1} = \lim_{x \to \infty} \frac{\dfrac{1}{x^2}}{1 - \dfrac{3}{x} + \dfrac{1}{x^2}} = 0,$$

根据无穷小与无穷大的关系，可知

$$\lim_{x \to \infty} (x^2 - 3x + 1) = \infty.$$

例 5　求 $\lim\limits_{x \to -1} \left(\dfrac{1}{x+1} - \dfrac{3}{x^3+1} \right)$.

解　当 $x \to -1$ 时，$\dfrac{1}{x+1}$，$\dfrac{3}{x^3+1}$ 都是无穷大，不能直接运用极限运算法则，须先将 $f(x)$ 进行恒等变形，再求极限.

$$\lim_{x \to -1} \left(\frac{1}{x+1} - \frac{3}{x^3+1} \right) = \lim_{x \to -1} \frac{x^2 - x + 1 - 3}{x^3 + 1} = \lim_{x \to -1} \frac{x^2 - x - 2}{x^3 + 1}$$

$$= \lim_{x \to -1} \frac{(x+1)(x-2)}{(x+1)(x^2 - x + 1)} = \lim_{x \to -1} \frac{x-2}{x^2 - x + 1}$$

$$= \frac{-3}{3} = -1.$$

例 6　求 $\lim\limits_{x \to \infty} \dfrac{3x^3 - 5x^2 + 1}{6x^3 + 4x^2 - 3}$.

解　$\lim\limits_{x \to \infty} \dfrac{3x^3 - 5x^2 + 1}{6x^3 + 4x^2 - 3} = \lim\limits_{x \to \infty} \dfrac{3 - \dfrac{5}{x} + \dfrac{1}{x^3}}{6 + \dfrac{4}{x} - \dfrac{3}{x^3}} = \dfrac{3}{6} = \dfrac{1}{2}$.

一般地，若多项式 $P(x)$，$Q(x)$ 如上例所设且 $a_0 \neq 0$，$b_0 \neq 0$，则

$$\lim_{x \to \infty} \frac{P(x)}{Q(x)} = \lim_{x \to \infty} \frac{a_0 x^n + a_1 x^{n-1} + \cdots + a_n}{b_0 x^m + b_1 x^{m-1} + \cdots + b_m} = \begin{cases} 0, & \text{当 } n < m, \\ \dfrac{a_0}{b_0}, & \text{当 } n = m, \\ \infty, & \text{当 } n > m. \end{cases}$$

1.4.3　无穷小的比较

无穷小是以零为极限的变量，它们无限趋近于零的"速度"一般是不同的，那么两个无穷小的商会呈现出各种不同的情况.

表 1-1 反映了当 $x \to 0^+$ 时，无穷小 $2x$，x^2，$\sin x$ 趋近于零的情况.

表　1-1

x	1	0.5	0.1	0.01	0.0001	0.0001	⋯
$2x$	2	1	0.2	0.02	0.002	0.0002	⋯
x^2	1	0.25	0.01	0.0001	0.000001	0.00000001	⋯
$\sin x$	0.84	0.48	0.10	0.099	0.000999	0.0001	

可以看出，$x \to 0^+$ 时，$x^2 \to 0$ 的速度比 $2x \to 0$ 的速度"快"些，而 $x \to 0$ 的速度与 $\sin x \to 0$ 的速度"快慢"相仿.

定义 1.9　设 α 和 β 是在同一变化过程中的两个无穷小，$\lim \dfrac{\beta}{\alpha}$ 是在同一变化过程中的极限.

(1) 如果 $\lim \dfrac{\beta}{\alpha} = 0$，就称 β 是比 α 高阶的无穷小，记作 $\beta = o(\alpha)$；

(2) 如果 $\lim \dfrac{\beta}{\alpha} = \infty$，就称 β 是比 α 低阶的无穷小；

(3) 如果 $\lim \dfrac{\beta}{\alpha} = c \neq 0$，就称 β 与 α 是同阶无穷小；

(4) 如果 $\lim \dfrac{\beta}{\alpha} = 1$，就称 β 与 α 是等价无穷小，记作 $\alpha \sim \beta$.

显然，等价无穷小是同阶无穷小的特例.

例如，$\lim\limits_{x \to 0} \dfrac{x^2}{2x} = 0$，所以当 $x \to 0$ 时，x^2 是比 $2x$ 高阶的无穷小，有 $x^2 = o(2x)$；由 $\lim\limits_{x \to 0} \dfrac{\sin x}{x} = 1$，所以当 $x \to 0$ 时，$\sin x$ 与 x 是等价无穷小，$\sin x \sim x \ (x \to 0)$.

关于等价无穷小，有下列定理

定理 1.5　设 α，β，α_1，β_1 是同一变化过程中的无穷小，当 $x \to a$ 时，$\alpha \sim \alpha_1$，$\beta \sim \beta_1$，且 $\lim\limits_{x \to a} \dfrac{\alpha_1}{\beta_1}$ 存在，则 $\lim\limits_{x \to a} \dfrac{\alpha}{\beta} = \lim\limits_{x \to a} \dfrac{\alpha_1}{\beta_1}$.

证　因 $\lim\limits_{x \to a} \dfrac{\alpha}{\alpha_1} = 1$，$\lim\limits_{x \to a} \dfrac{\beta}{\beta_1} = 1$，有

$$\lim_{x \to a} \frac{\alpha}{\beta} = \lim_{x \to a} \left(\frac{\alpha}{\alpha_1} \cdot \frac{\alpha_1}{\beta_1} \cdot \frac{\beta_1}{\beta} \right) = \lim_{x \to a} \frac{\alpha}{\alpha_1} \cdot \lim_{x \to a} \frac{\alpha_1}{\beta_1} \cdot \lim_{x \to a} \frac{\beta_1}{\beta} = \lim_{x \to a} \frac{\alpha_1}{\beta_1}.$$

例 7　求 $\lim\limits_{x \to 0} \dfrac{\sin 2x}{x^2 + 2x}$.

解　当 $x \to 0$ 时，$\sin 2x \sim$ _____.　有

$$\lim_{x \to 0} \frac{\sin 2x}{x^2 + 2x} = \lim_{x \to 0} \frac{2x}{x^2 + 2x} = \lim_{x \to 0} \frac{2}{x + 2} = 1.$$

例 8　求 $\lim\limits_{x \to 0} \dfrac{\tan x - \sin x}{\sin^3 x}$.

解

$$\lim_{x \to 0} \frac{\tan x - \sin x}{\sin^3 x} = \lim_{x \to 0} \frac{\sin x \left(\dfrac{1}{\cos x} - 1 \right)}{\sin^3 x}$$

$$= \lim_{x \to 0} \frac{1 - \cos x}{\cos x \sin^2 x}.$$

由于当 $x \to 0$ 时，

$$1 - \cos x \sim \frac{1}{2} x^2,$$

$$\sin^2 x \sim x^2$$

故 $\quad \lim\limits_{x \to 0} \dfrac{\tan x - \sin x}{\sin^3 x} = \lim\limits_{x \to 0} \dfrac{\dfrac{1}{2} x^2}{\cos x \cdot x^2} = \lim\limits_{x \to 0} \dfrac{1}{2\cos x} = \dfrac{1}{2}.$

可以证明，当 $x \to 0$ 时，

$$\sin x \sim x; \tag{1-12}$$

$$\arcsin x \sim x; \tag{1-13}$$

$$\tan x \sim x; \tag{1-14}$$

$$\arctan x \sim x; \tag{1-15}$$

$$e^x - 1 \sim x; \tag{1-16}$$

$$\ln(1 + x) \sim x; \tag{1-17}$$

$$(1 + x)^\alpha - 1 \sim \alpha x; \tag{1-18}$$

$$1 - \cos x \sim \frac{1}{2} x^2. \tag{1-19}$$

习题 1.4

1. 指出下列各变量中，哪些是无穷小? 哪些是无穷大?

(1) $\dfrac{x^2 + x}{x - 1}$，当 $x \to 0$ 时；　　　　(2) $\dfrac{\cot x}{1 + x}$，当 $x \to \pi$ 时；

(3) $e^{-x} - 1$，当 $x \to -\infty$ 时；　　　　(4) $\dfrac{x}{x^2 - 9}$，当 $x \to 3$ 时；

(5) $e^{-x} - 1$，当 $x \to 0$ 时；　　　　(6) $\ln |x|$，当 $x \to 0$ 时．

2. 计算下列极限:

(1) $\lim\limits_{x \to 2} \dfrac{x^3 + 2x}{x - 2}$；　(2) $\lim\limits_{x \to -2} \left(\dfrac{1}{x + 2} - \dfrac{12}{x^3 + 8} \right)$；　(3) $\lim\limits_{x \to \infty} \dfrac{\sin x}{x}$；　(4) $\lim\limits_{x \to 1} \dfrac{x^3 - x}{x^2 - 2x + 1}$；

(5) $\lim\limits_{x \to \infty} \dfrac{x^2 - 1}{x + 1}$；　(6) $\lim\limits_{n \to \infty} \dfrac{e^n - e^{-n}}{e^n + e^{-n}}$；　　　(7) $\lim\limits_{x \to 0} \dfrac{\tan 3x}{4x}$；　(8) $\lim\limits_{x \to 0} \dfrac{\sin(x^7)}{\sin^5 x}$；

(9) $\lim\limits_{x \to 0} \dfrac{\sin x^2}{1 - \cos x}$；　　　(10) $\lim\limits_{n \to \infty} \dfrac{2^{n+1} + 3^{n+1}}{2^n + 3^n}$．

3. 当 $x \to 1$ 时，比较下列无穷小的阶:

(1) $1 - x$ 与 $1 - x^2$；　　　　(2) $\sin(x - 1)$ 与 $(x - 1)^2$；

(3) $\tan(x - 1)$ 与 $\sin(x - 1)$；　(4) $1 - x^3$ 与 $\dfrac{1}{2}(1 - x^2)$．

4. 证明: (1) 当 $x \to -3$ 时，$x^2 + 6x + 9$ 是比 $x + 3$ 高阶的无穷小；

(2) 当 $x \to 0$ 时，$\arctan x \sim x$．

1.5　函数的连续性

自然界中的许多现象，如空气和水的流动、气温的变化、植物的生长，都是随着时间连续不断地变化的，反映在函数上就是函数的连续性．

1.5.1 函数连续的概念

我们先介绍函数的改变量(增量)的概念.

1. 函数的改变量

定义 1.10 如果变量 u 从初值 u_1 变化到终值 u_2, 那么终值与初值的差 $u_2 - u_1$ 叫做变量 u 的改变量(或增量), 记作 Δu, 即

$$\Delta u = u_2 - u_1.$$

改变量 Δu 可以是正的, 可以是负的. 当 Δu 为正时, 变量 u 从 u_1 变大到 $u_2 = u_1 + \Delta u$; 当 Δu 为负时, 变量 u 从 u_1 减小到 $u_2 = u_1 + \Delta u$.

设函数 $y = f(x)$ 在点 x_0 的某一邻域内有定义, 当自变量 x 在该邻域内从 x_0 变到 $x_0 + \Delta x$ 时, 相应地函数 y 从 $f(x_0)$ 变到 $f(x_0 + \Delta x)$, 从而函数 y 的改变量为 $f(x_0 + \Delta x) - f(x_0)$, 记为 Δy, 即有 $\Delta y = f(x_0 + \Delta x) - f(x_0)$. 它的几何意义如图 1-15 所示.

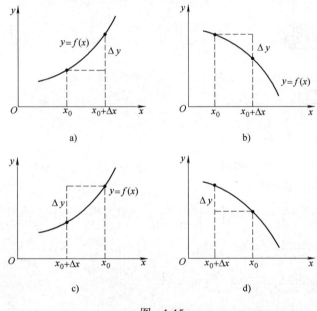

图 1-15

2. 函数 $y = f(x)$ 在点 x_0 的连续性

首先, 我们从函数 $y = f(x)$ 的图像来考察在给定点 x_0 及其近旁的变化情况. 在图 1-16a 中, 曲线在对应于 x_0 及其近旁是毫无间断地延续着, 而在图 1-16b、c、d 中, 曲线在横坐标为 x_0 处对应的位置是断开的.

我们发现, 在图 1-16a 中, $\lim\limits_{x \to x_0} f(x) = f(x_0)$; 在图 1-16b 中, $\lim\limits_{x \to x_0} f(x) = \infty$; 在图 1-16c 中, $f(x_0 - 0) \neq f(x_0 + 0)$; 在图 1-16d 中, $\lim\limits_{x \to x_0} f(x)$ 虽然存在, 但 $f(x_0)$ 无定义或者 x_0 处 $f(x)$ 有定义, 但 $\lim\limits_{x \to x_0} f(x) \neq f(x_0)$. 由此, 我们给出函数在一点连续的定义如下.

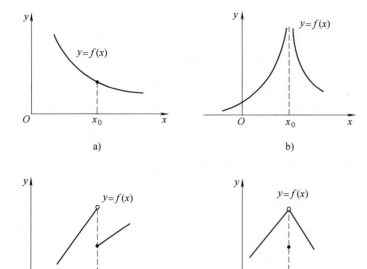

图 1-16

定义 1.11 设函数 $y = f(x)$ 在点 x_0 的邻域内有定义，如果函数 $f(x)$ 当 $x \to x_0$ 时极限存在，且等于它在 x_0 处的函数值，即

$$\lim_{x \to x_0} f(x) = f(x_0),$$

那么称函数 $y = f(x)$ 在点 x_0 处连续，点 x_0 称为函数 $f(x)$ 的连续点.

由此定义可知，函数 $f(x)$ 在点 x_0 处连续必须满足下列三个条件：

（1）$f(x)$ 在点 x_0 的邻域内有定义；

（2）$\lim_{x \to x_0} f(x)$ 存在；

（3）$\lim_{x \to x_0} f(x) = f(x_0)$.

由函数 $f(x)$ 当 $x \to x_0$ 时极限定义可知，上述定义 1.11 也可作如下表述：

设函数 $f(x)$ 在 x_0 的某个邻域内有定义，如果对于任意给定的正数 ε，总存在着正数 δ，使得对于满足不等式 $|x - x_0| < \delta$ 的一切 x，都有

$$|f(x) - f(x_0)| < \varepsilon$$

恒成立，则称函数 $f(x)$ 在点 x_0 处连续.

又由定义 1.11，

$$\lim_{x \to x_0} f(x) = f(x_0),$$

可有 $x \to x_0$，即 $x - x_0 = \Delta x \to 0$，而

$$f(x) - f(x_0) = \Delta y,$$

则 $f(x) = f(x_0) + \alpha$（当 $\Delta x \to 0$ 时，$\alpha \to 0$），或 $\alpha = f(x) - f(x_0)$，所以

$$\lim_{\Delta x \to 0} \Delta y = \lim_{\Delta x \to 0} (f(x) - f(x_0)) = \lim_{\Delta x \to 0} \alpha = 0.$$

也就是说，如果 $f(x)$ 在 x_0 的邻域内有定义，且 $\lim\limits_{\Delta x \to 0} \Delta y = 0$，那么 $f(x)$ 在点 x_0 处连续，这可以看做是函数在某一点处连续的另一定义.

另外，如果 $\lim\limits_{x \to x_0^-} f(x) = f(x_0)$，则称 $f(x)$ 在点 x_0 处左连续；

如果 $\lim\limits_{x \to x_0^+} f(x) = f(x_0)$，则称 $f(x)$ 在点 x_0 处右连续.

显然，$f(x)$ 在 x_0 处连续的**充分必要条件**是 $f(x)$ 在点 x_0 处既左连续又右连续.

由函数在点 x_0 处连续的定义，我们规定：

（1）如果函数 $f(x)$ 在开区间 (a,b) 内每一点都连续，则称 $f(x)$ 在开区间 (a,b) 内连续，并称 $f(x)$ 为在 (a,b) 内的连续函数；

（2）如果函数 $f(x)$ 在 (a,b) 内连续，且在左端点 a 处右连续，在右端点 b 处左连续，则称函数 $f(x)$ 在闭区间 $[a,b]$ 上连续，并称 $f(x)$ 为 $[a,b]$ 上的连续函数.

区间上的连续函数的图像是一条在该区间上连续不断的曲线.

例 1　讨论函数 $f(x) = 3x^2 - 1$ 在 $x = 2$ 处的连续性.

解　因

$$\lim_{x \to 2} f(x) = \lim_{x \to 2}(3x^2 - 1)$$
$$= \underline{\qquad\qquad} = 11,$$

而

$$f(2) = 3 \times 2^2 - 1 = 11,$$

有

$$\lim_{x \to 2} f(x) = f(2).$$

故函数 $f(x) = 3x^2 - 1$ 在 $x = 2$ 处连续.

例 2　设

$$f(x) = \begin{cases} 1, & x < -1, \\ x, & -1 \leqslant x \leqslant 1, \end{cases}$$

讨论 $f(x)$ 在 $x = -1$ 处的连续性，并作 $f(x)$ 的图像.

解　因

$$f(-1-0) = \lim_{x \to -1^-} 1 = 1,$$

而

$$f(-1+0) = \lim_{x \to -1^+} x = -1,$$

且

$$f(-1) = -1;$$

则

$$f(-1-0) \neq f(-1+0).$$

所以，$f(x)$ 在 $x = -1$ 处不连续，但右连续.

$f(x)$ 的图像如图 1-17 所示.

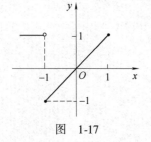

图　1-17

例 3　讨论 $f(x) = \sin x$ 在 $(-\infty, +\infty)$ 内的连续性.

解　设 x 为 $(-\infty, +\infty)$ 内任意一点，当函数 $f(x)$ 的自变量有改变量 Δx 时，对应的函数 $f(x)$ 有改变量

$$\Delta y = f(x + \Delta x) - f(x) = \sin(x + \Delta x) - \sin x$$

$$= 2\sin\frac{\Delta x}{2}\cos\left(x + \frac{\Delta x}{2}\right)$$

$$= \frac{\sin\dfrac{\Delta x}{2}}{\dfrac{\Delta x}{2}}\Delta x\cos\left(x + \frac{\Delta x}{2}\right).$$

因

$$\left|\cos\left(x + \frac{\Delta x}{2}\right)\right| \leqslant 1,$$

又

$$\lim_{\Delta x \to 0}\frac{\sin\dfrac{\Delta x}{2}}{\dfrac{\Delta x}{2}} = 1,$$

有

$$\lim_{\Delta x \to 0}\Delta y = 0.$$

故　$f(x) = \sin x$ 在 $(-\infty, +\infty)$ 内连续.

例 4　为使函数

$$f(x) = \begin{cases} (1 + ax)^{\frac{1}{x}}, & x > 0, \\ \mathrm{e}, & x = 0, \\ \dfrac{\sin ax}{bx}, & x < 0 \end{cases} (a \neq 0, b \neq 0)$$

在点 $x = 0$ 处连续，求 a，b.

解　因

$$\lim_{x \to 0^+}f(x) = \lim_{x \to 0^+}\underline{\qquad\qquad} = \lim_{x \to 0^+}\left[(1 + ax)^{\frac{1}{ax}}\right]^a = \mathrm{e}^a,$$

又

$$\lim_{x \to 0^-}f(x) = \lim_{x \to 0^-}\underline{\qquad\qquad} = \frac{a}{b},$$

而

$$f(0) = \mathrm{e},$$

已知要使 $f(x)$ 在 $x = 0$ 处连续，则

$$\mathrm{e}^a = \mathrm{e} = \frac{a}{b}.$$

从而

$$a = 1,\ b = \frac{1}{\mathrm{e}}.$$

1.5.2　函数的间断点

设函数 $f(x)$ 在点 x_0 处的某一去心邻域内有定义，若 $f(x)$ 出现下列三种情况之一：

（1）在点 x_0 处没有定义；

(2) 虽在点 x_0 处有定义，但 $\lim\limits_{x \to x_0} f(x)$ 不存在；

(3) 虽在点 x_0 处有定义且 $\lim\limits_{x \to x_0} f(x)$ 存在，但

$$\lim\limits_{x \to x_0} f(x) \neq f(x_0),$$

则称函数 $f(x)$ 在点 x_0 处<u>间断</u>；而称点 x_0 为函数 $f(x)$ 的<u>间断点</u>.

例 5 讨论下列函数在给定点处的连续性：

$(1) f(x) = \dfrac{x^2 - 4}{x - 2}$ 在点 $x = 2$ 处；

$(2) f(x) = \begin{cases} x^2, & x \leqslant 0, \\ x + 1, & x > 0 \end{cases}$ 在点 $x = 0$ 处；

$(3) f(x) = \tan x$ 在点 $x = \dfrac{\pi}{2}$ 处.

解 (1) 因 $f(x) = \dfrac{x^2 - 4}{x - 2}$ 在 $x = 2$ 处没有定义，所以 $x = 2$ 为 $f(x) = \dfrac{x^2 - 4}{x - 2}$ 的间断点，但

$$\lim\limits_{x \to 2} f(x) = \lim\limits_{x \to 2} \frac{x^2 - 4}{x - 2} = \lim\limits_{x \to 2}(x + 2) = 4,$$

也就是说，$f(x)$ 在 $x = 2$ 极限存在，但 $f(2)$ 不存在，我们称这种间断点为<u>可去间断点</u>. 如果补充定义，令 $f(2) = 4$，则函数就连续.

(2) 虽然 $f(x)$ 在点 $x = 0$ 处有定义 $f(0) = 0$，但

$$\lim\limits_{x \to 0^-} f(x) = \lim\limits_{x \to 0^-} x^2 = 0,$$
$$\lim\limits_{x \to 0^+} f(x) = \lim\limits_{x \to 0^+}(x + 1) = 1.$$

有

$$f(0 - 0) \neq f(0 + 0).$$

那么，$x = 0$ 为 $f(x)$ 的间断点；$f(x)$ 在 $x = 0$ 处左连续但不右连续. 由于 $f(0 - 0) \neq f(0 + 0)$，而左、右极限都存在，我们称这种间断点为<u>跳跃间断点</u>.

(3) 因 $x = \dfrac{\pi}{2}$ 时，$f(x) = \tan x$ 没有定义，所以在 $x = \dfrac{\pi}{2}$ 处函数 $f(x) = \tan x$ 间断，由于 $\lim\limits_{x \to \frac{\pi}{2}} \tan x = \infty$，我们称 $x = \dfrac{\pi}{2}$ 为 $f(x) = \tan x$ 的<u>无穷间断点</u>.

通常把函数的间断点分为以下两类：

如果点 x_0 是函数 $f(x)$ 的间断点，但 $\lim\limits_{x \to x_0^-} f(x)$ 与 $\lim\limits_{x \to x_0^+} f(x)$ 都存在，则称 x_0 为 $f(x)$ 的<u>第一类间断点</u>；其余的间断点（即左、右极限中至少有一个不存在），则称为<u>第二类间断点</u>.

特别地，在第一类间断点中，若 $\lim\limits_{x \to x_0^-} f(x) = \lim\limits_{x \to x_0^+} f(x)$，即 $\lim\limits_{x \to x_0} f(x)$ 存在，但 $\lim\limits_{x \to x_0} f(x) \neq f(x_0)$，或 $f(x)$ 在点 x_0 处没有定义，则称点 x_0 为

函数 $f(x)$ 的可去间断点,如例 5 中(1). 此时可改变定义或补充定义,使 $f(x_0) = \lim\limits_{x \to x_0} f(x)$,人为地让 $f(x)$ 在点 x_0 处连续.

若 $\lim\limits_{x \to x_0^-} f(x)$ 与 $\lim\limits_{x \to x_0^+} f(x)$ 都存在但不相等,则称点 x_0 为函数 $f(x)$ 的跳跃间断点,如例 5 中(2).

在第二类间断点中,若 $\lim\limits_{x \to x_0} f(x) = \infty$,则称点 x_0 为函数 $f(x)$ 的无穷间断点,如例 5 中(3).

例 6 求下列函数的间断点,并指明类型:

$$(1)f(x) = \frac{x}{\sin x}; \qquad\qquad (2)f(x) = \frac{3^{\frac{1}{x}} + 1}{3^{\frac{1}{x}} - 1}.$$

解 (1)因 $f(x)$ 在 $x = k\pi(k = 0, \pm 1, \pm 2, \cdots)$ 处没有定义,故点 $x = k\pi(k = 0, \pm 1, \pm 2, \cdots)$ 是 $f(x)$ 的间断点,由于

$$\lim_{x \to 0} f(x) = \lim_{x \to 0} \frac{x}{\sin x} = 1,$$

故 $x = 0$ 为 $f(x) = \dfrac{x}{\sin x}$ 的第一类(且为可去)间断点。

而

$$\lim_{x \to k\pi} f(x) = \lim_{x \to k\pi} \frac{x}{\sin x} = \infty \ (k = \pm 1, \pm 2, \cdots),$$

故 $x = k\pi(k = \pm 1, \pm 2, \cdots)$ 是 $f(x)$ 的第二类(且为无穷)间断点.

(2)因 $x = 0$ 处 $f(x)$ 没有定义,故 $x = 0$ 是 $f(x)$ 的间断点. 又

$$\lim_{x \to 0^+} f(x) = \lim_{x \to 0^+} \frac{3^{\frac{1}{x}} + 1}{3^{\frac{1}{x}} - 1} = \lim_{x \to 0^+} \frac{1 + \dfrac{1}{3^{\frac{1}{x}}}}{1 - \dfrac{1}{3^{\frac{1}{x}}}} = 1,$$

而

$$\lim_{x \to 0^-} f(x) = \lim_{x \to 0^-} \frac{3^{\frac{1}{x}} + 1}{3^{\frac{1}{x}} - 1} = \lim_{x \to 0^-} \frac{\dfrac{1}{3^{-\frac{1}{x}}} + 1}{\dfrac{1}{3^{-\frac{1}{x}}} - 1} = -1,$$

所以,点 $x = 0$ 是函数 $f(x)$ 的第一类(且为跳跃)间断点.

1.5.3 初等函数的连续性

1. 连续函数的和、差、积、商的连续性

定理 1.6 如果函数 $f(x)$ 与 $g(x)$ 都在点 x_0 处连续,那么它们的和、差、积、商(分母不为零)也都在点 x_0 处连续.

下面仅就和的情况加以证明.

证 设 $F(x) = f(x) + g(x)$,因为 $f(x)$,$g(x)$ 都在点 x_0 处连续,所以 $F(x)$ 在点 x_0 的邻域内有定义;根据极限运算法则及连续定

义，有

$$\lim_{x \to x_0} F(x) = \lim_{x \to x_0} (f(x) + g(x)) = \lim_{x \to x_0} f(x) + \lim_{x \to x_0} g(x)$$
$$= f(x_0) + g(x_0) = F(x_0).$$

于是，$F(x) = f(x) + g(x)$ 在点 x_0 处也连续.

类似地，可以证明其他情况.

2. 反函数的连续性

定理 1.7 如果函数 $y = f(x)$ 在某区间上单调增加（或减少）且连续，那么它的反函数 $x = f^{-1}(y)$ 也在对应区间上单调增加（或减少）且连续.

证明略.

例如，函数 $y = e^x$ 在 $(-\infty, +\infty)$ 内单调增加且连续，则它的反函数 $y = \ln x$ 在相应的区间 $(0, +\infty)$ 内也单调增加且连续.

又如，函数 $y = \cos x$ 在 $[0, \pi]$ 上单调减少且连续，它的反函数 $y = \arccos x$ 在相应的区间 $[-1, 1]$ 上也单调减少且连续.

3. 复合函数的连续性

定理 1.8 如果函数 $u = \varphi(x)$ 在点 x_0 处连续，且 $u_0 = \varphi(x_0)$，而函数 $y = f(u)$ 在点 $u_0 = \varphi(x_0)$ 处连续，那么复合函数 $y = f(\varphi(x))$ 在点 x_0 处也连续.

事实上，如果自变量 x 在 x_0 处有改变量 Δx，由函数 $u = \varphi(x)$，有对应的改变量 Δu；又由函数 $y = f(u)$，有对应的改变量 Δy. 由于 $u = \varphi(x)$ 在点 x_0 处连续，则当 $\Delta x \to 0$ 时，$\Delta u \to 0$；又由于 $y = f(u)$ 在点 $u = u_0$ 处连续，故由 $\Delta u \to 0$，又可导致 $\Delta y \to 0$. 于是当 $\Delta x \to 0$ 时，有 $\Delta y \to 0$. 故复合函数 $y = f(\varphi(x))$ 在点 $x = x_0$ 处连续.

4. 初等函数的连续性

我们知道，初等函数是由基本初等函数经过有限次四则运算或有限次的复合而成的. 前面已经指出，基本初等函数在它们的定义域内都是连续的. 因此根据以上的定理，可以得到下面的**重要结论**：

一切初等函数在其定义区间内都是连续的.

所谓定义区间，就是包含在定义域内的区间.

由此，如果 $f(x)$ 是初等函数，且 x_0 是 $f(x)$ 的定义区间内的点，那么，求 $f(x)$ 当 $x \to x_0$ 时的极限，根据连续的定义，只需求 $f(x)$ 在点 x_0 处的函数值就可以了，即

$$\lim_{x \to x_0} f(x) = f(x_0).$$

例7 求 $\lg(x^2 + 1)$ 当 $x \to 0$ 时的极限.

解 $\lim_{x \to 0} \lg(x^2 + 1) = \lg(\lim_{x \to 0} (x^2 + 1)) = \lg 1 = 0$,

所以当 $x \to 0$ 时，$\lg(x^2 + 1)$ 的极限为 0.

例8 求 $\lim_{x \to 0} \dfrac{\ln(1 + x)}{x}$.

解 $\lim\limits_{x \to 0} \dfrac{\ln(1+x)}{x} = \lim\limits_{x \to 0} \left(\underline{\hspace{2cm}} \right) = \lim\limits_{x \to 0} \ln(1+x)^{\frac{1}{x}}$

$\qquad = \ln\left(\lim\limits_{x \to 0} (1+x)^{\frac{1}{x}} \right) = \ln e = 1.$

例 9 求 $\lim\limits_{x \to 0} \dfrac{\sqrt{1+x^2}-1}{e^{-x^2}-1}$.

解 因当 $x \to 0$ 时，$\sqrt{1+x^2}-1 \sim \underline{\hspace{2cm}}$，$e^{-x^2}-1 \sim$ $\underline{\hspace{2cm}}$，则

$$\lim\limits_{x \to 0} \frac{\sqrt{1+x^2}-1}{e^{-x^2}-1} = \lim\limits_{x \to 0} \underline{\hspace{2cm}} = -\frac{1}{2}.$$

1.5.4 闭区间上连续函数的性质

闭区间上连续函数具有一些重要性质，从几何图形上看，这些性质直观明显，下面介绍两个，证明略.

定理 1.9 （最大值和最小值定理） 如果函数 $f(x)$ 在闭区间 $[a,b]$ 上连续，则函数 $f(x)$ 在 $[a,b]$ 上一定有最大值和最小值.

这就是说，在 $[a,b]$ 上至少存在两点 ξ_1，$\xi_2 \in [a,b]$，使得对于任意的 $x \in [a,b]$，都有

$$f(\xi_1) \leqslant f(x) \leqslant f(\xi_2).$$

若记 $f(\xi_1) = m$，$f(\xi_2) = M$，则 m，M 分别称为 $f(x)$ 在闭区间 $[a,b]$ 上的最小值和最大值，如图 1-18 所示.

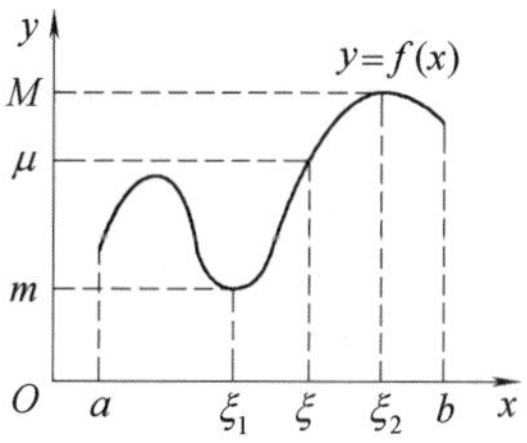

定理 1.10 （介值定理） 如果函数 $f(x)$ 在闭区间 $[a,b]$ 上连续，m 与 M 分别为 $f(x)$ 在 $[a,b]$ 上的最小值与最大值，对于介于 m 与 M 之间的任一实数 μ（即 $m < \mu < M$），则在 (a,b) 内至少存在一点 ξ，使得 $f(\xi) = \mu$，如图 1-18 所示.

图 1-18

推论 如果函数 $f(x)$ 在闭区间 $[a,b]$ 上连续，且 $f(a)$ 与 $f(b)$ 异号，则在 (a,b) 内至少存在一点 ξ，使得

$$f(\xi) = 0.$$

它的**几何意义**是：在闭区间上的连续曲线 $y = f(x)$ 的端点在 x 轴的两侧时，曲线与 x 轴至少相交一次（图 1-19）.

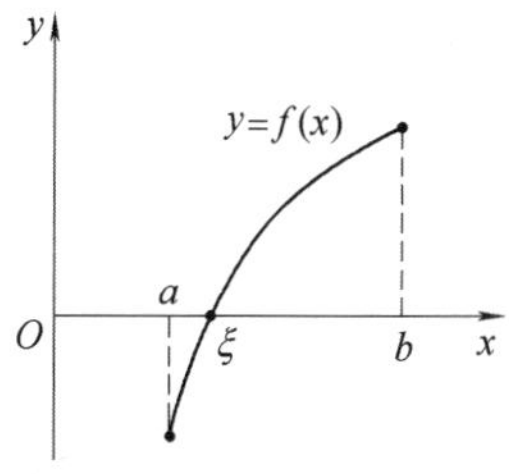

例 10 证明方程 $x^3 + x^2 - 1 = 0$ 在区间 $(0,1)$ 内至少有一个实根.

证 设 $f(x) = x^3 + x^2 - 1$，那么 $f(x)$ 在 $[0,1]$ 上连续，且 $f(0) = -1$，$f(1) = 1$. 那么根据定理 1.10 的推论，在 $(0,1)$ 内，至少存在一点 ξ，使得

$$f(\xi) = 0,$$

即方程 $x^3 + x^2 - 1 = 0$ 在 $(0,1)$ 内至少存在一个实根 ξ.

图 1-19

习题 1.5

1. 求函数 $y = x^2 + x - 2$ 当 $x = 1$，$\Delta x = 0.5$ 时的改变量.

2. 证明下列函数在指定的区间内是连续的.

(1) $y = \cos x(-\infty, +\infty)$；

(2) $y = \sqrt{x}$，$[0, +\infty)$.

3. 讨论下列函数在指定点的连续性：

(1) $f(x) = \begin{cases} 2x - 1, & x < 1, \\ x^2, & x \geqslant 1 \end{cases}$ 在 $x = 1$ 处；

(2) $f(x) = \begin{cases} \dfrac{x}{|x|}(1 - x^2), & x \neq 0, \\ 0, & x = 0 \end{cases}$ 在 $x = 0$ 处.

4. 求下列函数的间断点，并确定其类型：

(1) $f(x) = \dfrac{x^2 - 1}{x^2 - 3x + 2}$；

(2) $f(x) = \arctan \dfrac{1}{x}$；

(3) $f(x) = \sin x \sin \dfrac{1}{x}$；

(4) $f(x) = \dfrac{\sin x}{|x|}$；

(5) $f(x) = e^{-\frac{1}{x}} + 1$；

(6) $f(x) = \begin{cases} 3 + x^2, & x < 0, \\ 0, & x = 0, \\ \dfrac{\sin 3x}{x}, & x > 0. \end{cases}$

5. 试确定常数 a，使函数 $f(x)$ 在 $x = 0$ 处连续：

(1) $f(x) = \begin{cases} ae^x, & x < 0, \\ a^2 + x, & x \geqslant 0 \end{cases}$；

(2) $f(x) = \begin{cases} (1 + 2x)^{\frac{3}{x}} + 2^{-\frac{1}{x^2}}, & x \neq 0, \\ a, & x = 0. \end{cases}$

6. 求下列函数的连续区间，并求极限：

(1) $f(x) = \dfrac{1}{\sqrt{x^2 - 3x + 2}}$，求 $\lim\limits_{x \to 0} f(x)$；

(2) $f(x) = \ln \arcsin x$，求 $\lim\limits_{x \to \frac{1}{2}} f(x)$.

7. 利用函数的连续性求极限：

(1) $\lim\limits_{x \to a} \dfrac{x^2}{1 - \sqrt{1 + x^2}}$ $(a \neq 0)$；

(2) $\lim\limits_{x \to +\infty} x(\sqrt{x^2 + 1} - x)$；

(3) $\lim\limits_{x \to 4} \dfrac{\sqrt{2x + 1} - 3}{\sqrt{x - 2} - \sqrt{2}}$；

(4) $\lim\limits_{x \to +\infty} x[\ln(x + 1) - \ln x]$；

(5) $\lim\limits_{\Delta x \to 0} \dfrac{\cos(x + \Delta x) - \cos x}{\Delta x}$；

(6) $\lim\limits_{x \to +\infty} \arcsin(\sqrt{x^2 + x} - x)$；

(7) $\lim\limits_{x \to a} \dfrac{\ln x - \ln a}{x - a}$ $(a > 0)$；

(8) $\lim\limits_{x \to 0} \dfrac{\ln(1 - 2x)}{e^{3x} - 1}$；

(9) 设 $f(x) = \begin{cases} 2^{\frac{1}{x}} + 1, & x < 0, \\ 3, & x = 0, \\ 1 - e^{-\frac{1}{x}}, & x > 0, \end{cases}$ 求 $\lim\limits_{x \to 0} f(x)$；

$(10) \lim\limits_{x \to 0} \dfrac{(\arcsin x)^2}{x(\sqrt{1+x}-1)}.$

8. 试证:

(1) 方程 $x2^x - 1 = 0$ 在区间 $(0, 1)$ 内至少有一个实根;

(2) 方程 $\sin x + x + 1 = 0$ 在区间 $\left(-\dfrac{\pi}{2}, \dfrac{\pi}{2}\right)$ 内至少有一个实根;

(3) 方程 $x^3 - 3x - 1 = 0$ 的三个实根分别落在区间 $(-2, -1)$, $(-1, 1)$, $(1, 2)$ 内.

*1.6 极限问题的 MATLAB 实现

MATLAB 是 Matrix Laboratory(矩阵实验室)的缩写,该软件自从 1984 年由美国 MathWorks 公司推出以来,经过不断地完善和发展,现在已经成为国际上公认的应用和影响力最广泛的计算机数学软件. 选用 MATLAB 作为计算工具,可以避免烦琐的底层编程,使得使用者能够将精力和时间花在理论分析上. 由于这个优点,在国内外的各大高校,MATLAB 已经成为数学实验课程中的主要编程工具,成为大学生、研究生必须掌握的基本编程语言. MATLAB 发展至今,存在各种版本,本书使用 MATLAB 7.0 作为实验部分的编程工具. 由于本课程是学生进入大学后学习的第一门重要的数学基础课程,考虑到知识的局限性,本书不涉及 MATLAB 在数值分析方面的应用,而只讲解 MATLAB 在符号计算方面的应用,因此主要使用 MATLAB 的符号运算工具箱(Symbolic Math Toolbox)来求解各种高等数学问题.

应用 MATLAB 的符号运算工具箱,可以很容易地求解极限问题. 假设已知函数 $f(x)$,则极限问题可以描述为

$$A = \lim\limits_{x \to x_0} f(x),$$

其中,x_0 可以是一个确定的常数,也可以是无穷大. 对于满足某些条件的函数来说,还可以研究单侧极限问题:

$$A_1 = \lim\limits_{x \to x_0^-} f(x), \qquad A_2 = \lim\limits_{x \to x_0^+} f(x).$$

上述极限问题在 MATLAB 的符号运算工具箱中可以使用 limit( ) 函数直接求解. 该函数的调用格式为

L = limit(fun, x, x_0)　　　　% 求极限

L1 = limit(fun, x, x_0, 'left')　　% 求左极限

L2 = limit(fun, x, x_0, 'right')　% 求右极限

其中,"% …"部分是 MATLAB 中的注释语句,MATLAB 在编译程序时,将直接跳过这些语句. 对于这一点,今后不再作特殊声明. 在求解极限之前,应该首先声明符号变量 x,再定义极限表达式 fun,若 x_0 为 ∞,则可以用 inf 表示.

例 1　求解极限问题 $\lim\limits_{x \to \infty} x\left(1 + \dfrac{a}{x}\right)^x \sin\dfrac{b}{x}.$

解 在求解时需要注意，在函数表达式中，除了自变量 x 外，还存在未知参数 a，b，它们都需要被声明为符号变量，具体程序如下：

>> syms x a b;　　　　　　　% 声明 x，a，b 为符号变量

>> f = x * (1 + a/x)^x * sin(b/x)；% 定义极限表达式

>> L = limit(f, x, inf)；

按回车键得到结果：

L =

 b * exp(a)

即

$$\lim_{x \to \infty} x \left(1 + \frac{a}{x}\right)^x \sin\frac{b}{x} = b\mathrm{e}^a.$$

例2 求解单侧极限问题 $\lim\limits_{x \to 0^+} \dfrac{\mathrm{e}^{x^3} - 1}{1 - \cos\sqrt{x - \sin x}}$.

解 首先利用观察函数图像的方法来求解该极限问题：

>> x = -0.1:0.001:0.1；y = (exp(x^3) - 1)./(1 - cos(sqrt(x - sin(x))))；

>> plot(x,y,'-',[0],[12],'o')，grid

在 MATLAB 的命令窗口运行上述程序，可以画出该函数在点 0 附近的函数图像，如图 1-20 所示.

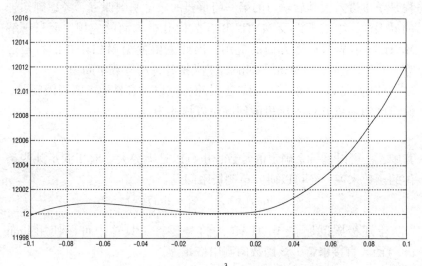

图 1-20 函数 $\dfrac{\mathrm{e}^{x^3} - 1}{1 - \cos\sqrt{x - \sin x}}$ 的图像

下面利用 limit( ) 函数来求解该极限问题：

>> syms x；

>> limit((exp(x^3) - 1)/(1 - cos(sqrt(x - sin(x)))),x,0,'right')

按回车键得到结果：

ans =

12

即 $\lim\limits_{x\to 0^+}\dfrac{e^{x^3}-1}{1-\cos\sqrt{x-\sin x}}=12$，可见程序结果与观察函数图像得到的结果是一致的.

例3 设数列 $\{x_n\}$ 与 $\{y_n\}$ 由下式确定：

$$\begin{cases} x_1=1,\ y_1=2, \\ x_{n+1}=\sqrt{x_n y_n},\ n=1,\ 2,\ \cdots, \\ y_{n+1}=\dfrac{(x_n+y_n)}{2}. \end{cases}$$

请判断上述数列的极限是否存在？进一步地，若 $\{x_n\}$ 的极限存在，请判断由表达式

$$a_n=\frac{1}{n}\ (x_1+x_2+\cdots+x_n)$$

确定的数列 $\{a_n\}$ 的极限是否存在？

解 由于求解本题的程序语句较多，在 MATLAB 的命令窗口里编程将不方便，此时最好在 MATLAB 的 M 文件编辑窗口（Editor）里编写程序，具体程序如下：

```
x (1) =1; y (1) =2;
for n = 2:100
    x (n) = sqrt (x (n-1) *y (n-1));
    y (n) = (x (n-1) +y (n-1)) /2;
end
n = 1:100;
plot (n,x,'k+',n,y,'k*')
```

运行上述程序后发现，从某一项开始，$\{x_n\}$ 和 $\{y_n\}$ 的散点最终都处于一条水平直线上，如图 1-21 所示，说明 $\{x_n\}$ 和 $\{y_n\}$ 的极限可能都存在并且相等.

下面来判断 $\{a_n\}$ 的极限是否存在，在上述程序的基础上继续编写以下程序：

```
a(1) = x(1);
for n = 2:100
    a(n) = sum(x(:,1:n))/n;
end
n = 1:100;
plot(n,x,'ko',n,a,'k-'), grid
```

运行以上程序后可以画出 $\{x_n\}$ 的散点图以及 $\{a_n\}$ 的实心连线图，如图 1-22 所示，不难发现 $\{a_n\}$ 的极限是存在的，并且其极限与 $\{x_n\}$ 的极限是相等的.

观察上述图像还不难发现，虽然 $\{x_n\}$ 与 $\{a_n\}$ 都是收敛的，但两者的收敛速度是不一样的，且 $\{a_n\}$ 的收敛速度远小于 $\{x_n\}$ 的收敛速度.

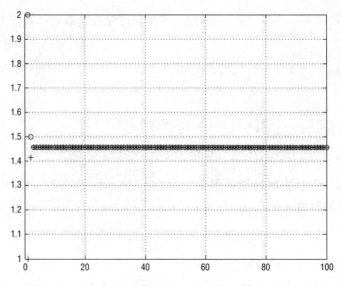

图 1-21 $\{x_n\}$ 和 $\{y_n\}$ 的散点图

注：" + "对应 $\{x_n\}$，" 。"对应 $\{y_n\}$.

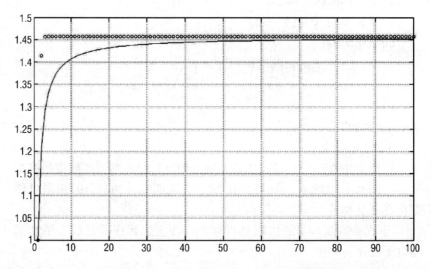

图 1-22 $\{x_n\}$ 的散点图以及 $\{a_n\}$ 的实心连线图

* 习题 1.6

1. 试求出下列极限：

(1) $\lim\limits_{x\to\infty}(3^x+9^x)^{1/x}$；

(2) $\lim\limits_{x\to\infty}\dfrac{(x+2)^{x+2}(x+3)^{x+3}}{(x+5)^{2x+5}}$.

2. 考虑本节例 3 中给出的数列 $\{x_n\}$，请观察数列

(1) $\left\{\sqrt[n]{x_1x_2\cdots x_n}\right\}$；

（2）$\left\{\dfrac{x_{n+1}}{x_n}\right\}$；

（3）$\left\{\sqrt[n]{x_n}\right\}$

的变化趋势，判断它们是否收敛？若收敛，请问哪些极限是相等的？

综合练习 1

一、填空题

1. 函数 $y = \sqrt{16 - x^2} + \ln\sin x$ 的定义域为 _____.

2. 设 $f(x) = \begin{cases} |\cos x|, & |x| < 1, \\ 0, & |x| \geqslant 1, \end{cases}$ 则 $f\left(-\dfrac{\pi}{4}\right) = $ _____，

$f(\pi) = $ _____，$f\left(\dfrac{7}{4}\pi\right) = $ _____.

3. 设 $f(x) = \dfrac{1}{1-x}$，则 $f[f(x)] = $ _____，$f\left[\dfrac{1}{f(x)}\right] = $ _____.

4. 已知 $f(x) = \sin x$，$f[g(x)] = 1 - x^2$，则 $g(x) = $ _____，$g(x)$ 的定义域为 _____.

5. 函数 $y = \dfrac{1}{x-2}$，当 $x \to$ _____ 时为无穷小，当 $x \to$ _____ 时为无穷大.

6. $\lim\limits_{x \to \infty} \dfrac{x^2 - 4}{2 + x - 4x^2} = $ _____.

7. $\lim\limits_{x \to 0^-} \dfrac{\sin x}{|x|} = $ _____，$\lim\limits_{x \to 0^+} \dfrac{\sin x}{|x|} = $ _____.

8. $\lim\limits_{x \to \infty} x\sin\dfrac{1}{x} = $ _____，$\lim\limits_{x \to \infty} \dfrac{1}{x}\sin x = $ _____.

9. $\lim\limits_{x \to \infty} x\arcsin\dfrac{1}{x} = $ _____，$\lim\limits_{x \to 0} \dfrac{1}{x}\arcsin x = $ _____.

10. $\lim\limits_{x \to \infty} \dfrac{1}{x}\arctan x = $ _____，$\lim\limits_{x \to 0} \dfrac{1}{x}\arctan x = $ _____.

11. 函数 $f(x) = \dfrac{1}{\ln\sqrt{1 - x^2}}$ 的间断点为 _____.

12. 设函数 $f(x) = \begin{cases} \dfrac{a\sin x}{x}, & x > 0, \\ ax + 2, & x < 0 \end{cases}$ 在 $x \to 0$ 时有极限，则 $a = $ _____，又 $f(-1) = $ _____.

二、计算题

1. 设 $f(x) = \begin{cases} \sin x, & x \leqslant 0, \\ x^2 + \ln x, & x > 0, \end{cases}$ 求 $f(1-x)$，$f(x-1)$.

2. 求下列极限：

（1）$\lim\limits_{n \to \infty}(\sqrt{n^2 + n} - \sqrt{n^2 - n})$；

$(2) \lim\limits_{x \to 1} \dfrac{\sqrt[3]{x} - 1}{\sqrt{x} - 1}$;

$(3) \lim\limits_{x \to \infty} \dfrac{\sqrt[3]{x^2} \sin x^2}{x + 1}$;

$(4) \lim\limits_{n \to \infty} \left[1 - \dfrac{1}{3} + \dfrac{1}{3^2} - \cdots + \left(\dfrac{-1}{3} \right)^n \right]$.

3. 求下列极限:

$(1) \lim\limits_{x \to \pi} \dfrac{\sin x}{1 - \left(\dfrac{x}{\pi} \right)^2}$;
$\qquad$
$(2) \lim\limits_{x \to \infty} x^2 \left(1 - \cos \dfrac{1}{x} \right)$;

$(3) \lim\limits_{x \to \infty} \left(\dfrac{2x^2 + 1}{2x^2 - 1} \right)^{x^2}$;
$\qquad$
$(4) \lim\limits_{x \to 0^+} \sqrt[x]{1 - 2x}$.

4. 求下列极限:

$(1) \lim\limits_{x \to +\infty} (\sin \sqrt{x + 1} - \sin \sqrt{x})$;
$\qquad$
$(2) \lim\limits_{x \to 0} \dfrac{x^3 + x}{(x + 1) \sin 2x}$;

$(3) \lim\limits_{x \to 0} \dfrac{e^{x^2} - 1}{\ln(1 + x \sin x)}$
$\qquad$
$(4) \lim\limits_{x \to +\infty} x(\sqrt[x]{a} - 1) \ (a > 0)$.

5. 设 $f(x) = \begin{cases} \dfrac{1}{x}(\ln(x^2 + x^3) - \ln x^2), & 0 < |x| < 1, \\ a, & x = 0 \end{cases}$ 在点 $x = 0$

处连续, 求 a 的值.

6. 讨论 $f(x) = \begin{cases} e^{\frac{1}{x-1}} + 3, & x < 1, \\ 3, & x = 1, \\ 3 + (x - 1) \sin \dfrac{1}{x - 1}, & x > 1 \end{cases}$ 在点 $x = 1$ 处的连续

性, 并求 $f(x)$ 的连续区间.

7. 求下列函数的间断点, 并确定间断点的类型:

$(1) f(x) = \dfrac{|x - 1|}{x^2 - x^3}$;
$\qquad$
$(2) f(x) = \begin{cases} x \sin \dfrac{1}{x}, & x > 0, \\ \dfrac{1}{1 + x}, & x \leqslant 0, \ x \neq -1. \end{cases}$

8. 已知 $\lim\limits_{x \to 0} \dfrac{\sqrt{1 + f(x) \sin x} - 1}{e^x - 1} = 100$, 求 $\lim\limits_{x \to 0} f(x)$.

三、证明题

1. 用极限定义证明:

$(1) \lim\limits_{n \to \infty} \dfrac{2n + 1}{3n + 1} = \dfrac{2}{3}$;
$\qquad$
$(2) \lim\limits_{x \to 1} \dfrac{x^3 - 1}{x - 1} = 3$.

2. 证明: 当 $x \to 0$ 时, $2 \arctan x \sim e^{2 \sin x} - 1$.

3. 证明方程 $4x = 2^x$ 在 $\left(0, \dfrac{1}{2} \right)$ 内至少有一个实根.

第 2 章

导数与微分

微分学是微积分的两大分支之一，它的核心概念是导数和微分. 本章中，我们主要讨论导数和微分的概念以及它们的计算方法.

2.1 导数的概念

2.1.1 引入导数概念的实例

1. 变速直线运动的瞬时速度

假设一质点作变速直线运动，在 $[0,t]$ 这段时间所经过的路程为 s，则 s 是时间 t 的函数 $s = s(t)$，求该质点在时间 $t_0 \in [0,t]$ 的瞬时速度.

首先考虑质点在时刻 t_0 附近很短一段时间内的平均速度. 设质点从 t_0 到 $t_0 + \Delta t$ 这段时间间隔内路程从 $s(t_0)$ 变化到 $s(t_0 + \Delta t)$，其改变量为

$$\Delta s = s(t_0 + \Delta t) - s(t_0).$$

在这段时间内质点运动的平均速度为 $\bar{v} = \dfrac{\Delta s}{\Delta t} = \dfrac{s(t_0 + \Delta t) - s(t_0)}{\Delta t}$. 当 Δt 很小时，可以认为质点在时间区间 $[t_0, t_0 + \Delta t]$ 内近似地作匀速直线运动. Δt 越小近似程度越高. 因此可以用 $\bar{v}$ 作为质点在 t_0 的瞬时速度的近似值. 当 $\Delta t \to 0$ 时，我们就可把平均速度 $\bar{v}$ 的极限值定义为时刻 t_0 的瞬时速度，记作 $v(t_0)$，即

$$v(t_0) = \lim_{\Delta t \to 0} \frac{\Delta s}{\Delta t} = \lim_{\Delta t \to 0} \frac{s(t_0 + \Delta t) - s(t_0)}{\Delta t}. \tag{2-1}$$

2. 曲线的切线的斜率

在中学几何里，圆的切线被定义为与圆周只相交于一点的直线. 这样的定义不能用于一般的曲线. 例如，在原点与抛物线 $y = x^2$ 相交

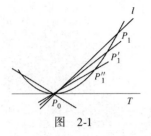

图 2-1

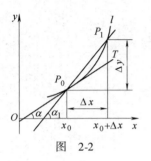

图 2-2

于一点的直线就有 x 轴与 y 轴两条,但显然 y 轴不是抛物线的切线.因此,需要给出曲线在一点的切线一个普遍的定义.

设在曲线 l 上有一点 P_0,在其邻近取另一点 P_1,并作割线 P_1P_0(图2-1).令 P_1 沿着 l 趋近 P_0,割线 P_1P_0 将取不同的位置 $P_1'P_0$,$P_1''P_0$,…. 如果当 P_1 从任何一侧沿着 l 无限地趋近 P_0 时,割线 P_1P_0 趋向同一个极限位置 TP_0,那么这条直线 TP_0 就是曲线 l 在 P_0 点的切线.

现在设曲线 l 的方程是 $y=f(x)$,而 $P_0(x_0,y_0)$ 是曲线 l 上的一个定点(图2-2).当横坐标 x 从 x_0 变到 $x_0+\Delta x$ 时,纵坐标 y 相应地从 y_0 变到 $y_0+\Delta y$,而在 l 上就有了另一个点 $P_1(x_0+\Delta x,y_0+\Delta y)$.作割线 P_1P_0,并以 α_1 记它的倾角.容易知道直线 P_1P_0 的斜率是

$$\tan\alpha_1 = \frac{\Delta y}{\Delta x} = \frac{f(x_0+\Delta x)-f(x_0)}{\Delta x}.$$

令 $\Delta x \to 0$,点 P_1 就沿着 l 无限地趋近 P_0,割线 P_1P_0 就不断地绕 P_0 点旋转,而 α_1 角也不断地发生变化.如果这时 α_1 趋近于某一个角 α,那么经过 P_0 点而有倾角 α 的直线就是 l 在 P_0 点处的切线.所以我们把曲线上 P_0 处的纵坐标的改变量 Δy 与横坐标的改变量 Δx 之比当 $\Delta x \to 0$ 时的极限定义为曲线在 P_0 点处的切线斜率

$$k = \lim_{\Delta x \to 0}\frac{\Delta y}{\Delta x} = \lim_{\Delta x \to 0}\frac{f(x_0+\Delta x)-f(x_0)}{\Delta x}. \tag{2-2}$$

2.1.2 导数的定义

上面两个例子虽然一个是运动学问题,另一个是几何问题.但从数学结构上来看,却是具有完全相同形式的两个极限式(2-1)与式(2-2).如果撇开这些极限的具体意义(瞬时速度和切线的斜率),抽象地加以研究,那么它们都是函数的增量与自变量改变量之比当自变量改变量趋于零时的极限.

定义 2.1 设函数 $y=f(x)$ 在点 x_0 的某个邻域内有定义,当自变量 x 在 x_0 处取得改变量 Δx(点 $x_0+\Delta x$ 仍在该邻域内)时,相应地函数取得改变量 $\Delta y=f(x_0+\Delta x)-f(x_0)$;如果 Δy 与 Δx 之比当 $\Delta x \to 0$ 时的极限存在,则称函数 $y=f(x)$ 在点 x_0 处可导,并称这个极限为函数 $y=f(x)$ 在点 x_0 处的导数,记作 $f'(x_0)$,即

$$f'(x_0) = \lim_{\Delta x \to 0}\frac{\Delta y}{\Delta x} = \lim_{\Delta x \to 0}\frac{f(x_0+\Delta x)-f(x_0)}{\Delta x}, \tag{2-3}$$

也可记作 $y'\Big|_{x=x_0}$,$\dfrac{\mathrm{d}y}{\mathrm{d}x}\Big|_{x=x_0}$ 或 $\dfrac{\mathrm{d}f(x)}{\mathrm{d}x}\Big|_{x=x_0}$.

如果式(2-3)的极限不存在,我们就说函数 $y=f(x)$ 在 $x=x_0$ 处不

可导. 这样就定义了函数在一点处可导. 如果函数 $y = f(x)$ 在开区间 I 内的每点处都可导, 就称函数 $f(x)$ 在开区间 I 内可导. 这时, 对于任一个 $x \in I$, 都对应着 $f(x)$ 的一个确定的导数值. 这样就构成了一个新的函数, 我们称它是函数 $y = f(x)$ 的导函数, 记作 y', $f'(x)$, $\dfrac{dy}{dx}$ 或 $\dfrac{df(x)}{dx}$. 在不混淆的情况下导函数简称导数. 事实上导数的定义给出了求导数的基本方法.

例 1　求函数 $y = x^2$ 在 $x = 2$ 处的导数.

解　当 x 由 2 改变到 $2 + \Delta x$ 时, 函数改变量为
$$\Delta y = (2 + \Delta x)^2 - 2^2 = 4\Delta x + (\Delta x)^2,$$
$$\frac{\Delta y}{\Delta x} = 4 + \Delta x,$$
$$\lim_{\Delta x \to 0} \frac{\Delta y}{\Delta x} = \lim_{\Delta x \to 0} (4 + \Delta x) = 4.$$
因此　　　　　　　　　　　　$f'(2) = 4.$

例 2　求函数 $f(x) = C$（C 为常数）的导数.

解　$f'(x) = \lim\limits_{\Delta x \to 0} \dfrac{f(x + \Delta x) - f(x)}{\Delta x} = \lim\limits_{\Delta x \to 0} \dfrac{C - C}{\Delta x} = 0,$

即 $(C)' = 0$, 也就是说常数的导数等于零.

由导数定义可知求导数的方法包含以下三个步骤:

(1) 求出对应于自变量改变量 Δx 的函数改变量 $\Delta y = f(x + \Delta x) - f(x)$；

(2) 计算比值 $\dfrac{\Delta y}{\Delta x} = \dfrac{f(x + \Delta x) - f(x)}{\Delta x}$；

(3) 求当 $\Delta x \to 0$ 时的极限, 即
$$y' = f'(x) = \lim_{\Delta x \to 0} \frac{f(x + \Delta x) - f(x)}{\Delta x}.$$

例 3　求函数 $f(x) = a^x$（$a > 0$, 且 $a \neq 1$）的导数.

解　$f'(x) = \lim\limits_{\Delta x \to 0} \dfrac{f(x + \Delta x) - f(x)}{\Delta x} = \lim\limits_{\Delta x \to 0} \dfrac{a^{x + \Delta x} - a^x}{\Delta x}$

$= a^x \lim\limits_{\Delta x \to 0} \dfrac{a^{\Delta x} - 1}{\Delta x} = a^x \cdot \lim\limits_{\Delta x \to 0} \dfrac{e^{\Delta x \ln a} - 1}{\Delta x \cdot \ln a} \cdot \ln a.$

利用 $\lim\limits_{x \to 0} \dfrac{e^x - 1}{x} = 1$, 得
$$f'(x) = a^x \ln a,$$
即　　　　　　　　　　　　$(a^x)' = a^x \ln a.$

2.1.3　导数的几何意义

由前面定义可知: 函数 $y = f(x)$ 在点 x_0 处的导数 $f'(x_0)$ 在几何上

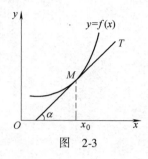

图　2-3

表示曲线在点 $(x_0, f(x_0))$ 处的切线的斜率，即 $f'(x_0) = \tan \alpha$，其中 α 是切线的倾角(图2-3). 根据导数的几何意义，并应用直线点斜式方程，可以得到曲线 $y = f(x)$ 在点 $M(x_0, f(x_0))$ 处的切线方程为

$$y - y_0 = f'(x_0)(x - x_0). \tag{2-4}$$

过切点 $M(x_0, y_0)$ 且与切线垂直的直线叫做曲线 $y = f(x)$ 在点 M 处的法线. 如果 $f'(x_0) \neq 0$，且 $f'(x_0) \neq \infty$，那么法线的斜率为 $-\dfrac{1}{f'(x_0)}$，从而法线方程为

$$y - y_0 = -\frac{1}{f'(x_0)}(x - x_0). \tag{2-5}$$

例4　求曲线 $y = \dfrac{1}{x}$ 在 $(1, 1)$ 处的切线方程.

解　因

$$\frac{dy}{dx}\Big|_{x=1} = -\frac{1}{x^2}\Big|_{x=1} = -1.$$

故所求切线方程为

$$y - 1 = -1(x - 1),$$

即

$$x + y - 2 = 0.$$

2.1.4　单侧导数

根据函数 $f(x)$ 在 $x = x_0$ 处的导数 $f'(x_0)$ 的定义，导数 $f'(x_0) = \lim\limits_{\Delta x \to 0} \dfrac{f(x_0 + \Delta x) - f(x_0)}{\Delta x}$ 是一个极限，而极限存在的充要条件是左、右极限存在且相等，因此 $f'(x_0)$ 存在，即 $f(x)$ 在 $x = x_0$ 处可导的充要条件是

$$\lim_{\Delta x \to 0^-} \frac{f(x_0 + \Delta x) - f(x_0)}{\Delta x} \text{ 及 } \lim_{\Delta x \to 0^+} \frac{f(x_0 + \Delta x) - f(x_0)}{\Delta x}$$

都存在且相等. 这两个极限分别称为函数 $f(x)$ 在 $x = x_0$ 处的左导数和右导数，记作 $f'_-(x_0)$ 及 $f'_+(x_0)$，即

$$f'_-(x_0) = \lim_{\Delta x \to 0^-} \frac{f(x_0 + \Delta x) - f(x_0)}{\Delta x},$$

$$f'_+(x_0) = \lim_{\Delta x \to 0^+} \frac{f(x_0 + \Delta x) - f(x_0)}{\Delta x}.$$

因此我们得到函数 $f(x)$ 在 $x = x_0$ 处可导的充分必要条件是 $f'_-(x_0)$ 和 $f'_+(x_0)$ 存在并且相等.

例5　讨论函数 $f(x) = \sqrt{x^2} = |x|$ 在 $x = 0$ 处的可导性.

解　函数 $y = |x|$ 的图形如图2-4所示.

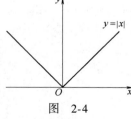

图　2-4

$$f'_-(0) = \lim_{\Delta x \to 0^-} \frac{\Delta y}{\Delta x} = \lim_{\Delta x \to 0^-} \frac{f(0 + \Delta x) - f(0)}{\Delta x}$$

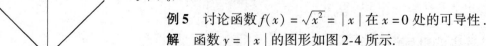

$$= \lim_{\Delta x \to 0^-} \frac{-\Delta x}{\Delta x} = -1;$$

$$f'_+(0) = \lim_{\Delta x \to 0^+} \frac{\Delta y}{\Delta x} = \lim_{\Delta x \to 0^+} \frac{f(0 + \Delta x) - f(0)}{\Delta x} = 1.$$

因为 $f'_-(0) \neq f'_+(0)$，所以 $y = |x|$ 在 $x = 0$ 处不可导.

2.1.5 可导与连续的关系

设函数 $y = f(x)$ 在点 x 处可导，即

$$\lim_{\Delta x \to 0} \frac{\Delta y}{\Delta x} = f'(x)$$

存在，则根据函数极限与无穷小的关系，我们有 $\frac{\Delta y}{\Delta x} = f'(x) + \alpha$，其中 α 是一个当 $\Delta x \to 0$ 时的无穷小. 两端各乘以 Δx，得到函数改变量的一个表达式

$$\Delta y = f'(x)\Delta x + \alpha\Delta x.$$

显然，当 $\Delta x \to 0$ 时，$\Delta y \to 0$，说明函数 $y = f(x)$ 在点 x 处是连续的. 即如果函数 $y = f(x)$ 在 x 处可导，那么在 x 处必连续，但反过来不一定成立，即**连续未必可导**，如例 5 中 $y = |x|$ 在 $x = 0$ 处是连续的但并不可导.

例 6 讨论函数

$$f(x) = \begin{cases} x - 1, & x \leq 0, \\ 2x, & 0 < x \leq 1, \\ x^2 + 1, & x > 1 \end{cases}$$

在 $x = 0$，$x = 1$ 处的连续性与可导性.

解 （1）在 $x = 0$ 处，

$$\lim_{x \to 0^-} f(x) = \lim_{x \to 0^-} (x - 1) = -1;$$

$$\lim_{x \to 0^+} f(x) = \lim_{x \to 0^+} 2x = 0.$$

因为

$$\lim_{x \to 0^-} f(x) \neq \lim_{x \to 0^+} f(x),$$

所以 $f(x)$ 在 $x = 0$ 处不连续，故 $f(x)$ 在 $x = 0$ 处不可导.

（2）在 $x = 1$ 处同样可以得到

$$f'_-(1) = \underline{\hspace{3cm}}; \quad f'_+(1) = \underline{\hspace{3cm}}.$$

即 $f'_-(1) = f'_+(1)$，所以在 $x = 1$ 处连续并且可导.

习题 2.1

1. 用导数的定义求下列函数的导数：

(1) $f(x) = 2x + 3$，求 $f'(0)$，$f'(2)$；

(2) $f(x) = ax^2 + bx + c$，其中 a，b，c 为常数，求 $f'(0)$，$f'\left(\dfrac{1}{2}\right)$，

$$f'\left(-\frac{b}{2a}\right).$$

2. 作直线运动的物体的运动方程为 $s = t^3 + 10$，求物体在 $t = 3$ 时的瞬时速度．

3. 求抛物线 $y = x^2$ 上横坐标 $x = 3$ 处的切线方程．

4. 某种产品生产 x 个单位的总成本 C 为 x 的函数

$$C = C(x) = 2 + 3\sqrt{x},$$

求生产 x_0 个单位时总成本的变化率．

5. 用导数的定义证明：

（1）$(\sin x)' = \cos x$；

（2）$(x^n)' = nx^{n-1}$（$n \in \mathbf{N}^+$）；

（3）$(\ln x)' = \dfrac{1}{x}$．

6. 求曲线 $y = \mathrm{e}^x$ 在 $(0,1)$ 处的切线和法线方程．

7. 在抛物线 $y = x^2$ 上取 $x_1 = 1$ 及 $x_2 = 3$ 两点，作过两点的割线．问该抛物线上哪一点的切线与割线平行？

8. 设 $f(x) = \begin{cases} x^2, & x \geqslant 3 \\ ax + b, & x < 3 \end{cases}$，试确定常数 a，b 的值，使 $f(x)$ 在 $x = 3$ 处可导．

9. 一汽车在刹车后 $t\,\mathrm{s}$ 所通过距离 $s = 44t - 6t^2(\mathrm{m})$．问刹车后经过多少秒汽车才停止？刹车后汽车滑行多远？

10. 证明：

（1）可导的偶函数的导数是奇函数；

（2）可导的奇函数的导数是偶函数．

11. 讨论函数 $f(x) = \begin{cases} x^2 + 1, & 0 \leqslant x < 1 \\ 3x - 1, & x \geqslant 1 \end{cases}$ 在 $x = 1$ 处是否可导？

2.2　求导法则

上一节我们从定义出发求出了一些简单函数的导数，对于一般函数虽然理论上也可以用定义来求，但有时极为烦琐．本节将引入一些求导法则，利用这些法则，能较简单地求出初等函数的导数．

2.2.1　函数的和、差、积、商的导数

定理 2.1　如果函数 $u = u(x)$ 及 $v = v(x)$ 在 x 处可导，那么它们的和、差、积、商（分母不为零）都在 x 处可导，且

（1）$(u \pm v)' = u' \pm v'$；

（2）$(uv)' = u'v + uv'$；

（3）$\left(\dfrac{u}{v}\right)' = \dfrac{vu' - v'u}{v^2}$（$v \neq 0$）．

证　（1）设 $y = u + v$，则

$$\Delta y = [u(x + \Delta x) + v(x + \Delta x)] - [u(x) + v(x)]$$

$$= [u(x + \Delta x) - u(x)] + [v(x + \Delta x) - v(x)]$$

$$= \Delta u + \Delta v,$$

$$\lim_{\Delta x \to 0} \frac{\Delta y}{\Delta x} = \lim_{\Delta x \to 0} \frac{\Delta u + \Delta v}{\Delta x} = \lim_{\Delta x \to 0} \frac{\Delta u}{\Delta x} + \lim_{\Delta x \to 0} \frac{\Delta v}{\Delta x}$$

$$= u' + v'.$$

同理可证　　　　　　$(u - v)' = u' - v'.$

此法则(和差的导数)可推广到有限多个可导函数的情形.

(2)设 $y = uv$, 于是

$$\Delta y = u(x + \Delta x)v(x + \Delta x) - u(x)v(x)$$

$$= u(x + \Delta x)v(x + \Delta x) - u(x)v(x) +$$

$$u(x)v(x + \Delta x) - u(x)v(x + \Delta x)$$

$$= [u(x + \Delta x) - u(x)]v(x + \Delta x) +$$

$$u(x)[v(x + \Delta x) - v(x)]$$

$$= \Delta u \cdot v(x + \Delta x) + u(x)\Delta v.$$

于是　　　　　　$\dfrac{\Delta y}{\Delta x} = \dfrac{\Delta u}{\Delta x}v(x + \Delta x) + u(x)\dfrac{\Delta v}{\Delta x},$

由于 $u(x)$, $v(x)$ 均可导, 在点 x 处亦连续, 因此,

$$\lim_{\Delta x \to 0} v(x + \Delta x) = v(x).$$

所以

$$\lim_{\Delta x \to 0} \frac{\Delta y}{\Delta x} = \lim_{\Delta x \to 0} \frac{\Delta u}{\Delta x} \cdot \lim_{\Delta x \to 0} v(x + \Delta x) + u(x)\lim_{\Delta x \to 0} \frac{\Delta v}{\Delta x}$$

$$= u'(x)v(x) + u(x)v'(x).$$

(3)证明过程请读者自己完成.

说明　法则中积的求导法则也可推广到多个可导函数的情形. 例如, 设 $u = u(x)$, $v = v(x)$, $w = w(x)$ 均可导, 则有

$$(uvw)' = [(uv)w]' = (uv)'w + uvw'$$

$$= u'vw + uv'w + uvw'.$$

特别地, 当 $v(x) = C$(C 为常数)时, 法则(2)变为

$$(Cu)' = Cu',$$

即常数可提到求导符号外.

例 1　设 $f(x) = x^3 - 5x^2 + 4x + e^{\pi}$, 求 $f'(x)$.

解　$f'(x) = (x^3 - 5x^2 + 4x + e^{\pi})'$

$$= (x^3)' - (5x^2)' + (4x)' + (e^{\pi})'$$

$$= 3x^2 - 10x + 4 + 0$$

$$= 3x^2 - 10x + 4.$$

例 2　设 $y = (1 + x^2)\ln x$, 求 $y'|_{x=1}$.

解　$y' = (1 + x^2)'\ln x + (1 + x^2)(\ln x)'$

$$= 2x\ln x + \frac{x^2 + 1}{x},$$

故
$$y'|_{x=1} = 2.$$

例3 $y = \tan x$，求 y'.

解 $y' = (\tan x)' = \left(\dfrac{\sin x}{\cos x}\right)' = \dfrac{(\sin x)'\cos x - \sin x(\cos x)'}{\cos^2 x}$

$$= \dfrac{\cos^2 x + \sin^2 x}{\cos^2 x} = \dfrac{1}{\cos^2 x} = \sec^2 x,$$

即

$$(\tan x)' = \sec^2 x. \tag{2-6}$$

同样可以得到

$$(\sec x)' = \sec x \tan x; \tag{2-7}$$

$$(\cot x)' = -\csc^2 x; \tag{2-8}$$

$$(\csc x)' = -\csc x \cot x. \tag{2-9}$$

2.2.2 反函数的导数

定理2.2 如果函数 $y = f(x)$ 为 $x = \varphi(y)$ 的反函数，$\varphi(y)$ 在点 y_0 的某邻域内单调且连续，且 $\varphi'(y_0) \neq 0$，则 $f(x)$ 在点 x_0 可导，且

$$f'(x_0) = \dfrac{1}{\varphi'(y_0)}.$$

证 设

$$\Delta x = \varphi(y_0 + \Delta y) - \varphi(y_0), \quad \Delta y = f(x_0 + \Delta x) - f(x_0).$$

因为 φ 在 y_0 的某个邻域内连续且严格单调，故 $f = \varphi^{-1}$ 在 x_0 的某邻域内连续且严格单调. 从而当且仅当 $\Delta y = 0$ 时 $\Delta x = 0$，并且当且仅当 $\Delta y \to 0$ 时 $\Delta x \to 0$. 由 $\varphi'(y_0) \neq 0$，可得

$$f'(x_0) = \lim_{\Delta x \to 0} \dfrac{\Delta y}{\Delta x} = \lim_{\Delta y \to 0} \dfrac{\Delta y}{\Delta x} = \dfrac{1}{\lim\limits_{\Delta y \to 0} \dfrac{\Delta x}{\Delta y}}$$

$$= \dfrac{1}{\varphi'(y_0)}.$$

上述结论可简单地说成：反函数的导数等于直接函数导数的倒数.

例4 请证明：

(1) $(\log_a x)' = \dfrac{1}{x \ln a}(a > 0, \text{ 且 } a \neq 1)$；

(2) $(\arcsin x)' = \dfrac{1}{\sqrt{1 - x^2}}$；

(3) $(\arctan x)' = \dfrac{1}{1 + x^2}$.

证 (1) 由于 $y = \log_a x$ 为函数 $x = a^y$ 的反函数，因此由反函数的求导公式得

$$(\log_a x)' = \frac{1}{(a^y)'} = \frac{1}{a^y \ln a} = \frac{1}{x \ln a}.$$

（2）因为 $y = \arcsin x$，$x \in (-1, 1)$ 是 $x = \sin y$，$y \in \left(-\dfrac{\pi}{2}, \dfrac{\pi}{2}\right)$ 的

反函数，所以

$$(\arcsin x)' = \frac{1}{(\sin y)'} = \frac{1}{\cos y} = \frac{1}{\sqrt{1 - \sin^2 y}} = \frac{1}{\sqrt{1 - x^2}}, \qquad (2\text{-}10)$$

（3）由于 $y = \arctan x$，$x \in \mathbf{R}$ 是 $x = \tan y$，$y \in \left(-\dfrac{\pi}{2}, \dfrac{\pi}{2}\right)$ 的反函

数，因此有

$$(\arctan x)' = \frac{1}{(\tan y)'} = \frac{1}{\sec^2 y} = \frac{1}{1 + \tan^2 y}$$
$$= \frac{1}{1 + x^2}. \qquad (2\text{-}11)$$

同理可证

$$(\arccos x)' = -\frac{1}{\sqrt{1 - x^2}}; \qquad (2\text{-}12)$$

$$(\text{arccot}\, x)' = -\frac{1}{1 + x^2}. \qquad (2\text{-}13)$$

2.2.3 复合函数的导数

定理 2.3 如果 $u = g(x)$ 在点 x 处可导，而 $y = f(u)$ 在 $u = g(x)$ 处可导，则复合函数 $y = f(g(x))$ 在点 x 处可导，其导数为

$$\frac{\mathrm{d}y}{\mathrm{d}x} = f'(u)g'(x) \quad \text{或} \quad \frac{\mathrm{d}y}{\mathrm{d}x} = \frac{\mathrm{d}y}{\mathrm{d}u} \cdot \frac{\mathrm{d}u}{\mathrm{d}x}.$$

证 设 x 取得改变量 Δx，则 u 取得相应的改变量 Δu，从而 y 取得相应的改变量 Δy，于是

$$\Delta u = g(x + \Delta x) - g(x);$$
$$\Delta y = f(u + \Delta u) - f(u).$$

当 $\Delta u \neq 0$ 时，有

$$\frac{\Delta y}{\Delta x} = \frac{\Delta y}{\Delta u} \cdot \frac{\Delta u}{\Delta x}.$$

因为 $u = g(x)$ 可导，则必连续，所以当 $\Delta x \to 0$ 时，$\Delta u \to 0$，因此有

$$\lim_{\Delta x \to 0} \frac{\Delta y}{\Delta x} = \lim_{\Delta x \to 0} \frac{\Delta y}{\Delta u} \cdot \lim_{\Delta x \to 0} \frac{\Delta u}{\Delta x} = \lim_{\Delta u \to 0} \frac{\Delta y}{\Delta u} \cdot \lim_{\Delta x \to 0} \frac{\Delta u}{\Delta x},$$

即

$$\frac{\mathrm{d}y}{\mathrm{d}x} = \frac{\mathrm{d}y}{\mathrm{d}u} \cdot \frac{\mathrm{d}u}{\mathrm{d}x}.$$

当 $\Delta u = 0$ 时，可以证明公式亦成立.

例5 求 $y = \sin 2x$ 的导数.

解 $y = \sin 2x$ 可看做由 $y = \sin u$，$u = 2x$ 复合而成的，因此由公式

$$\frac{dy}{dx} = \frac{dy}{du} \cdot \frac{du}{dx} = (\cos u) \cdot 2 = 2\cos 2x.$$

例6 求 $y = e^{\cos x}$ 的导数.

解 $y = e^{\cos x}$ 可看做 $y = e^u$，$u = \cos x$ 复合而成的，因此

$$\frac{dy}{dx} = \frac{dy}{du} \cdot \frac{du}{dx} = e^u(-\sin x) = -e^{\cos x}\sin x.$$

对于形如 $y = f(\varphi(g(x)))$ 的多次复合函数的导数的求法有同样的公式

$$\frac{dy}{dx} = \frac{dy}{du} \cdot \frac{du}{dv} \cdot \frac{dv}{dx}.$$

例7 求 $y = \sin^3(1 + 2x^2)$ 的导数.

解 函数的复合过程可看做 $y = u^3$，$u = \sin v$，$v = 1 + 2x^2$ 复合而成，因此

$$\frac{dy}{dx} = \frac{dy}{du} \cdot \frac{du}{dv} \cdot \frac{dv}{dx} = 3u^2 \cdot \cos v \cdot (4x)$$
$$= 12x\sin^2(1 + 2x^2)\cos(1 + 2x^2).$$

我们称复合函数的这种求导方法为链式求导法，在求导时首先分析函数由哪些简单函数复合而成，然后从外到里逐层处理即可. 在熟练后不必写出具体的复合过程.

例8 $y = e^{\sin\frac{1}{x}}$，求 y'.

解 $y' = e^{\sin\frac{1}{x}}\left(\sin\frac{1}{x}\right)' = \underline{\hspace{3cm}}$

$$= -\frac{1}{x^2}e^{\sin\frac{1}{x}}\cos\frac{1}{x}.$$

例9 求 $y = \sin(1 + 2x^2)^3$ 的导数.

解 $y' = \cos(1 + 2x^2)^3 \cdot 3(1 + 2x^2)^2 \cdot 4x$

$$= \underline{\hspace{3cm}}.$$

例10 设 $x > 0$，证明幂函数的导数公式

$$(x^\mu)' = \mu x^{\mu - 1} \quad (\mu \text{ 为任意实数}).$$

证 因为

$$x^\mu = (e^{\ln x})^\mu = e^{\mu \ln x},$$

所以

$$(x^\mu)' = (e^{\mu \ln x})' = e^{\mu \ln x} \cdot (\mu \ln x)'$$
$$= x^\mu \cdot \mu \cdot \frac{1}{x} = \mu x^{\mu - 1}.$$

2.2.4 基本初等函数的导数公式

$(1) (C)' = 0;$ $\qquad\qquad$ $(2) (x^\mu)' = \mu x^{\mu - 1};$

$(3)(e^x)' = e^x$；$\qquad\qquad$ $(4)(a^x)' = a^x\ln a\,(a > 0,\ 且\ a \neq 1)$；

$(5)(\ln x)' = \dfrac{1}{x}$；$\qquad$ $(6)(\log_a x)' = \dfrac{1}{x\ln a}(a > 0,\ 且\ a \neq 1)$；

$(7)(\sin x)' = \cos x$；$\qquad$ $(8)(\cos x)' = -\sin x$；

$(9)(\tan x)' = \sec^2 x$；$\qquad$ $(10)(\cot x)' = -\csc^2 x$；

$(11)(\sec x)' = \sec x\tan x$；$\qquad$ $(12)(\csc x)' = -\csc x\cot x$；

$(13)(\arcsin x)' = \dfrac{1}{\sqrt{1-x^2}}$；$\quad$ $(14)(\arccos x)' = -\dfrac{1}{\sqrt{1-x^2}}$；

$(15)(\arctan x)' = \dfrac{1}{1+x^2}$；$\quad$ $(16)(\mathrm{arccot}\, x)' = -\dfrac{1}{1+x^2}$.

以上是**导数的基本公式**，必须熟练记住公式和求导法则并多加练习，以便为以后的学习打下基础.

习题 2.2

1. 求下列函数的导数：

$(1)\,y = x^3 + 2x^2 + x + 1$；$\qquad\qquad$ $(2)\,y = 3\sin x$；

$(3)\,y = (2x^2 - 5x + 1)e^x$；$\qquad\quad$ $(4)\,y = e^x\sin x\cos x$；

$(5)\,y = \dfrac{ax+b}{cx+d}$；$\qquad\qquad\qquad$ $(6)\,y = \dfrac{a\tan x + b}{c\tan x + d}$；

$(7)\,y = e^{x^4}$；$\qquad\qquad\qquad\quad$ $(8)\,y = \sqrt{1 + x^2 + 2x^3}$；

$(9)\,y = (x^2 + 2x - 1)^3$；$\qquad\quad$ $(10)\,y = e^{\cos 2\frac{1}{x}}$；

$(11)\,y = \sqrt{\cot \dfrac{x}{2}}$；$\qquad\qquad$ $(12)\,y = \ln(x + \sqrt{x^2 + a^2})$.

2. 设函数 $f(x)$ 和 $g(x)$ 可导，且 $f^2(x) + g^2(x) \neq 0$，试求 $y = \sqrt{f^2(x) + g^2(x)}$ 的导数.

3. 求下列函数的导数：

$(1)\,y = \arcsin(1 - 2x)$；$\qquad\quad$ $(2)\,y = \sin^n x\cos nx$；

$(3)\,y = \dfrac{\sqrt{1+x} - \sqrt{1-x}}{\sqrt{1+x} + \sqrt{1-x}}$；$\qquad$ $(4)\,y = \sin^2\left(\dfrac{1 - \ln x}{x}\right)$；

$(5)\,y = f\left(\arcsin \dfrac{1}{x}\right)$（其中 f' 存在）.

2.3　高阶导数

设物体的运动方程为 $s = s(t)$，则物体的运动速度 $v(t) = s'(t)$，而速度在时刻 t_0 的变化率

$$\lim_{\Delta t \to 0}\frac{v(t_0 + \Delta t) - v(t_0)}{\Delta t} = \lim_{t \to t_0}\frac{v(t) - v(t_0)}{t - t_0}$$

就是运动物体在时刻 t_0 的加速度. 由此可见，速度是路程的导数，

加速度是路程的导数的导数, 我们称之为二阶导数.

定义 2.2 如果对于在 x 的某一邻域可导的函数 $y = f(x)$, 极限 $\lim\limits_{\Delta x \to 0} \dfrac{f'(x + \Delta x) - f'(x)}{\Delta x}$ 存在, 那么这个极限称为函数 $y = f(x)$ 在 x 处的二阶导数, 或者说 $f(x)$ 在 x 处二阶可导, 记作

$$f''(x), \quad y'', \quad \frac{\mathrm{d}^2 y}{\mathrm{d}x^2} \quad \text{或} \quad \frac{\mathrm{d}^2 f(x)}{\mathrm{d}x^2}$$

如果函数 $y = f(x)$ 在区间 I 的每一个 x 值二阶可导, 则函数 $f(x)$ 称为在 I 上二阶可导.

根据上述定义, $f'(x)$ 称为 $f(x)$ 的一阶导数, $f''(x)$ 是 $f'(x)$ 的导数. 有时为了方便起见, 把 $f(x)$ 看做其本身的零阶导数. 当 $f''(x)$ 可导, 称它的导数为 $f(x)$ 的三阶导数, 记作 y''', $f'''(x)$, $\dfrac{\mathrm{d}^3 y}{\mathrm{d}x^3}$. 以此类推, 如果 $(n-1)$ 阶导数 $f^{(n-1)}(x)$ 又可导, 即极限

$$\lim\limits_{\Delta x \to 0} \frac{f^{(n-1)}(x + \Delta x) - f^{(n-1)}(x)}{\Delta x}$$

存在, 那么该极限就是函数 $y = f(x)$ 的 n 阶导数, 或者说函数 $f(x)$ n 阶可导, 记作

$$f^{(n)}(x), \quad y^{(n)}, \quad \frac{\mathrm{d}^n y}{\mathrm{d}x^n}.$$

二阶及二阶以上的导数统称为高阶导数. 可见, 求函数的高阶导数时, 只需对函数多次求导就可以了.

例 1 求 $y = x^4$ 的各阶导数.

解 $y' = 4x^3$; $y'' = 12x^2$;

$y''' = 24x$; $y^{(4)} = 24$;

$y^{(5)} = y^{(6)} = \cdots = 0$.

例 2 若 $y = x^2 \sin 2x$, 求 y''.

解 $y' = 2x\sin 2x + 2x^2 \cos 2x$;

$\qquad y'' = 2\sin 2x + 4x \cos 2x + 4x\cos 2x - 4x^2 \sin 2x$

$\qquad = 2\sin 2x + 8x\cos 2x - 4x^2\sin 2x.$

下面介绍几个常用的 n 阶导数公式.

1. 幂函数的高阶导数公式

对幂函数 $y = x^\mu$ 求导:

$$y' = \mu x^{\mu-1}, \quad y'' = \mu(\mu-1)x^{\mu-2};$$

$$y''' = \mu(\mu-1)(\mu-2)x^{\mu-3};$$

$$\vdots$$

$$(x^\mu)^{(n)} = \mu(\mu-1)(\mu-2)\cdots(\mu-n+1)x^{\mu-n}.$$

特别地, 当 $\mu = -1$ 时, 有

$$\left(\frac{1}{x}\right)^{(n)} = (x^{-1})^{(n)} = (-1)^n n! \, \frac{1}{x^{n+1}}.$$

例 3　求函数 $y = (ax + b)^{\mu}$ 的 n 阶导数，这里 a，b 是常数.

解　$y' = \mu(ax + b)^{\mu-1} \cdot a = a\mu(ax + b)^{\mu-1}$；

$$\begin{aligned} y'' &= a\mu \cdot a(\mu - 1) \cdot (ax + b)^{\mu-2} \\ &= \mu(\mu - 1)a^2(ax + b)^{\mu-2}. \end{aligned}$$

一般地，

$$[(ax + b)^{\mu}]^{(n)} = \mu(\mu - 1)\cdots(\mu - n + 1)a^n(ax + b)^{\mu-n}.$$

2. 指数函数的高阶导数公式

$$(e^x)^{(n)} = e^x; \qquad (a^x)^{(n)} = \underline{\hspace{4cm}}.$$

这两个公式的证明留给读者自己.

3. 对数函数的高阶导数公式

$$(\ln x)^{(n)} = \left(\frac{1}{x}\right)^{(n-1)} = \frac{(-1)^{(n-1)}(n-1)!}{x^n}.$$

4. 正、余弦函数的高阶导数公式

$$(\sin x)^{(n)} = \sin\left(x + n \cdot \frac{\pi}{2}\right).$$

证　设 $y = \sin x$，则

$$y' = \cos x = \sin\left(x + \frac{\pi}{2}\right);$$

$$y'' = \cos\left(x + \frac{\pi}{2}\right) = \sin\left(x + 2 \cdot \frac{\pi}{2}\right);$$

$$y''' = \cos\left(x + 2 \cdot \frac{\pi}{2}\right) = \sin\left(x + 3 \cdot \frac{\pi}{2}\right);$$

$$y^{(4)} = \cos\left(x + 3 \cdot \frac{\pi}{2}\right) = \sin\left(x + 4 \cdot \frac{\pi}{2}\right);$$

$$\vdots$$

$$y^{(n)} = \sin\left(x + n \cdot \frac{\pi}{2}\right).$$

根据恒等式 $\cos x = \sin\left(x + \frac{\pi}{2}\right)$ 和复合函数的求导法则得到

$$\cos^{(n)} x = \cos\left(x + n \cdot \frac{\pi}{2}\right).$$

5. 函数积的高阶导数——莱布尼茨公式

考虑两个函数 $u = u(x)$，$v = v(x)$ 的乘积. 现在求乘积函数 $y = u \cdot v$ 的高阶导数.

$$y' = u'v + uv';$$

$$\begin{aligned} y'' &= (u''v + u'v') + (u'v' + uv'') \\ &= u''v + 2u'v' + uv''; \end{aligned}$$

$$y''' = u'''v + 3u''v' + 3u'v'' + uv'''.$$

这个等式，还可以写成更有启发性的形式：

$$y''' = u'''v^{(0)} + 3u''v' + 3u'v'' + u^{(0)}v'''.$$

一般地，我们有下面的高阶导数的莱布尼茨公式

$$(uv)^{(n)} = u^{(n)}v^{(0)} + C_n^1 u^{(n-1)}v^{(1)} + \cdots + u^{(0)}v^{(n)}$$

$$= \sum_{k=0}^{n} C_n^k u^{(n-k)}v^{(k)}.$$

套用二项式定理的证明方法，可以证明这个公式.

例4 求函数 $y = \dfrac{2x+2}{x^2+2x-3}$ 的 n 阶导数.

解 若直接对函数求 n 阶导数，运算十分烦琐. 为此，我们把它化为部分分式和

$$y = \frac{1}{x+3} + \frac{1}{x-1}.$$

从而

$$y^{(n)} = \left(\frac{1}{x+3}\right)^{(n)} + \left(\frac{1}{x-1}\right)^{(n)} = \frac{(-1)^n n!}{(x+3)^{n+1}} + \frac{(-1)^n n!}{(x-1)^{n+1}}$$

$$= (-1)^n n! \left[\frac{1}{(x+3)^{n+1}} + \frac{1}{(x-1)^{n+1}}\right].$$

例5 $y = x^2 e^{2x}$，求 $y^{(20)}$.

解 令 $u = e^{2x}$，$v = x^2$，则

$$u^{(k)} = 2^k e^{2x} (k = 1, 2, \cdots, 20);$$

$$v' = 2x, \quad v'' = 2,$$

$$v^{(k)} = 0 \quad (k = 3, 4, \cdots, 20).$$

代入莱布尼茨公式，得

$$y^{(20)} = (x^2 e^{2x})^{(20)} = 2^{20} e^{2x} \cdot x^2 + 20 \cdot 2^{19} e^{2x} \cdot 2x + \frac{20 \cdot 19}{2!} 2^{18} e^{2x} \cdot 2$$

$$= 2^{20} e^{2x} (x^2 + 20x + 95).$$

习题 2.3

1. 求下列函数的二阶导数：

(1) $y = (x^3+1)^2$； (2) $y = \ln(x + \sqrt{x^2-1})$；

(3) $y = e^{2x}\cos 3x$； (4) $y = \sqrt{a^2-x^2}$；

(5) $y = \tan x$； (6) $y = (1+x^2)\arctan x$；

(7) $y = xe^{x^2}$； (8) $y = \dfrac{e^x}{x}$.

2. 求下列函数的三阶导数：

(1) $y = x^3 \sin 2x$； (2) $y = (x^2+a^2)\arctan \dfrac{x}{a}$.

3. 应用莱布尼茨公式计算：

(1) $(x^3 \cos x)^{(10)}$；

(2) $(xe^x)^{(n)}$.

4. 若 $f''(x)$ 存在，求下列函数的二阶导数：

(1) $y = f(x^2)$；

(2) $y = \ln(f(x))$.

2.4　隐函数及由参数方程所确定的函数求导

2.4.1　隐函数的求导

前面所提到的函数，都可以表示为 $y = f(x)$ 的形式，其中 $f(x)$ 由 x 的解析式表出，称为<u>显函数</u>.

我们知道，在通常情况下，一个二元方程 $F(x, y) = 0$ 也是两个变量 x 与 y 之间的一种关系，因而也可能确定 y 为 x 的一个函数. 例如，方程 $4x - 3y + 1 = 0$ 中给 x 以任意值，相应地就有确定的 y 值；这就是说，这个方程确定了 y 是 x 的一个函数. 同样，在方程 $x^2 + y^2 = \rho^2$ 中，给 x 以绝对值不大于 ρ 的值，相应地也有确定的 y 值，因而在这个方程中 $|x| \leqslant \rho$ 时也确定了 y 是 x 的函数.

一般来说，如果在方程 $F(x, y) = 0$ 中，令 x 取一区间 I 的任何值，相应地总有满足这个方程的 y 值，那么我们说方程 $F(x, y) = 0$ 在区间 I 确定了 x 的一个<u>隐函数</u> y.

有些方程所确定的隐函数是立刻可以表示成显函数的形式. 例如，把方程 $4x - 3y + 1 = 0$ 对 y 解出，得显函数 $y = \dfrac{1}{3}(4x + 1)$；把一个隐函数用自变量的解析式表出，称为隐函数的<u>显化</u>.

但有些隐函数如 $e^x - e^y - xy = 0$ 却不易或不能显化，因而我们希望有一种方法可以直接通过方程来确定隐函数的导数，且与隐函数的显化无关. 下面我们介绍隐函数的求导方法.

我们知道，把方程 $F(x, y) = 0$ 所确定的隐函数 $y = f(x)$ 代入原方程，结果是等式

$$F(x, f(x)) = 0.$$

就等式两端对 x 求导，所得到的导数也应相等. 但在求左端的导数时，应当注意 $F(x, f(x))$ 是将 $y = f(x)$ 代入后的结果，所以我们要把 y 看成 x 的函数，然后用复合函数求导法求导.

例 1　求由方程 $x^3 + y^3 - 3axy = 0$ 所确定的隐函数的导数.

解　方程两端同时对 x 求导，得

$$3x^2 + 3y^2 y' - 3ay - 3axy' = 0,$$

当 $ax - y^2 \neq 0$ 时

$$y' = \frac{x^2 - ay}{ax - y^2}.$$

例 2 求由方程 $e^y + xy = e$ 所确定的隐函数 y 在 $x = 0$ 处的导数.

解 方程两端对 x 求导，得

$$e^y y' + y + xy' = 0,$$

当 $e^y + x \neq 0$ 时

$$y' = -\frac{y}{e^y + x}.$$

因为 $x = 0$ 时，从方程中可得 $y = 1$，即

$$y'\big|_{x=0} = -\frac{1}{e}.$$

例 3 若曲线 C 的方程为 $x^y - y^x = 0$，求曲线在横坐标为 $x = 1$ 的点处的切线方程.

解 由方程 $x^y - y^x = 0$，得

$$x^y = y^x.$$

两端取对数，得

$$y\ln x = x\ln y,$$

上式两端同时对 x 求导，得

$$y'\ln x + \frac{y}{x} = \ln y + \frac{x}{y}y',$$

当 $xy\ln x - x^2 \neq 0$ 时

$$y' = \frac{xy\ln y - y^2}{xy\ln x - x^2}.$$

当 $x = 1$ 时，得到 $y = 1$，所以

$$y'\big|_{x=1} = 1.$$

切线方程为 $\qquad y - 1 = x - 1,$

即

$$y = x.$$

例 4 求由方程 $x - y + \frac{1}{2}\sin y = 0$ 所确定的隐函数的二阶导数 $\dfrac{d^2 y}{dx^2}$.

解 方程两端同时对 x 求导，得

$$1 - \frac{dy}{dx} + \frac{1}{2}\cos y \cdot \frac{dy}{dx} = 0,$$

即

$$\frac{dy}{dx} = \frac{2}{2 - \cos y}.$$

上式两端再对 x 求导，得

$$\frac{d^2 y}{dx^2} = \underline{\qquad\qquad}.$$

再把 $\dfrac{dy}{dx} = \dfrac{2}{2 - \cos y}$ 代入上式，得

$$\frac{d^2 y}{dx^2} = \frac{-4\sin y}{(2 - \cos y)^3}.$$

2.4.2 对数求导法

在推导指数函数导数公式时，我们先将函数 $y = a^x$ 两边取对数，化为隐函数求导. 这种方法称之为对数求导法. 诸如 $u(x)^{v(x)}$ 的幂指函数，或多个函数的连乘的形式都可以采用对数求导法.

例 5 求 $y = x^{\sin x}(x>0)$ 的导数.

解 两边同时取自然对数，得

$$\ln y = \sin x \ln x.$$

上式两边同时对 x 求导，得

$$\frac{1}{y} \cdot y' = \cos x \cdot \ln x + \sin x \cdot \frac{1}{x},$$

即

$$y' = y\left(\cos x \cdot \ln x + \frac{\sin x}{x}\right)$$

$$= x^{\sin x}\left(\cos x \cdot \ln x + \frac{\sin x}{x}\right).$$

下面给出幂指函数求导公式.

若 $u = u(x)$，$v = v(x)$ 都是可导函数，则我们对形如 $y = u^v (u>0)$ 的函数称为幂指函数，可用下述方法求其导数 $\dfrac{dy}{dx}$.

两边同时取自然对数，得

$$\ln y = v \ln u.$$

上式两边对 x 求导，得

$$\frac{1}{y} y' = v' \ln u + v \frac{1}{u} u',$$

即

$$y' = y\left(v' \ln u + \frac{vu'}{u}\right)$$

$$= u^v\left(v' \ln u + \frac{vu'}{u}\right).$$

事实上，$y = u^v$ 也可表示为 $y = e^{v \ln u}$，这样便可直接求得

$$y' = e^{v \ln u}\left(v' \ln u + \frac{vu'}{u}\right)$$

$$= u^v\left(v' \ln u + \frac{vu'}{u}\right).$$

例 6 求函数 $y = \sqrt{x^2 + 4} \cdot 2^x \cdot \sin x$ 的导数.

解 两端取自然对数，得

$$\ln y = \frac{1}{2}\ln(x^2 + 4) + x \ln 2 + \ln \sin x$$

应用隐函数求导法，得

$$\underline{\hspace{3cm}},$$

即

$$y' = y\left(\frac{x}{x^2+4} + \ln 2 + \cot x\right)$$

$$= \sqrt{x^2+4} \cdot 2^x \cdot \sin x\left(\frac{x}{x^2+4} + \ln 2 + \cot x\right).$$

2.4.3 由参数方程所确定的函数的导数

有些函数关系可以由参数方程

$$\begin{cases} x = \varphi(t), \\ y = \psi(t), \end{cases} (\alpha \leqslant t \leqslant \beta) \tag{2-14}$$

来确定. 例如, 以原点为圆心, 半径为 5 的圆周上点的坐标, 可由参数方程

$$\begin{cases} x = 5\cos t, \\ y = 5\sin t, \end{cases} (0 \leqslant t \leqslant 2\pi)$$

来表示, 其中 t 是圆周上点 $M(x, y)$ 与原点连线 OM 与 x 轴正向的夹角. 通过参数 t, 确定变量 x 与 y 之间的函数关系.

在实际问题中, 有时需要计算由参数方程(2-14)所确定的函数的导数. 由方程式消去参数 t 有时会很困难, 因此, 我们希望有一种方法能直接由参数方程求出它所确定的函数的导数.

一般地, 设 $x = \varphi(t)$ 具有单调连续的反函数 $t = \varphi^{-1}(x)$, 则变量 $y = \psi(t)$ 与 x 构成复合函数关系 $y = \psi(\varphi^{-1}(x))$, 为求这个复合函数的导数, 我们假定 $x = \varphi(t)$ 和 $y = \psi(t)$ 都可导, 且 $\varphi'(t) \neq 0$, 则根据复合函数及反函数的求导法则, 有

$$\frac{dy}{dx} = \frac{dy}{dt} \cdot \frac{dt}{dx} = \frac{dy}{dt} \cdot \frac{1}{\dfrac{dx}{dt}} = \frac{\psi'(t)}{\varphi'(t)},$$

即

$$\frac{dy}{dx} = \frac{\dfrac{dy}{dt}}{\dfrac{dx}{dt}} = \frac{\psi'(t)}{\varphi'(t)}. \tag{2-15}$$

式(2-15)就是由参数方程(2-14)所确定的 y 为 x 的函数的导数公式.

例 7 求由参数方程

$$\begin{cases} x = \arctan t, \\ y = \ln(1+t^2) \end{cases}$$

所确定的函数 $y = y(x)$ 的导数.

解 由公式(2-15), 有

$$\frac{dy}{dx} = \frac{\dfrac{dy}{dt}}{\dfrac{dx}{dt}} = \frac{\dfrac{2t}{1+t^2}}{\dfrac{1}{1+t^2}} = 2t.$$

例 8 求曲线 $\begin{cases} x = t^2 - 1, \\ y = t - t^3 \end{cases}$ 上相应于 $t = 1$ 的点处的切线方程.

解 曲线上对应 $t = 1$ 的点为 $(0, 0)$，斜率

$$k = \frac{\mathrm{d}y}{\mathrm{d}x}\bigg|_{t=1} = \frac{1 - 3t^2}{2t}\bigg|_{t=1} = -1,$$

于是所求的切线方程为

$$y - 0 = -1(x - 0),$$

即

$$y + x = 0.$$

如果 $x = \varphi(t)$，$y = \psi(t)$ 还是二阶可导的，那么我们可以得到由参数方程所确定函数的二阶导数公式

$$\frac{\mathrm{d}^2 y}{\mathrm{d}x^2} = \frac{\mathrm{d}}{\mathrm{d}x}\left(\frac{\mathrm{d}y}{\mathrm{d}x}\right) = \frac{\mathrm{d}}{\mathrm{d}t}\left(\frac{\psi'(t)}{\varphi'(t)}\right) \cdot \frac{\mathrm{d}t}{\mathrm{d}x}$$

$$= \frac{\psi''(t)\varphi'(t) - \psi'(t)\varphi''(t)}{(\varphi'(t))^2} \cdot \frac{1}{\varphi'(t)},$$

即

$$\frac{\mathrm{d}^2 y}{\mathrm{d}x^2} = \frac{\psi''(t)\varphi'(t) - \psi'(t)\varphi''(t)}{(\varphi'(t))^3}. \tag{2-16}$$

例 9 设 $\begin{cases} x = a\cos t, \\ y = b\sin t, \end{cases}$ 求二阶导数 $\dfrac{\mathrm{d}^2 y}{\mathrm{d}x^2}$.

解 $\dfrac{\mathrm{d}y}{\mathrm{d}x} = \dfrac{b\cos t}{-a\sin t} = -\dfrac{b}{a}\cot t,$

故

$$\frac{\mathrm{d}^2 y}{\mathrm{d}x^2} = \frac{\mathrm{d}}{\mathrm{d}x}\left(\frac{\mathrm{d}y}{\mathrm{d}x}\right) = \frac{\dfrac{\mathrm{d}}{\mathrm{d}t}\left(\dfrac{\mathrm{d}y}{\mathrm{d}x}\right)}{\dfrac{\mathrm{d}x}{\mathrm{d}t}}$$

$$= \frac{-\dfrac{b}{a}(-\csc^2 t)}{-a\sin t} = -\frac{b}{a^2\sin^3 t}.$$

习题 2.4

1. 求下列方程确定的隐函数的导数：

(1) $(x-2)^2 + (y-3)^2 = 25$；　　　　(2) $\cos(xy) = x$；

(3) $y = 1 + x\mathrm{e}^y$；　　　　(4) $xy = \mathrm{e}^{x+y}$.

2. 求由方程 $\sin(xy) + \ln(y - x) = x$ 所确定的隐函数 y 在 $x = 0$ 处的导数.

3. 求曲线 $x^2 + 3xy + y^2 + 1 = 0$ 在点 $M(2, -1)$ 处的切线方程和法线方程.

4. 用对数求导法求下列函数的导数：

(1) $y = (x^2 + 1)^3 (x + 2)^2 \cdot x^6$；　　　　(2) $y = x^{x^x}$；

(3) $y = \dfrac{(2x+1)^2 \cdot \sqrt[3]{2-3x}}{\sqrt[3]{(x-3)^2}}$；　　　　(4) $y = (1 + \cos x)^{\frac{1}{x}}$.

5. 求下列参数方程所确定的函数的导数:

$$(1) \begin{cases} x = e^t, \\ y = te^{2t}; \end{cases} \qquad (2) \begin{cases} x = \cos\theta + \theta\sin\theta, \\ y = \sin\theta - \theta\cos\theta; \end{cases}$$

$$(3) \begin{cases} x = a\cos^3\theta, \\ y = a\sin^3\theta; \end{cases} \qquad (4) \begin{cases} x = 2a\cot\theta, \\ y = 2a\sin^2\theta. \end{cases}$$

6. 求下列曲线在指定点的切线方程:

$(1) x = \sin t, \ y = \sin(t + \sin t)$ 在 $t = 0$ 处;

$$(2) \begin{cases} x = \dfrac{3at}{1 + t^2}, \\ y = \dfrac{3at^2}{1 + t^2} \end{cases} \text{在 } t = 2 \text{ 处.}$$

7. 把水注入深为 8m、上顶直径为 8m 的正圆锥形容器中, 其速率为 $4m^3/min$, 当水深为 5m 时, 其表面上升的速率为多少?

2.5 函数的微分

2.5.1 微分的定义

前面, 我们在研究函数 $y = f(x)$ 在 x 处的连续性与可导性时, 都涉及自变量的改变量 Δx 与函数的改变量 Δy, 可见它们是了解函数在一点处性态的重要研究对象. 对线性函数 $y = mx + b$ 来说, 它的改变量 $\Delta y = m\Delta x$, 与 Δx 呈线性关系, 情况比较简单. 但对一般非线性函数来说, 情况就不同了. 那么是否也有与 Δx 呈线性关系的表达式去近似替代呢? 我们先看一个例子.

设有一金属圆板, 半径为 r, 在受热后它的半径伸长了 Δr, 试问它的面积改变量是多少? 显然金属圆板面积的改变量为

$$\Delta S = \pi(r + \Delta r)^2 - \pi r^2 = \underbrace{2\pi r\Delta r}_{①} + \underbrace{\pi(\Delta r)^2}_{②}$$

上式包含两个部分: 式①是 Δr 的线性表达式, 式②是 Δr 的二次式. 当 Δr 很小时, ΔS 主要由式①构成, 式②比式①小得多; 当 $\Delta r \to 0$ 时, 式②是 Δr 的高阶无穷小. 因此面积的改变量可用式①近似代替, 即

$$\Delta S \approx 2\pi r\Delta r.$$

一般地, 若 $y = f(x)$ 是定义在某一区间上的函数, 当给自变量一个改变量 Δx 时, 相应地函数有改变量 Δy, 如果 Δy 可表示为

$$\Delta y = A\Delta x + o(\Delta x),$$

其中 A 是不依赖于 Δx 的常数, 那么称函数 $y = f(x)$ 在点 x_0 处是可微的. 而 $A\Delta x$ 叫做函数 $y = f(x)$ 在点 x_0 的微分, 记作

$$dy = A\Delta x.$$

理解上述定义时**注意**以下两个方面:

(1) dy 是 Δx 的线性函数;

（2）$\Delta y - \mathrm{d}y$ 是 Δx 的高阶无穷小.

2.5.2　可微的条件

设 $y = f(x)$ 在点 x_0 处可微，即

$$\Delta y = A\Delta x + o(\Delta x).$$

上式两端同除以 Δx，得

$$\frac{\Delta y}{\Delta x} = A + \frac{o(\Delta x)}{\Delta x}.$$

于是，当 $\Delta x \to 0$ 时，由上式得到

$$A = \lim_{\Delta x \to 0} \frac{\Delta y}{\Delta x} = f'(x_0).$$

即函数 $y = f(x)$ 在 x_0 处可微，则函数 $y = f(x)$ 在 x_0 处一定可导，并且 $A = f'(x_0)$.

反之，若函数 $y = f(x)$ 在 x_0 处可导，即有

$$\lim_{\Delta x \to 0} \frac{\Delta y}{\Delta x} = f'(x_0).$$

根据极限与无穷小的关系，得

$$\frac{\Delta y}{\Delta x} = f'(x_0) + \alpha,$$

其中 $\alpha \to 0$（当 $\Delta x \to 0$），由此得到

$$\Delta y = f'(x_0)\Delta x + \alpha\Delta x.$$

因为当 $\Delta x \to 0$ 时，$\alpha \cdot \Delta x$ 是 Δx 的高阶无穷小，且 $f'(x_0)$ 不依赖于 Δx，故由微分定义知，函数 $y = f(x)$ 在 $x = x_0$ 处可微分.

综上所述，我们得到：函数 $f(x)$ 在点 x_0 可微的**充分必要条件**是函数 $f(x)$ 在点 x_0 可导. 当 $f(x)$ 在点 x_0 可微时，其微分为

$$\mathrm{d}y = f'(x_0)\Delta x.$$

函数 $y = f(x)$ 在任意点 x 的微分，称为函数的微分，记作 $\mathrm{d}y$. 规定自变量的微分为 $\mathrm{d}x$，且 $\mathrm{d}x = \Delta x$，因此有

$$\mathrm{d}y = f'(x)\mathrm{d}x.$$

从而有

$$f'(x) = \frac{\mathrm{d}y}{\mathrm{d}x},$$

即函数的导数等于函数的微分与自变量微分之商，因此导数又称为微商. 由于求微分问题可归结于求导数的问题，因此求导数与微分的方法叫做微分法.

2.5.3　微分公式及运算法则

从微分的表达式

$$\mathrm{d}y = f'(x)\mathrm{d}x$$

可以看出，要计算函数的微分，只要计算出函数的导数，再乘以自变量的微分.

1. 基本初等函数的微分公式

$(1) \mathrm{d}(C) = 0$；

$(2) \mathrm{d}(x^{\mu}) = \mu x^{\mu-1} \mathrm{d}x$；

$(3) \mathrm{d}(\mathrm{e}^x) = \mathrm{e}^x \mathrm{d}x$；

$(4) \mathrm{d}(a^x) = a^x \ln a \mathrm{d}x (a > 0,\ 且\ a \neq 1)$；

$(5) \mathrm{d}(\ln x) = \dfrac{1}{x} \mathrm{d}x$；

$(6) \mathrm{d}(\log_a x) = \dfrac{1}{x \ln a} \mathrm{d}x (a > 0,\ 且\ a \neq 1)$；

$(7) \mathrm{d}(\sin x) = \cos x \mathrm{d}x$；

$(8) \mathrm{d}(\cos x) = -\sin x \mathrm{d}x$；

$(9) \mathrm{d}(\tan x) = \sec^2 x \mathrm{d}x$；

$(10) \mathrm{d}(\cot x) = -\csc^2 x \mathrm{d}x$；

$(11) \mathrm{d}(\sec x) = \sec x \tan x \mathrm{d}x$；

$(12) \mathrm{d}(\csc x) = -\csc x \cot x\ \mathrm{d}x$；

$(13) \mathrm{d}(\arcsin x) = \dfrac{\mathrm{d}x}{\sqrt{1-x^2}}$；

$(14) \mathrm{d}(\arccos x) = -\dfrac{\mathrm{d}x}{\sqrt{1-x^2}}$；

$(15) \mathrm{d}(\arctan x) = \dfrac{1}{1+x^2} \mathrm{d}x$；

$(16) \mathrm{d}(\mathrm{arccot}\ x) = -\dfrac{\mathrm{d}x}{1+x^2}$.

2. 微分的四则运算法则

$(1)\ \mathrm{d}(u \pm v) = \mathrm{d}u \pm \mathrm{d}v$；

$(2)\ \mathrm{d}(uv) = u\mathrm{d}v + v\mathrm{d}u$，特别地，$\mathrm{d}(Cu) = C\mathrm{d}u$（$C$ 为常数）；

$(3) \mathrm{d}\left(\dfrac{u}{v}\right) = \dfrac{v\mathrm{d}u - u\mathrm{d}v}{v^2}(v \neq 0)$.

3. 复合函数的微分法则

与复合函数的求导法则相应的复合函数的微分法则可作如下推导：

设 $y = f(u)$，$u = g(x)$ 都可导，则复合函数 $y = f(g(x))$ 的微分为

$$\mathrm{d}y = \frac{\mathrm{d}y}{\mathrm{d}x} \cdot \mathrm{d}x = f'(u) \cdot g'(x)\mathrm{d}x.$$

因为 $g'(x)\mathrm{d}x = \mathrm{d}u$，所以，复合函数 $y = f(g(x))$ 的微分公式可写成

$$\mathrm{d}y = f'(u)\mathrm{d}u \quad 或 \quad \mathrm{d}y = \frac{\mathrm{d}y}{\mathrm{d}u} \cdot \mathrm{d}u.$$

由此可见，无论 u 是自变量还是另一个变量的可微函数，微分形

式 $dy = f'(u)du$ 保持不变. 这一性质称为~~微分形式不变性~~.

例 1 求函数 $y = x^2$ 当 x 由 1 改变到 1.01 时的微分.

解
$$dy = (x^2)' dx = 2x dx.$$

由条件知 $x = 1$, $dx = 0.01$, 所以当 x 由 1 改变到 1.01 时,
$$dy = 2 \times 1 \times 0.01 = 0.02.$$

例 2 求 $y = x^3$ 在 $x = 3$ 处的微分.

解
$$dy\big|_{x=3} = (x^3)'\big|_{x=3} dx = 27 dx.$$

例 3 设 $y = e^{ax + bx^2}$, 求 dy.

解法 1 利用 $dy = \dfrac{dy}{dx} \cdot dx$, 得
$$dy = \frac{d(e^{ax+bx^2})}{dx} \cdot dx = e^{ax+bx^2}(ax + bx^2)' dx$$
$$= \underline{\qquad\qquad}.$$

解法 2 令 $u = ax + bx^2$, 则 $y = e^u$, 由微分形式不变性得
$$dy = \frac{d(e^u)}{du} \cdot du = e^u du$$
$$= e^{ax+bx^2} d(ax + bx^2)$$
$$= (a + 2bx) e^{ax+bx^2} dx.$$

例 4 设 $f(x) = \dfrac{\sin x}{x}$, 求 $f(x)$ 对 x^3 的导数.

解 根据微分形式不变性得
$$\frac{df(x)}{dx^3} = \frac{d\left(\dfrac{\sin x}{x}\right)}{d(x^3)} = \frac{\dfrac{x\cos x - \sin x}{x^2}dx}{3x^2 dx}$$
$$= \frac{x\cos x - \sin x}{3x^4}.$$

例 5 求由方程 $e^{xy} = 2x + y^3$ 所确定的隐函数 $y = f(x)$ 的微分 dy.

解 对方程两边求微分, 得
$$d(e^{xy}) = d(2x + y^3);$$
$$\underline{\qquad\qquad};$$
$$e^{xy}(y dx + x dy) = 2 dx + 3y^2 dy,$$

于是
$$dy = \frac{2 - ye^{xy}}{xe^{xy} - 3y^2} dx. \quad (xe^{xy} - 3y^2 \neq 0)$$

2.5.4 微分的应用

1. 微分的几何意义

在曲线 $y = f(x)$ 上取横坐标为 x 的一点 P 作曲线的切线 PT, 设它的倾角为 α, 给 x 以改变量 Δx, 那么对应于 $x + \Delta x$, 曲线与切线上分别有点 P' 与 T. 由图 2-5 不难看出

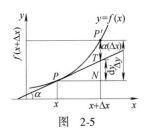

图 2-5

$$NP' = f(x + \Delta x) - f(x) = \Delta y,$$
$$NT = \tan \alpha \cdot \Delta x = f'(x) \Delta x = dy,$$
$$TP' = \Delta y - dy.$$

由此可知，函数 $y = f(x)$ 在 x 处关于 Δx 的微分 dy 表示曲线在 P 点的切线当 x 有改变量 Δx 时，切线纵坐标的改变量.

2. 微分在近似计算中的应用

根据微分的几何意义，我们不难看出，如果函数 $y = f(x)$ 在点 x 处导数 $f'(x) \neq 0$，那么当 $\Delta x \to 0$ 时，微分 dy 是函数 Δy 的线性主要部分. 因此，当 $|\Delta x|$ 很小时，忽略高阶无穷小量，可用 dy 近似表示 Δy，即

$$\Delta y \approx dy = f'(x_0) \cdot \Delta x. \tag{2-17}$$

这个式子也可写成

$$\Delta y = f(x_0 + \Delta x) - f(x_0) \approx f'(x_0) \cdot \Delta x,$$

即

$$f(x_0 + \Delta x) \approx f(x_0) + f'(x_0) \cdot \Delta x. \tag{2-18}$$

特别地，当 $x_0 = 0$，$\Delta x = x$，即得

$$f(x) \approx f(0) + f'(0)x \quad (|x| \text{很小}).$$

例 6 一个外直径为 10cm 的球，球壳厚度为 $\frac{1}{16}$cm，试求球壳体积的近似值.

解 由球的体积公式

$$V = \frac{4}{3}\pi r^3$$

得

$$dV = 4\pi r^2 dr.$$

球壳体积

$$\Delta V \approx dV.$$

把 $r = 5$，$dr = \frac{1}{16}$ 代入，得

$$\Delta V \approx |dV| = 19.63 (\text{cm}^3),$$

即球壳体积为 19.63cm³.

例 7 计算 $\sqrt[3]{1.03}$ 的近似值.

解 设 $f(x) = x^{\frac{1}{3}}$，则

$$f(x_0 + \Delta x) \approx f(x_0) + f'(x_0) \cdot \Delta x$$
$$= \sqrt[3]{x_0} + \frac{1}{3\sqrt[3]{x_0^2}} \cdot \Delta x.$$

取 $x_0 = 1$，$\Delta x = 0.03$，得

$$\sqrt[3]{1.03} \approx \sqrt[3]{1} + \frac{1}{3\sqrt[3]{1}} \times 0.03 \approx 1.01.$$

例 8 当 $|x|$ 很小时，证明下列公式：

(1) $\sin x \approx x$；
(2) $\tan x \approx x$；
(3) $e^x \approx 1 + x$；
(4) $\ln(1 + x) \approx x$；

（5）$(1+x)^{\alpha}\approx 1+\alpha x(\alpha$ 为常数$)$.

证　以（3）为例.

设 $f(x)=\mathrm{e}^x$. 取 $x_0=0$，则
$$f(0)=1;\quad f'(0)=1,$$
所以
$$\mathrm{e}^x\approx \mathrm{e}^0+f'(0)\cdot x=1+x.$$

其余证明留给读者.

习题 2.5

1. 在括号内填入适当的函数，使等式成立：

（1）$\mathrm{d}(\quad)=\cos t\mathrm{d}t$；　　　　　　（2）$\mathrm{d}(\quad)=\sin \omega x\mathrm{d}x$；

（3）$\mathrm{d}(\quad)=\dfrac{\mathrm{d}x}{1+x}$；　　　　　　（4）$\mathrm{d}(\quad)=\mathrm{e}^{-2x}\mathrm{d}x$；

（5）$\mathrm{d}(\quad)=\dfrac{\mathrm{d}x}{\sqrt{x}}$；　　　　　　（6）$\mathrm{d}(\quad)=\sec^2 3x\mathrm{d}x$.

2. 已知 $y=x^3-x$，计算在 $x=2$ 处当 Δx 分别等于 1，0.1，0.01 时的 Δy 及 $\mathrm{d}y$.

3. 求下列函数的微分：

（1）$y=4x^3+\ln(1-x^2)$；　　　　（2）$y=\arccos x-\dfrac{1}{\sqrt{x}}$；

（3）$y=\mathrm{e}^{-x}\cos(3-x)$；　　　　　（4）$y=\arcsin \sqrt{1-x^2}$.

4. 计算下列各式的近似值：

（1）$\sqrt{1.02}$；　　　（2）$\sqrt[3]{996}$；　　　（3）$\cos 29°$；　　　（4）$\tan 46'$.

5. 求由方程 $\ln \sqrt{x^2+y^2}=\arctan \dfrac{y}{x}$ 所确定的隐函数 $y=y(x)$ 的微分.

*2.6　导数问题的 MATLAB 实现

在 MATLAB 的符号运算工具箱中，若函数和自变量均已知，且均为符号变量，则可以用 diff（　）函数求出指定函数的各阶导数. diff（　）函数的调用格式为

　　$y=\mathrm{diff}(\mathrm{fun},x)$　　%求导数

　　$y=\mathrm{diff}(\mathrm{fun},x,n)$　　%求 n 阶导数

其中，fun 为给定函数，x 为自变量，它们都应该被声明为符号变量，n 为导数的阶次，若省略 n 则默认求一阶导数.

例1　已知 $f(x)=\dfrac{\sin x}{x^2+4x+3}$，试求出 $\dfrac{\mathrm{d}f(x)}{\mathrm{d}x}$ 和 $\dfrac{\mathrm{d}^4 f(x)}{\mathrm{d}x^4}$.

解　首先声明 x 为符号变量，然后调用 diff（　）函数就能求出该函数的一阶导数，具体程序如下：

```
>> syms x;
>> f = sin(x)/(x^2 + 4*x + 3);
```

$\gg f1 = diff(f)$

按回车键得到结果：

f1 =

$\cos(x)/(x^2 + 4*x + 3) - (\sin(x)*(2*x+4))/(x^2+4*x+3)^2$

即

$$\frac{df(x)}{dx} = \frac{\cos x}{x^2+4x+3} - \frac{\sin x(2x+4)}{(x^2+4x+3)^2}.$$

然后画出 $f(x)$ 和 $\dfrac{df(x)}{dx}$ 的图像，具体程序如下：

$\gg x1 = 0:0.01:5;$

$\gg y = subs(f,x,x1);$

$\gg y1 = subs(f1,x,x1);$

$\gg plot(x1,y,x1,y1,':')$

运行上述程序可得如图 2-6 所示的图像.

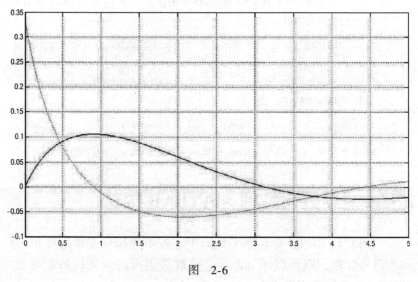

图　2-6

注：实线为 $f(x)$ 的图像，虚线为 $\dfrac{df(x)}{dx}$ 的图像

请同学们观察上述图像中 $\dfrac{df(x)}{dx}$ 的符号和 $f(x)$ 的单调性是否一致.

原函数的四阶导数可以直接由下面的语句求出：

$\gg f4 = diff(f, x, 4)$

运行上述程序可得

$$\frac{d^4f(x)}{dx^4} = \frac{\sin x}{x^2+4x+3} + 4\frac{(2x+4)\cos x}{(x^2+4x+3)^2} - 12\frac{(2x+4)^2\sin x}{(x^2+4x+3)^3} +$$

$$12\frac{\sin x}{(x^2+4x+3)^2} - 24\frac{(2x+4)^3\cos x}{(x^2+4x+3)^4} + 48\frac{(2x+4)\cos x}{(x^2+4x+3)^3} +$$

$$24\frac{(2x+4)^4\sin x}{(x^2+4x+3)^5}-72\frac{(2x+4)^2\sin x}{(x^2+4x+3)^4}+24\frac{(2x+4)\sin x}{(x^2+4x+3)^3}.$$

不难发现，MATLAB 的计算结果往往不是最简形式，但是此缺点对于实际应用问题来说几乎可以忽略不计．对于利用 MATLAB 来化简计算结果的问题，感兴趣的同学可以参考相关 MATLAB 教材中有关simple( )函数和 collect( )函数的使用方法的介绍．

下面介绍由参数方程确定的函数的导数问题的 MATLAB 实现．已知参数方程

$$\begin{cases} y=f(t), \\ x=g(t), \end{cases}$$

则$\dfrac{\mathrm{d}^n y}{\mathrm{d}x^n}$可以由下述递推公式求出：

$$\frac{\mathrm{d}y}{\mathrm{d}x}=\frac{f'(t)}{g'(t)},$$

$$\frac{\mathrm{d}^2 y}{\mathrm{d}x^2}=\frac{\mathrm{d}}{\mathrm{d}t}\left(\frac{f'(t)}{g'(t)}\right)\frac{1}{g'(t)}=\frac{\mathrm{d}}{\mathrm{d}t}\left(\frac{\mathrm{d}y}{\mathrm{d}x}\right)\frac{1}{g'(t)},$$

$$\vdots$$

$$\frac{\mathrm{d}^n y}{\mathrm{d}x^n}=\frac{\mathrm{d}}{\mathrm{d}t}\left(\frac{\mathrm{d}^{n-1} y}{\mathrm{d}x^{n-1}}\right)\frac{1}{g'(t)}.$$

利用上述递推公式，可以在 M 文件编辑窗口编写递归调用函数来求解参数方程的高阶导数，该函数文件应保存在@ sym 目录下，该递归调用函数的代码如下：

```
function result = paradiff( y,x,t,n)
if n = = 1
result = diff( y,t)/diff( x,t) ;
else
result = diff( paradiff( y,x,t,n – 1) ,t)/diff( x,t) ;
end
```

将这段代码保存在 paradiff. m 中，放在@ sym 目录下，今后求由参数方程确定的函数的高阶导数时，只需要调用此函数文件即可．

例 2 已知参数方程

$$\begin{cases} y=\dfrac{\sin t}{(t+1)^3}, \\ x=\dfrac{\cos t}{(t+1)^3}, \end{cases}$$

试求$\dfrac{\mathrm{d}^3 y}{\mathrm{d}x^3}$.

解 利用上面自编的函数，可以立即得到所需的高阶导数，具体程序如下：

```
>> syms t;
```

```
>> y = sin(t)/(t + 1)^3;
>> x = cos(t)/(t + 1)^3;
>> f = paradiff(y, x, t, 3);
```

运行上述程序可得

$$\frac{d^3 y}{dx^3} = \frac{-3(t+1)^7 \left[(t^4 + 4t^3 + 6t^2 + 4t - 23)\cos t - (4t^3 + 12t^2 + 32t + 24)\sin t \right]}{(t\sin t + \sin t + 3\cos t)^5}.$$

* 习题2.6

1. 试求出下列函数的导数：

(1) $f(x) = \sqrt{x\sin x \sqrt{1 - e^x}}$；

(2) $y = \dfrac{1 - \sqrt{\cos ax}}{x(1 - \cos \sqrt{ax})}$；

(3) $y(x) = -\dfrac{1}{na}\ln\dfrac{x^n + a}{x^n}$ $(n > 0)$.

2. 试求出函数 $f(x) = \sqrt{\dfrac{(x-1)(x-2)}{(x-3)(x-4)}}$ 的四阶导数.

3. 已知参数方程

$$\begin{cases} x = \ln\cos t, \\ y = \cos t - t\sin t, \end{cases}$$

试求出 $\dfrac{dy}{dx}$ 和 $\dfrac{d^2 y}{dx^2}\bigg|_{t=\frac{\pi}{3}}$.

综合练习2

一、填空题

1. (1) $f(x)$ 在点 x_0 可导是 $f(x)$ 在点 x_0 连续的_____条件，$f(x)$ 在点 x_0 连续是 $f(x)$ 在点 x_0 可导的_____条件.

  (2) $f(x)$ 在点 x_0 的左导数 $f'_-(x_0)$ 及右导数 $f'_+(x_0)$ 都存在且相等是 $f(x)$ 在点 x_0 可导的_____条件.

  (3) $f(x)$ 在点 x_0 可导是 $f(x)$ 在点 x_0 可微的_____条件.

2. 设函数

$$f(x) = \begin{cases} x^2, & x \leqslant 1, \\ ax + b, & x > 1 \end{cases}$$

在 $x = 1$ 处可导，则 $a = $ _____，$b = $ _____.

3. 已知 $f'(x_0) = -1$，则

$$\lim_{x \to 0}\frac{x}{f(x_0 - 2x) - f(x_0 - x)} = \underline{\qquad}.$$

4. 设 $f'(a)$ 存在，则

$$\lim_{n\to\infty}n\left(f(a)-f\left(a+\frac{1}{n}\right)\right)=\underline{\qquad}.$$

5. 曲线 $\begin{cases} x=1+t^2, \\ y=t^3 \end{cases}$ 在 $t=2$ 处的切线方程为 _____.

6. 设 $y=f(x)$ 是可微函数, 则 $\mathrm{d}f(x^2)=$ _____.

二、选择题

1. 设函数 $f(x)=\mathrm{e}^{(\tan x)^k}$, 且 $f'\left(\frac{\pi}{4}\right)=\mathrm{e}$, 则 $k=$ (   ).

(A)1   (B) -1 (C) $\frac{1}{2}$ (D)2

2. 设 $f(x)=\mathrm{e}^{-\frac{1}{x}}$, 则 $\lim\limits_{\Delta x\to 0}\dfrac{f'(2-\Delta x)-f'(2)}{\Delta x}=$ (   ).

(A) $\dfrac{1}{16\sqrt{\mathrm{e}}}$ (B) $-\dfrac{1}{16\sqrt{\mathrm{e}}}$

(C) $\dfrac{3}{16\sqrt{\mathrm{e}}}$ (D) $-\dfrac{3}{16\sqrt{\mathrm{e}}}$

3. 设 $f'(x_0)$ 存在, 则 $\lim\limits_{h\to 0}\dfrac{f(x_0+3h)-f(x_0-h)}{h}$(   ).

(A)一定不存在   (B)不一定存在

(C)等于 $4f'(x_0)$ (D)等于 $4f'(x_0-h)$

4. 设 $f(x)$ 是可导函数, 且 $\lim\limits_{x\to 0}\dfrac{f(1)-f(1-x)}{2x}=-1$, 则曲线 $y=f(x)$ 在点 $(1, f(1))$ 处的切线斜率为(   ).

(A) -1 (B) -2 (C)0   (D)1

5. 设 $f(x)=\begin{cases} \ln(1+x), & -1<x\le 0, \\ \sqrt{1+x}-\sqrt{1-x}, & 0<x<1, \end{cases}$ 则 $f(x)$ 在 $x=0$ 处(   ).

(A)无极限   (B)有极限但不连续

(C)连续但不可导   (D)可导

6. 设曲线 $y=x^3+ax$ 与曲线 $y=bx^2+c$ 在点 $(-1,0)$ 处相切, 其中 a, b, c 为常数, 则(   ).

(A) $a=-1$, $b=2$, $c=-2$ (B) $a=b=-1$, $c=1$

(C) $a=1$, $b=-2$, $c=2$ (D) $a=c=1$, $b=-1$

7. 设 $f(x)$ 在 $x=a$ 的某个邻域内有定义, 则 $f(x)$ 在 $x=a$ 处可导的一个充分条件是(   ).

(A) $\lim\limits_{h\to+\infty}h\left[f\left(a+\dfrac{1}{h}\right)-f(a)\right]$ 存在

(B) $\lim\limits_{h\to 0}\dfrac{f(a+2h)-f(a+h)}{h}$ 存在

(C) $\lim\limits_{h\to 0}\dfrac{f(a+h)-f(a-h)}{2h}$ 存在

(D) $\lim\limits_{h \to 0} \dfrac{f(a) - f(a-h)}{h}$ 存在

三、解答题

1. 讨论下列函数在 $x = 0$ 处的连续性和可导性：

(1) $y = |\sin x|$；

(2) $y = \begin{cases} x^2 \sin \dfrac{1}{x}, & x \neq 0, \\ 0, & x = 0. \end{cases}$

2. 求下列函数的导数：

(1) $y = \sin x \ln x^2$；

(2) $y = \sqrt[3]{\arctan 2x + \dfrac{\pi}{2}}$；

(3) $y = (1 + x^2)^{\sec x}$；

(4) $y = \ln \sqrt{\dfrac{1+t}{1-t}}$.

3. 求下列函数的二阶导数：

(1) $y = \cos^2 x \cdot \ln x$；

(2) $y = \ln \sqrt{\dfrac{1-x}{1+x^2}}$.

4. 求下列函数的 n 阶导数：

(1) $y = x e^x$；

(2) $y = \dfrac{1-x}{1+x}$.

5. 设 $e^{xy} + y^2 = \cos x$ 确定 $y = y(x)$，求 y'.

6. 求下列由参数方程所确定的函数的一阶导数 $\dfrac{\mathrm{d}y}{\mathrm{d}x}$ 及二阶导数 $\dfrac{\mathrm{d}^2 y}{\mathrm{d}x^2}$：

(1) $\begin{cases} x = a\cos^3 \theta, \\ y = a\sin^3 \theta; \end{cases}$

(2) $\begin{cases} x = \ln \sqrt{1+t^2}, \\ y = \arctan t. \end{cases}$

7. 梯长 10m，上端靠墙，下端置地，当梯下端位于离墙 6m 处以速度 2m/min 离开墙时，问上端沿墙下降的速度是多少？

第3章

微分中值定理与导数的应用

一直以来, 导数作为函数的变化率, 在研究函数变化的状态中有着十分重要的意义, 因而在自然科学、工程技术以及经济管理等领域中有着广泛应用. 本章将在导数和微分的基础上进一步研究怎样由导数的性质得到函数及其曲线的某些性态. 例如, 判断函数的单调性和曲线凹凸性, 求函数的极限、极值、最值, 包括在其他领域中的具体应用及函数图形的作法等.

3.1 微分中值定理

本节将介绍微分学中有重要应用价值的微分中值定理. 它们揭示了函数在某区间上的整体性态与该函数在该区间内某一点的导数之间的关系. 微分中值定理既是用微分学知识解决应用问题的理论基础, 又是解决微分学自身发展的一种理论模型, 因此叫做微分中值定理.

3.1.1 罗尔(Rolle)[⊖]定理

定理 3.1 如果函数 $f(x)$ 满足下列条件:

(1) 在闭区间 $[a,b]$ 上连续;

(2) 在开区间 (a,b) 内可导;

(3) $f(a) = f(b)$, 即在区间两端点的函数值相等,

那么在 (a,b) 内至少存在一点 $\xi(a < \xi < b)$, 使得

⊖ 罗尔(Michel Rolle)1652 年 4 月 21 日—1719 年 11 月 8 日, 法国数学家. 罗尔, 出生于小店主家庭, 只受过初等教育, 年轻时贫困潦倒, 但他仍利用业余时间刻苦自学. 他所证明的定理并不是现在传承的形式, 而是他于 1691 年在题为《任意次方程的一个解法的证明》的论文中指出了: 在多项式方程 $f(x) = 0$ 的两个相邻的实根之间, 方程 $f'(x) = 0$ 至少有一个根. 150 多年后, 即 1846 年, 尤斯托·伯拉海提斯(Giusto Bellavitis)将这一结论推广到可微函数, 为了纪念罗尔, 把此定理命名为罗尔定理. ——编者注

图 3-1

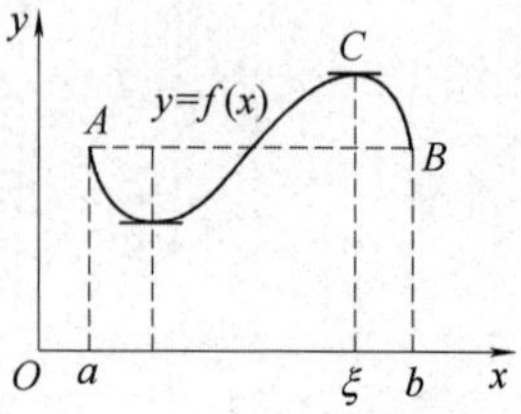

$$f'(\xi) = 0.$$

罗尔定理的几何意义是：对于一条两端点在同一水平线上的光滑曲线段，若曲线段上任意一点都不存在铅垂切线，则曲线段上至少存在一条水平切线，如图 3-1 所示。

证 由于 $f(x)$ 在 $[a, b]$ 上连续，故 $f(x)$ 在 $[a, b]$ 上必有最大值 M 和最小值 m. 现分两种情形来讨论：

(1) 若 $m = M$，则对任一 $x \in (a, b)$，都有 $f(x) = m(= M)$. 此时对于任意的 $\xi \in (a, b)$，都有 $f'(\xi) = 0$；

(2) 若 $M > m$，由条件 (3) 可知，M 和 m 中至少有一个不等于 $f(a)$（或 $f(b)$），不妨设 $M \neq f(a)$，则在开区间 (a, b) 内至少有一点 ξ，使得 $f(\xi) = M$.

由条件 (2) 可知，$f'(\xi)$ 存在. 由于 $f(\xi)$ 为最大值，根据函数极限的保号性知

$$f'_+(\xi) = \lim_{\Delta x \to 0^+} \frac{f(\xi + \Delta x) - f(\xi)}{\Delta x} \leq 0.$$

$$f'_-(\xi) = \lim_{\Delta x \to 0^-} \frac{f(\xi + \Delta x) - f(\xi)}{\Delta x} \geq 0.$$

故

$$f'(\xi) = 0.$$

例如，函数 $f(x) = x^2 - 2x - 3 = (x - 3)(x + 1)$ 在 $[-1, 3]$ 上连续，在 $(-1, 3)$ 内可导，且 $f(-1) = f(3) = 0$，由 $f'(x) = 2(x - 1)$ 知，若取 $\xi = 1 \in (-1, 3)$，则有 $f'(\xi) = 0$.

注：(1) 定理中的三个条件缺少任何一个，均不能保证结论成立；

(2) 一般情况下，罗尔定理的结论中只给出了导函数零点的存在性，通常这样的零点不易具体求得。

例 1 设函数 $f(x) = (x - 1)(x - 2)(x - 4)$，试说明方程 $f'(x) = 0$ 在 $(-\infty, +\infty)$ 内有几个实根，并指出它们所在的区间。

解 因为 $f(1) = f(2) = f(4) = 0$，所以 $f(x)$ 在闭区间 $[1, 2]$，$[2, 4]$ 上满足罗尔定理的三个条件. 所以，存在 $\xi_1 \in (1, 2)$，$\xi_2 \in (2, 4)$，使得 $f'(\xi_1) = f'(\xi_2) = 0$.

又因为 $f'(x)$ 为二次多项式，最多只能有两个零点，故方程 $f'(x) = 0$ 在 $(-\infty, +\infty)$ 内有两个实根，分别在区间 $(1, 2)$ 和 $(2, 4)$ 内。

例 2 证明方程 $x^5 - 5x + 1 = 0$ 有且仅有一个小于 1 的正实根。

证 设 $f(x) = x^5 - 5x + 1$，则 $f(x)$ 在 $[0, 1]$ 上连续，且 $f(0) = 1$，$f(1) = -3$，由介值定理的推论可知，至少存在点 $x_0 \in (0, 1)$，使 $f(x_0) = 0$，即 x_0 是题设方程的小于 1 的正实根。

再证明 x_0 是题设方程的小于 1 的唯一正实根. 用反证法，设另有 $x_1 \in (0, 1)$，$x_1 \neq x_0$，使 $f(x_1) = 0$. 易见，函数 $f(x)$ 在以 x_0，x_1 为端点的区间上满足罗尔定理的条件，故至少存在一点 ξ（介于 x_0，x_1

之间），使得 $f'(\xi)=0$，但
$$f'(x)=5(x^4-1)<0,\ x\in(0,1)$$
与罗尔定理结论产生矛盾．所以 x_0 即为题设方程的小于 1 的唯一正实根．

3.1.2　拉格朗日（Lagrange）⊖中值定理

在罗尔定理中，$f(a)=f(b)$ 这个条件是相当特殊的，它使罗尔定理的应用受到限制．如果去掉罗尔定理中这个条件的限制，仍保留其余两个条件，并相应地改变结论，那么就得到了微分学中具有重要地位的拉格朗日中值定理．

定理 3.2　如果函数 $y=f(x)$ 满足：

（1）在闭区间 $[a,b]$ 上连续；

（2）在开区间 (a,b) 内可导，

那么在 (a,b) 内至少存在一点 $\xi(a<\xi<b)$，使得
$$f(b)-f(a)=f'(\xi)(b-a). \tag{3-1}$$

在证明之前，先看一下定理的几何意义．

从图 3-1 中可看出，在罗尔定理中，由于 $f(a)=f(b)$，故弦 AB 是水平的，因此点 C 处的切线实际上也平行于弦 AB．若将图 3-1 中的函数图像绕 A 点旋转一个角度 φ，得到新的函数——仍记为 $f(x)$ 和新的 B 点，则有 $f(a)\neq f(b)$，其图像如图 3-2 所示．由于点 C 处的切线平行于弦 AB，故

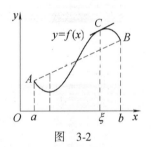

图　3-2

$$f'(\xi)=\frac{f(b)-f(a)}{b-a} \tag{3-2}$$

即
$$f(b)-f(a)=f'(\xi)(b-a).$$

因此，拉格朗日中值定理的几何意义是：在每一点都可导的曲线段 $y=f(x)$ 上，至少存在一点 $C(\xi,f(\xi))$，曲线段在该点处的切线平行于两端点的连线 AB．

由图 3-2 亦可看出，罗尔定理是拉格朗日中值定理在 $f(a)=f(b)$ 时的特殊情形，由这种关系，还可进一步联想到利用罗尔定理来证明拉格朗日中值定理．事实上，因为曲线 $y=f(x)$ 与弦 AB．$y=L(x)$ 在区间端点 $x=a$，$x=b$ 处相交，其中

$$L(x)=f(a)+\frac{f(b)-f(a)}{b-a}(x-a).$$

⊖　拉格朗日（1736 年 1 月 25 日—1813 年 4 月 10 日）是法国数学家、力学家和天文学家．1754 年，18 岁的拉格朗日给出了两个函数乘积的高阶导数公式；1755 年，19 岁的他被任命为都灵皇家炮兵学校的数学教授．拉格朗日在数学的许多领域都留下了足迹，其研究内容涉及变分法、微分方程、代数方程、数论、分析以及概率论等．他总结了 18 世纪的数学成果，同时又开辟了 19 世纪数学研究的道路．——编者注

故若用 $f(x)$ 与 $L(x)$ 之差构造一个新函数，则这个新函数在端点 a，b 处的函数值相等. 由此即可证明拉格朗日中值定理.

证 构造辅助函数

$$F(x) = f(x) - \left[f(a) + \frac{f(b) - f(a)}{b-a}(x-a) \right].$$

容易验证 $F(x)$ 满足罗尔定理的条件，从而在 (a, b) 内至少存在一点 ξ，使得 $F'(\xi) = 0$，即

$$f'(\xi) - \frac{f(b) - f(a)}{b-a} = 0 \text{ 或 } f(b) - f(a) = f'(\xi)(b-a).$$

定理 3.2 的结论式 (3-1) 称为拉格朗日中值公式. 式 (3-2) 的右端 $\frac{f(b) - f(a)}{b-a}$ 表示函数在闭区间 $[a, b]$ 上整体变化的平均变化率，左端 $f'(\xi)$ 表示开区间 (a, b) 内某点 ξ 处函数 $f(x)$ 的局部变化率. 于是，拉格朗日中值公式反映了可导函数在 $[a, b]$ 上整体平均变化率等于该函数在 (a, b) 内某点 ξ 处函数的局部变化率.

值得**注意**的是，拉格朗日中值公式无论对于 $a < b$，还是 $a > b$ 都成立，而 ξ 则是介于 a 与 b 之间的某一定数. 设 x 和 $x + \Delta x$ 是 (a, b) 内的两点，其中 Δx 可正可负，于是以 x 及 $x + \Delta x$ 为端点的闭区间上有 $f(x + \Delta x) - f(x) = f'(\xi)\Delta x$，其中 ξ 为 x 与 $x + \Delta x$ 之间的某值，记 $\xi = x + \theta \Delta x$，$0 < \theta < 1$，则

$$f(x + \Delta x) - f(x) = f'(x + \theta \Delta x)\Delta x \quad (0 < \theta < 1). \tag{3-3}$$

式 (3-3) 精确地表明了函数在一个区间上的改变量（增量）与函数在该区间内某点处的导数之间的关系，该公式称为有限增量公式. 拉格朗日中值定理在微分学中占有重要地位，有时也称这个定理为微分中值定理. 在某些问题中，当自变量 x 取得有限增量 Δx 而需要函数增量的准确表达式时，拉格朗日中值定理就凸显出其重要价值.

我们知道，如果函数 $f(x)$ 在某一区间上是常数，那么 $f'(x) = 0$. 其逆命题是否成立呢？回答是肯定的，下面就用拉格朗日中值定理来证明其正确性.

推论 1 如果函数 $f(x)$ 在区间 I 上可导，且 $f'(x) \equiv 0$，那么 $f(x)$ 在区间 I 上是一个常数.

证 在区间 I 上任取两点 x_1，$x_2 (x_1 < x_2)$，在区间 $[x_1, x_2]$ 上应用拉格朗日中值定理，则存在 $\xi \in (x_1, x_2) \subset I$，使得

$$f(x_2) - f(x_1) = f'(\xi)(x_2 - x_1).$$

由假设可知，$f'(\xi) = 0$，于是

$$f(x_2) = f(x_1),$$

上式表明 $f(x)$ 在区间 I 上任意两点的函数值总是相等的，即 $f(x)$ 在区间 I 上是一个常数.

由推论 1 立即可得以下结论.

推论 2　如果函数 $f(x)$ 与 $g(x)$ 在区间 I 上可导, 且 $f'(x) \equiv g'(x), x \in I$, 那么在区间 I 上, $f(x)$ 与 $g(x)$ 只相差某一常数, 即

$$f(x) = g(x) + C(C \text{ 为任意常数}).$$

例 3　证明 $\arcsin x + \arccos x = \dfrac{\pi}{2}(-1 \leqslant x \leqslant 1)$.

证　设 $f(x) = \arcsin x + \arccos x, x \in [-1, 1]$, 则 $f(x)$ 在 $[-1, 1]$ 上连续, 当 $x \in (-1, 1)$ 时, 有

$$f'(x) = \frac{1}{\sqrt{1-x^2}} + \left(-\frac{1}{\sqrt{1-x^2}}\right) = 0,$$

所以 $f(x) = C, x \in [-1, 1]$. 又因为

$$f(0) = \arcsin 0 + \arccos 0 = 0 + \frac{\pi}{2} = \frac{\pi}{2},$$

故 $C = \dfrac{\pi}{2}$, 从而

$$\arcsin x + \arccos x = \frac{\pi}{2}.$$

例 4　证明当 $x > 0$ 时,

$$\frac{x}{1+x} < \ln(1+x) < x.$$

证　设 $f(x) = \ln(1+x)$, 显然 $f(x)$ 在区间 $[0, x]$ 上满足拉格朗日中值定理的条件, 根据定理有

$$f(x) - f(0) = f'(\xi)(x - 0)(0 < \xi < x).$$

由于 $f(0) = 0, f'(x) = \dfrac{1}{1+x}$, 因此上式即为

$$\ln(1+x) = \frac{x}{1+\xi}.$$

又由 $0 < \xi < x$, 有

$$\frac{x}{1+x} < \frac{x}{1+\xi} < x.$$

即

$$\frac{x}{1+x} < \ln(1+x) < x(x > 0).$$

3.1.3　柯西 (Cauchy) ⊖ 中值定理

前面已经指出, 拉格朗日中值定理是罗尔定理的一般形式, 下面给出一个形式更一般的微分中值定理.

定理 3.3　如果函数 $f(x)$ 及 $g(x)$ 满足:

⊖ 柯西 (1789 年 8 月 21 日—1857 年 5 月 23 日) 是法国数学家、力学家. 他在微积分中引进了沿用至今的描述函数极限的 $\varepsilon - \delta$ 语言, 从而奠定了微积分理论的坚实基础. 柯西是一位成果丰富的数学家, 他的全集从 1882 年开始出版, 到 1974 年才出完最后一卷, 总计 28 卷. ——编者注

（1）在闭区间 $[a,b]$ 上连续；

（2）在开区间 (a,b) 内可导；

（3）对任意 $x \in (a,b)$，有 $g'(x) \neq 0$，

那么在 (a,b) 内至少存在一点 $\xi(a < \xi < b)$，使得

$$\frac{f(b) - f(a)}{g(b) - g(a)} = \frac{f'(\xi)}{g'(\xi)}.$$

在图 3-2 中，如果设曲线段的参数方程为

$$\begin{cases} \overline{X} = g(x), \\ \overline{Y} = f(x) \end{cases} (a \leqslant x \leqslant b).$$

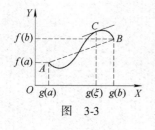

图 3-3

其中 $g'(x) \neq 0$，x 为参变量，如图 3-3 所示，那么在曲线上点 $(\overline{X}, \overline{Y})$ 处切线的斜率为

$$\frac{\mathrm{d}\overline{Y}}{\mathrm{d}\overline{X}} = \frac{f'(x)}{g'(x)},$$

弦 AB 的斜率为

$$\frac{f(b) - f(a)}{g(b) - g(a)}.$$

假设点 C 对应于参变量 $x = \xi$，则曲线上点 C 处的切线平行于弦 AB 可表示为

$$\frac{f(b) - f(a)}{g(b) - g(a)} = \frac{f'(\xi)}{g'(\xi)}.$$

显然，柯西中值定理有着与前面两个中值定理相似的几何意义.

证 由于函数 $g(x)$ 满足拉格朗日中值定理的条件，故

$$g(b) - g(a) = g'(\eta)(b - a)$$

其中 $a < \eta < b$. 根据假设 $g'(\eta) \neq 0$，又 $b - a \neq 0$，所以 $g(b) - g(a) \neq 0$.

构造辅助函数

$$\varphi(x) = f(x) - f(a) - \frac{f(b) - f(a)}{g(b) - g(a)} [g(x) - g(a)].$$

易知 $\varphi(x)$ 满足罗尔定理条件，故在 (a,b) 内至少存在一点 ξ，使得 $\varphi'(\xi) = 0$，即

$$f'(\xi) - \frac{f(b) - f(a)}{g(b) - g(a)} \cdot g'(\xi) = 0.$$

从而

$$\frac{f(b) - f(a)}{g(b) - g(a)} = \frac{f'(\xi)}{g'(\xi)}.$$

注意：在拉格朗日中值定理和柯西中值定理的证明过程中，我们都采用了构造辅助函数的方法. 这种方法是高等数学中证明数学命题的一种常用方法，它是根据命题的特征与需要、经过推理与不断更正而构造出来的，并且不是唯一的.

显然，若取 $g(x) = x$，则 $g(b) - g(a) = b - a$，$g'(x) = 1$，因而，

柯西中值定理就变成拉格朗日中值定理了, 因此拉格朗日中值定理是柯西中值定理的特殊情况.

例 5　设函数 $f(x)$ 在 $[a,b]$ 上连续, 在 (a,b) 内可导, 且 $ab>0$, 证明至少存在一点 $\xi \in (a,b)$, 使

$$\frac{af(b)-bf(a)}{a-b}=f(\xi)-\xi f'(\xi).$$

证　由于 $ab>0$, 所以原式可写成

$$\frac{\dfrac{f(b)}{b}-\dfrac{f(a)}{a}}{\dfrac{1}{b}-\dfrac{1}{a}}=f(\xi)-\xi f'(\xi).$$

令

$$\varphi(x)=\frac{f(x)}{x},\ \psi(x)=\frac{1}{x},$$

它们在 $[a,b]$ 上满足柯西中值定理的条件, 且有

$$\frac{\varphi'(x)}{\psi'(x)}=f(x)-xf'(x).$$

应用柯西中值定理即得所证.

习题 3.1

1. 验证罗尔定理对函数 $g(x)=\ln \sin x$ 在区间 $\left[\dfrac{\pi}{6},\dfrac{5\pi}{6}\right]$ 上的正确性.

2. 验证拉格朗日中值定理对函数 $y=4x^3-5x^2+x-2$ 在区间 $[0,1]$ 上的正确性.

3. 对函数 $f(x)=\sin x$ 及 $F(x)=x+\cos x$ 在区间 $\left[0,\dfrac{\pi}{2}\right]$ 上验证柯西中值定理的正确性.

4. 设 $f(x)$ 在 $[0,1]$ 上连续, 在 $(0,1)$ 内可导, 且 $f(1)=0$. 求证: 存在 $\xi \in (0,1)$, 使

$$f'(\xi)=-\frac{f(\xi)}{\xi}.$$

5. 若函数 $f(x)$ 在 (a,b) 内具有二阶导函数, 且
$$f(x_1)=f(x_2)=f(x_3)\ (a<x_1<x_2<x_3<b),$$
证明在 (x_1,x_3) 内至少有一点 ξ, 使得

$$f''(\xi)=0.$$

6. 证明恒等式

$$2\arctan x+\arcsin \frac{2x}{1+x^2}=\pi\ (x \geqslant 1).$$

7. 证明下列不等式:

(1) $|\sin x_2-\sin x_1| \leqslant |x_2-x_1|$;

(2) 设 $a>b>0$, 则 $\dfrac{a-b}{a}<\ln \dfrac{a}{b}<\dfrac{a-b}{b}$.

3.2 洛必达法则

在第 1 章进行无穷小（大）的比较时，我们已经讨论过无穷小（大）之比的极限. 由于这种极限可能存在，也可能不存在，因此我们把这种极限称为未定式，并简记为 $\dfrac{0}{0}\left(\dfrac{\infty}{\infty}\right)$.

例如，$\lim\limits_{x\to 0}\dfrac{\sin x}{x}$，$\lim\limits_{x\to 0^+}\dfrac{\ln x}{\cot x}$，$\lim\limits_{x\to\infty}\dfrac{x}{\mathrm{e}^x}$ 等就是未定式. 本节将以导数为工具来研究未定式极限，这个方法通常称为洛必达（L'Hospital）[⊖] 法则，柯西中值定理则是建立洛必达法则的理论依据.

3.2.1 $\dfrac{0}{0}$ 型未定式

下面，以 $x\to a$ 时的 $\dfrac{0}{0}$ 型未定式为例进行讨论.

定理 3.4 如果函数 $f(x)$ 和 $g(x)$ 满足：

（1）$\lim\limits_{x\to a}f(x)=\lim\limits_{x\to a}g(x)=0$；

（2）在点 a 的某个去心邻域 $\mathring{U}(a)$ 内，$f(x)$ 及 $g(x)$ 都可导且 $g'(x)\neq 0$；

（3）$\lim\limits_{x\to a}\dfrac{f'(x)}{g'(x)}=A$（$A$ 可为实数，也可为 $\pm\infty$ 或 ∞），

那么有

$$\lim\limits_{x\to a}\dfrac{f(x)}{g(x)}=\lim\limits_{x\to a}\dfrac{f'(x)}{g'(x)}=A.$$

证 因为极限 $\lim\limits_{x\to a}\dfrac{f(x)}{g(x)}$ 是否存在与 $f(x)$ 和 $g(x)$ 在 $x=a$ 处是否有定义无关，不妨令

$$f(a)=g(a)=0,$$

使得函数 $f(x)$ 及 $g(x)$ 在点 a 的某一邻域内连续. 设 x 是去心邻域内任意一点，则 $f(x)$ 及 $g(x)$ 在以 x 和 a 为端点的区间上满足柯西中值定理的条件，从而存在 ξ（ξ 介于 x 与 a 之间），使得

$$\dfrac{f(x)}{g(x)}=\dfrac{f(x)-f(a)}{g(x)-g(a)}=\dfrac{f'(\xi)}{g'(\xi)}.$$

当 $x\to a$ 时，有 $\xi\to a$，所以

⊖ 洛必达（1661—1704）是法国数学家. 法国在 17 世纪对分析的贡献使法国在当时处于世界数学发展的中心位置. 洛必达出生于法国贵族家庭，他拥有圣梅特侯爵、昂特尔芒伯爵的称号. 他的最大功绩是撰写了世界上第一本系统的微积分教程——《用于理解曲线的无穷小分析》. 由于他与当时欧洲各国主要数学家都有交往，从而成为全欧洲传播微积分学的著名人物. ——编者注

$$\lim_{x \to a} \frac{f(x)}{g(x)} = \lim_{\xi \to a} \frac{f'(\xi)}{g'(\xi)} = A.$$

显然，若 $\lim\limits_{x \to a} \dfrac{f'(x)}{g'(x)}$ 仍为 $\dfrac{0}{0}$ 型未定式，且 $f'(x)$、$g'(x)$ 满足定理

3.4 的条件，则可继续使用洛必达法则而得到

$$\lim_{x \to a} \frac{f(x)}{g(x)} = \lim_{x \to a} \frac{f'(x)}{g'(x)} = \lim_{x \to a} \frac{f''(x)}{g''(x)}.$$

推论 1　若函数 $f(x)$ 和 $g(x)$ 满足：

（1）$\lim\limits_{x \to \infty} f(x) = 0$，$\lim\limits_{x \to \infty} g(x) = 0$；

（2）当 $|x| > X$ 时 $f'(x)$ 与 $g'(x)$ 都存在，且 $g'(x) \neq 0$；

（3）$\lim\limits_{x \to \infty} \dfrac{f'(x)}{g'(x)} = A$（$A$ 可为实数，也可为 $\pm \infty$ 或 ∞），

则

$$\lim_{x \to \infty} \frac{f(x)}{g(x)} = \lim_{x \to \infty} \frac{f'(x)}{g'(x)}.$$

例 1　求 $\lim\limits_{x \to 0} \dfrac{\sin ax}{\tan bx}$ $(b \neq 0)$.

解　容易检验 $f(x) = \sin ax$ 与 $g(x) = \tan bx$ 在点 $x = 0$ 的去心邻域内满足定理 3.4 的条件（1）和条件（2），又因

$$\lim_{x \to 0} \frac{f'(x)}{g'(x)} = \lim_{x \to 0} \frac{a\cos ax}{b\sec^2 bx} = \underline{\qquad},$$

故

$$\lim_{x \to 0} \frac{\sin ax}{\tan bx} = \frac{a}{b}.$$

例 2　求 $\lim\limits_{x \to 1} \dfrac{x^3 - x^2 - x + 1}{x^3 - 2x^2 + x}$.

解　$\lim\limits_{x \to 1} \dfrac{x^3 - x^2 - x + 1}{x^3 - 2x^2 + x} = \lim\limits_{x \to 1} \underline{\qquad} = \lim\limits_{x \to 1} \dfrac{6x - 2}{6x - 4} = 2.$

注意：上式中的 $\lim\limits_{x \to 1} \dfrac{6x - 2}{6x - 4}$ 已不是未定式，不能对它应用洛必达法则，否则会导致错误的结果.

3.2.2　$\dfrac{\infty}{\infty}$ 型未定式

定理 3.5　若函数 $f(x)$ 和 $g(x)$ 满足：

（1）$\lim\limits_{x \to x_0} f(x) = \lim\limits_{x \to x_0} g(x) = \infty$；

（2）在点 x_0 的某去心邻域 $\overset{\circ}{U}(x_0)$ 内两者都可导，且 $g'(x) \neq 0$；

（3）$\lim\limits_{x \to x_0} \dfrac{f'(x)}{g'(x)} = A$（$A$ 为实数，或为 $\pm \infty$ 或 ∞），

则

$$\lim_{x \to x_0} \frac{f(x)}{g(x)} = \lim_{x \to x_0} \frac{f'(x)}{g'(x)} = A.$$

本定理也是需要应用柯西中值定理来证明，由于过程较繁，故略.

推论2 若函数 $f(x)$ 和 $g(x)$ 满足：

(1) $\lim\limits_{x\to\infty}f(x)=\infty$，$\lim\limits_{x\to\infty}g(x)=\infty$；

(2) 当 $|x|>X$ 时两者都可导，且 $g'(x)\neq0$；

(3) $\lim\limits_{x\to\infty}\dfrac{f'(x)}{g'(x)}=A$（$A$ 为实数，或为 $\pm\infty$ 或 ∞），

则

$$\lim_{x\to\infty}\frac{f(x)}{g(x)}=\lim_{x\to\infty}\frac{f'(x)}{g'(x)}=A.$$

例3 求 $\lim\limits_{x\to+\infty}\dfrac{\ln x}{x^n}(n>0)$.

解 $\lim\limits_{x\to+\infty}\dfrac{\ln x}{x^n}=\lim\limits_{x\to+\infty}\dfrac{\dfrac{1}{x}}{nx^{n-1}}=\lim\limits_{x\to+\infty}\dfrac{1}{nx^n}=0.$

例4 求 $\lim\limits_{x\to+\infty}\dfrac{x^a}{e^{\lambda x}}(a>0,\lambda>0)$.

解 $\lim\limits_{x\to+\infty}\dfrac{x^a}{e^{\lambda x}}=\lim\limits_{x\to+\infty}\dfrac{ax^{a-1}}{\lambda e^{\lambda x}}.$

若 $0<a\leqslant1$，则上式右端极限为 0；若 $a>1$，则上式右端仍是 $\dfrac{\infty}{\infty}$ 型未定式，这时总存在自然数 n 使 $n-1<a\leqslant n$，逐次应用洛必达法则直到第 n 次有

$$\lim_{x\to+\infty}\frac{x^a}{e^{\lambda x}}=\lim_{x\to+\infty}\frac{ax^{a-1}}{\lambda e^{\lambda x}}=\underline{\qquad}=\cdots$$

$$\xlongequal{n\text{次}}\lim_{x\to+\infty}\frac{a(a-1)\cdots(a-n+1)x^{a-n}}{\lambda^n e^{\lambda x}}=0,$$

故

$$\lim_{x\to\infty}\frac{x^a}{e^{\lambda x}}=0(a>0,\lambda>0).$$

例5 求 $\lim\limits_{x\to+\infty}\dfrac{\ln\left(1+\dfrac{1}{x}\right)}{\operatorname{arccot}x}$.

解 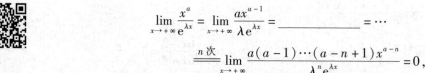 $\lim\limits_{x\to+\infty}\dfrac{\ln\left(1+\dfrac{1}{x}\right)}{\operatorname{arccot}x}=\lim\limits_{x\to+\infty}\dfrac{\dfrac{x}{1+x}\cdot\left(-\dfrac{1}{x^2}\right)}{-\dfrac{1}{1+x^2}}=\underline{\qquad}$

$$=\lim_{x\to+\infty}\frac{2x}{1+2x}=\lim_{x\to+\infty}\frac{2}{2}=1.$$

若将洛必达法则与其他求极限的方法（如等价无穷小代换、重要极限等）结合使用，可以使运算简捷.

例 6　求 $\lim\limits_{x \to 0^+} \dfrac{\ln \tan 7x}{\ln \tan 2x}$.

解　$\lim\limits_{x \to 0^+} \dfrac{\ln \tan 7x}{\ln \tan 2x} = \lim\limits_{x \to 0^+} \dfrac{\dfrac{1}{\tan 7x} \cdot \dfrac{7}{\cos^2 7x}}{\dfrac{1}{\tan 2x} \cdot \dfrac{2}{\cos^2 2x}} = \underline{\hspace{3cm}} = \dfrac{7}{2} \lim\limits_{x \to 0^+} \dfrac{2x}{7x}$

$= 1$.

特别提示：由于本节定理给出的是求未定式极限的一种方法，所以当定理条件满足时，所求的极限当然存在（或为 ∞），但当定理条件不满足时，所求极限却不一定不存在. 例如

$$\lim_{x \to \infty} \frac{x + \sin x}{x} = \lim_{x \to \infty} \left(1 + \frac{\sin x}{x} \right) = 1.$$

但

$$\lim_{x \to \infty} \frac{(x + \sin x)'}{x'} = \lim_{x \to \infty} \frac{1 + \cos x}{1}$$

不存在.

此例说明当 $\lim \dfrac{f'(x)}{g'(x)}$ 不存在时（等于无穷大的情况除外），$\lim \dfrac{f(x)}{g(x)}$ 却可能存在.

3.2.3　其他未定式

对于函数的其他一些未定式，如 $0 \cdot \infty$，$\infty - \infty$，0^0，1^∞ 和 ∞^0 型，也可通过 $\dfrac{0}{0}$ 型或 $\dfrac{\infty}{\infty}$ 型的未定式来计算.

例 7　求 $\lim\limits_{x \to 0^+} x^a \ln x \,(a > 0)$.

解　这是 $0 \cdot \infty$ 型未定式，因为

$$x^a \ln x = \frac{\ln x}{\dfrac{1}{x^a}},$$

当 $x \to 0^+$ 时，上式右端是 $\dfrac{\infty}{\infty}$ 型未定式，应用洛必达法则，得

$$\lim_{x \to 0^+} x^a \ln x = \underline{\hspace{3cm}} = \lim_{x \to 0^+} \frac{\dfrac{1}{x}}{-ax^{-a-1}} = \lim_{x \to 0^+} \left(\frac{-x^a}{a} \right) = 0.$$

例 8　求 $\lim\limits_{x \to \frac{\pi}{2}} (\sec x - \tan x)$.

解　这是 $\infty - \infty$ 型未定式，由于

$$\sec x - \tan x = \frac{1 - \sin x}{\cos x},$$

当 $x \to \dfrac{\pi}{2}$ 时，上式右端是 $\dfrac{0}{0}$ 型未定式，应用洛必达法则，得

$$\lim_{x \to \frac{\pi}{2}}(\sec x - \tan x) = \lim_{x \to \frac{\pi}{2}}\frac{1 - \sin x}{\cos x} = \underline{\qquad} = 0.$$

例9 求 $\lim\limits_{x \to 0^+} x^{\sin x}$.

解 这是 0^0 型未定式，设 $y = x^{\sin x}$，取对数得

$$\ln y = \sin x \ln x = \frac{\ln x}{\csc x},$$

当 $x \to 0^+$ 时，上式右端是 $\frac{\infty}{\infty}$ 型未定式，因此

$$\lim_{x \to 0^+}\ln y = \lim_{x \to 0^+}\frac{\ln x}{\csc x} = \lim_{x \to 0^+}\frac{\frac{1}{x}}{-\csc x \cot x} = -\lim_{x \to 0^+}\frac{\sin x}{x} \cdot \tan x$$

$$= -\lim_{x \to 0^+}\frac{\sin x}{x} \cdot \lim_{x \to 0^+}\tan x = 0.$$

因为 $y = e^{\ln y}$，而

$$\lim_{x \to 0^+}y = \lim_{x \to 0^+}e^{\ln y} = e^{\lim\limits_{x \to 0^+}\ln y},$$

所以

$$\lim_{x \to 0^+}x^{\sin x} = \lim_{x \to 0^+}y = e^0 = 1.$$

尽管洛必达法则是求未定式极限的一种有效方法，但仍然应与其他求极限的方法结合使用，能化简时应尽量化简，可以应用等价无穷小替换或重要极限时，应尽可能应用。

习题 3.2

1. 用洛必达法则求下列极限：

(1) $\lim\limits_{x \to \pi}\dfrac{\sin 3x}{\tan 7x}$；

(2) $\lim\limits_{x \to 0}\dfrac{\ln(1 + x)}{x}$；

(3) $\lim\limits_{x \to 0}\dfrac{e^x - e^{-x}}{\sin x}$；

(4) $\lim\limits_{x \to \frac{\pi}{2}}\dfrac{\ln \sin x}{(\pi - 2x)^2}$；

(5) $\lim\limits_{x \to a}\dfrac{\sin x - \sin a}{x - a}$；

(6) $\lim\limits_{x \to 0^+}\dfrac{\ln x}{\cot x}$；

(7) $\lim\limits_{x \to a}\dfrac{x^m - a^m}{x^n - a^n}$；

(8) $\lim\limits_{x \to 0^+}\sin x \ln x$；

(9) $\lim\limits_{x \to +\infty}\dfrac{\ln\left(1 + \dfrac{1}{x}\right)}{\text{arccot} x}$；

(10) $\lim\limits_{x \to 0}x \cot 2x$；

(11) $\lim\limits_{x \to 0}\left(\dfrac{e^x}{x} - \dfrac{1}{e^x - 1}\right)$；

(12) $\lim\limits_{x \to 1}\left(\dfrac{2}{x^2 - 1} - \dfrac{1}{x - 1}\right)$；

(13) $\lim\limits_{x \to 0}x^2 e^{x^{-2}}$；

(14) $\lim\limits_{x \to \infty}\left(1 + \dfrac{a}{x}\right)^x$；

(15) $\lim\limits_{x \to 0^+}x^x$；

(16) $\lim\limits_{x \to 0^+}\left(\dfrac{1}{x}\right)^{\tan x}$.

2. 验证极限 $\lim\limits_{x \to \infty}\dfrac{x + \cos x}{2x}$ 存在，但不能用洛必达法则得出。

3. 验证极限 $\lim\limits_{x \to 0} \dfrac{x^2 \sin \dfrac{1}{x}}{\sin x}$ 存在，但不能用洛必达法则得出.

3.3　泰勒公式

在上一章中我们知道可微函数 $f(x)$ 在 $U(x_0)$ 内可表示为
$$f(x) = f(x_0) + f'(x_0)(x - x_0) + o(x - x_0),$$
故有
$$f(x) \approx f(x_0) + f'(x_0)(x - x_0).$$

对于一些较复杂的函数，为了便于研究，往往希望能像上式一样用一些简单的多项式函数来近似表达，即用多项式函数去逼近一般函数. 但是上式中的近似表达式还存在着精确度不高以及不能具体估算出误差大小的不足之处. 对于精确度要求较高且需要估计误差的时候，就必须用高次多项式来近似表达函数，同时给出误差公式.

设函数 $f(x)$ 在含有 x_0 的开区间内具有直到 $(n+1)$ 阶的导数，下面试着找出一个关于 $(x - x_0)$ 的 n 次多项式
$$p_n(x) = a_0 + a_1(x - x_0) + a_2(x - x_0)^2 + \cdots + a_n(x - x_0)^n \quad (3\text{-}4)$$
来近似表达 $f(x)$，同时要求 $f(x)$ 与 $p_n(x)$ 之差是比 $(x - x_0)^n$ 高阶的无穷小，并给出误差 $|f(x) - p_n(x)|$ 的具体表达式.

假设 $p_n(x)$ 在 x_0 处的函数值及它的直到 n 阶导数在 x_0 处的值依次与 $f(x_0)$，$f'(x_0)$，$\cdots$，$f^{(n)}(x_0)$ 相等，即满足：
$$p_n(x_0) = f(x_0),\ p_n'(x_0) = f'(x_0),$$
$$p_n''(x_0) = f''(x_0),\ \cdots,\ p_n^{(n)}(x_0) = f^{(n)}(x_0).$$
对式(3-4)求各阶导数，然后分别代入上式，得
$$a_0 = f(x_0),\ 1 \cdot a_1 = f'(x_0),\ 2!\, a_2 = f''(x_0),\ \cdots,\ n!\, a_n = f^{(n)}(x_0),$$
即
$$a_0 = f(x_0),\ a_1 = f'(x_0),\ a_2 = \frac{1}{2!}f''(x_0),\ \cdots,\ a_n = \frac{1}{n!}f^{(n)}(x_0).$$
故
$$p_n(x) = f(x_0) + f'(x_0)(x - x_0) + \frac{f''(x_0)}{2!}(x - x_0)^2$$
$$+ \cdots + \frac{f^{(n)}(x_0)}{n!}(x - x_0)^n. \quad (3\text{-}5)$$
设
$$R_n(x) = f(x) - p_n(x),$$
由于要求 $f(x)$ 与 $p_n(x)$ 之差是比 $(x - x_0)^n$ 高阶的无穷小，因此考虑函数 $R_n(x)$ 与 $(x - x_0)^{n+1}$ 的关系.

由假设可知，$R_n(x)$ 在含有 x_0 的开区间内具有直到 $(n+1)$ 阶的

导数, 且

$$R_n(x_0) = R_n'(x_0) = R_n''(x_0) = \cdots = R_n^{(n)}(x_0) = 0.$$

显然, $R_n(x)$ 与 $(x-x_0)^{n+1}$ 这两个函数满足柯西中值定理的条件, 对这两个函数在以 x_0 及 x 为端点的区间上应用柯西中值定理, 得

$$\frac{R_n(x)}{(x-x_0)^{n+1}} = \frac{R_n(x) - R_n(x_0)}{(x-x_0)^{n+1} - 0} = \frac{R_n'(\xi_1)}{(n+1)(\xi_1-x_0)^n}.$$

$$(\xi_1 \text{ 在 } x_0 \text{ 与 } x \text{ 之间})$$

再对函数 $R_n'(x)$ 与 $(n+1)(x-x_0)^n$ 在以 x_0 及 ξ_1 为端点的区间上应用柯西中值定理, 得

$$\frac{R_n'(\xi_1)}{(n+1)(\xi_1-x_0)^n} = \frac{R_n'(\xi_1) - R_n'(x_0)}{(n+1)(\xi_1-x_0)^n - 0}$$

$$= \frac{R_n''(\xi_2)}{n(n+1)(\xi_2-x_0)^{n-1}}(\xi_2 \text{ 在 } x_0 \text{ 与 } \xi_1 \text{ 之间}).$$

依此方法继续, 经过 $(n+1)$ 次后, 得

$$\frac{R_n(x)}{(x-x_0)^{n+1}} = \frac{R_n^{(n+1)}(\xi)}{(n+1)!}$$

$$(\xi \text{ 在 } x_0 \text{ 与 } \xi_n \text{ 之间, 因此也在 } x_0 \text{ 与 } x \text{ 之间}).$$

由于 $R_n^{(n+1)}(x) = f^{(n+1)}(x) - p_n^{(n+1)}(x) = f^{(n+1)}(x)$, 因而

$$R_n(x) = \frac{f^{(n+1)}(\xi)}{(n+1)!}(x-x_0)^{n+1}(\xi \text{ 在 } x_0 \text{ 与 } x \text{ 之间}).$$

这就是用多项式 $p_n(x)$ 代替 $f(x)$ 所产生的误差估计公式. 它表明, 确实可用式(3-5)来逼近 $f(x)$, 因而有下面的定理;

定理3.6 (泰勒(Taylor)[一]中值定理) 如果函数 $f(x)$ 在含有 x_0 的某个开区间 (a,b) 内具有直到 $(n+1)$ 阶的导数, 则对任一 $x \in (a,b)$, 有

$$f(x) = f(x_0) + f'(x_0)(x-x_0) + \frac{f''(x_0)}{2!}(x-x_0)^2 + \cdots +$$

$$\frac{f^{(n)}(x_0)}{n!}(x-x_0)^n + R_n(x), \tag{3-6}$$

其中

$$R_n(x) = \frac{f^{(n+1)}(\xi)}{(n+1)!}(x-x_0)^{n+1}. \tag{3-7}$$

这里 ξ 是 x_0 与 x 之间的某个值.

多项式 $p_n(x)$ 的表达式(3-4)称为函数 $f(x)$ 按 $(x-x_0)$ 的幂展开的

一 泰勒(1685—1731)是英国数学家, 于1701年进入剑桥大学圣约翰学院学习, 于1715年出版了《增量法及其逆》. 这本书中载有现在微积分教程中以他的名字命名的一元函数的幂级数展开式. 泰勒级数的重要性最初并未引起人们的注意, 直到1755年欧拉把泰勒级数用于他的微分学时才认识到其价值; 稍后, 拉格朗日用带余项的级数作为其函数理论的基础, 从而进一步确认了泰勒级数的重要地位. ——编者注

n 次近似多项式. 公式(3-6)称为 $f(x)$ 按 $(x-x_0)$ 的幂展开的带有拉格朗日型余项的 n 阶泰勒公式, 而 $R_n(x)$ 的表达式(3-7)称为拉格朗日型余项.

当 $n=0$ 时, 泰勒公式变成拉格朗日中值公式

$$f(x) = f(x_0) + f'(\xi)(x-x_0) \quad (\xi \text{ 在 } x_0 \text{ 与 } x \text{ 之间}).$$

因此, 泰勒中值定理是拉格朗日中值定理的推广.

由于当 $x \to x_0$ 时, 余项 $R_n(x)$ 是比 $(x-x_0)^n$ 高阶的无穷小, 即

$$R_n(x) = o[(x-x_0)^n]. \tag{3-8}$$

当不需要余项的精确表达式时, n 阶泰勒公式也可写成

$$f(x) = f(x_0) + f'(x_0)(x-x_0) + \cdots + \frac{f^{(n)}(x_0)}{n!}(x-x_0)^n + o[(x-x_0)^n]. \tag{3-9}$$

$R_n(x)$ 的表达式(3-8)称为皮亚诺(Peano)型余项, 公式(3-9)称为 $f(x)$ 按 $(x-x_0)$ 的幂展开的带有皮亚诺型余项的 n 阶泰勒公式.

运用泰勒多项式近似表示函数 $f(x)$ 时的误差可由余项进行估计. 如果对于任一 $x \in U(x_0)$, $|f^{(n+1)}(x)| \leq M$, 则有误差估计式

$$|R_n(x)| = |f(x) - p_n(x)| = \left| \frac{f^{(n-1)}(\xi)}{(n+1)!}(x-x_0)^{n+1} \right|$$

$$\leq \frac{M}{(n+1)!} |x-x_0|^{n+1}.$$

特别地, 当泰勒公式中的 $x_0 = 0$ 时, 则 ξ 在 0 与 x 之间. 因此可令 $\xi = \theta x (0 < \theta < 1)$, 从而泰勒公式变成比较简单的形式, 称为麦克劳林(Maclaurin)公式:

$$f(x) = f(0) + f'(0)x + \frac{f''(0)}{2!}x^2 + \cdots + \frac{f^{(n)}(0)}{n!}x^n +$$

$$\frac{f^{(n+1)}(\theta x)}{(n+1)!}x^{n+1} \quad (0 < \theta < 1).$$

例 1 求 $f(x) = e^x$ 的带有拉格朗日型余项的 n 阶麦克劳林公式.

解 由于

$$f'(x) = f''(x) = \cdots = f^{(n)}(x) = e^x,$$

故

$$f(0) = f'(0) = f''(0) = \cdots = f^{(n)}(0) = 1.$$

注意到 $f^{(n+1)}(\theta x) = e^{\theta x}$, 便得

$$e^x = 1 + x + \frac{x^2}{2!} + \cdots + \frac{x^n}{n!} + \frac{e^{\theta x}}{(n+1)!}x^{n+1} \quad (0 < \theta < 1).$$

如果把 e^x 用它的 n 次近似多项式表达为

$$e^x \approx 1 + x + \frac{x^2}{2!} + \cdots + \frac{x^n}{n!},$$

这时所产生的误差为

$$|R_n(x)| = \left| \frac{e^{\theta x}}{(n+1)!}x^{n+1} \right| < \frac{e^{|x|}}{(n+1)!}|x|^{n+1} \quad (0 < \theta < 1).$$

若取 $x=1$，则得无理数 e 的近似式为

$$e \approx 1 + 1 + \frac{1}{2!} + \cdots + \frac{1}{n!}.$$

例2 求 $f(x) = \sin x$ 的 n 阶麦克劳林公式.

解 由于

$$f^{(n)}(x) = \sin\left(x + n \cdot \frac{\pi}{2}\right),$$

故

$$f^{(n)}(0) = \begin{cases} 0, & n = 2k, \\ (-1)^k, & n = 2k+1, \end{cases} \quad (k = 0, 1, 2, \cdots).$$

取 $n = 2m$，得

$$\sin x = x - \frac{x^3}{3!} + \frac{x^5}{5!} - \cdots + (-1)^{m-1}\frac{x^{2m-1}}{(2m-1)!} + o(x^{2m}).$$

其拉格朗日型余项为

$$R_{2m}(x) = \frac{\sin\left[\theta x + (2m+1)\frac{\pi}{2}\right]}{(2m+1)!}x^{2m+1}$$

$$= (-1)^m \frac{\cos\theta x}{(2m+1)!}x^{2m+1} \quad (0 < \theta < 1).$$

如果取 $m = 1$，则得近似公式

$$\sin x \approx x.$$

类似地，还可以得到

$$\cos x = 1 - \frac{x^2}{2!} + \frac{x^4}{4!} - \cdots + (-1)^m\frac{x^{2m}}{(2m)!} + o(x^{2m+1}).$$

其拉格朗日型余项为

$$R_{2m+1}(x) = (-1)^{m+1}\frac{\cos\theta x}{(2m+2)!}x^{2m+2} \quad (0 < \theta < 1).$$

例3 利用泰勒公式求极限 $\lim\limits_{x\to 0}\dfrac{\sin x - x\cos x}{x^3}$.

解 根据泰勒公式有

$$\sin x = x - \frac{x^3}{3!} + o(x^3), \quad x\cos x = x - \frac{x^3}{2!} + o(x^3).$$

于是

$$\sin x - x\cos x = x - \frac{x^3}{3!} + o(x^3) - x + \frac{x^3}{2!} - o(x^3) = \frac{1}{3}x^3 + o(x^3),$$

故

$$\lim_{x\to 0}\frac{\sin x - x\cos x}{x^3} = \lim_{x\to 0}\frac{\frac{1}{3}x^3 + o(x^3)}{x^3} = \frac{1}{3}.$$

注意：对上式作运算时，把两个比 x^3 高阶的无穷小的代数和仍记作 $o(x^3)$.

习题 3.3

1. 应用麦克劳林公式，按 x 的幂展开函数 $f(x) = (x^2 - 3x + 1)^3$.

2. 求下列函数在 $x = x_0$ 处的三阶泰勒展开式：

(1) $y = \sqrt{x}$ $(x_0 = 4)$；　　　　　(2) $y = (x - 1)\ln x$ $(x_0 = 1)$.

3. 求下列函数的 n 阶麦克劳林公式：

(1) $f(x) = xe^x$；　　　　　(2) $f(x) = \dfrac{e^x + e^{-x}}{2}$.

4. 应用三阶泰勒公式求下列各数的近似值，并估计误差：

(1) $\sqrt[3]{30}$；　　　　　(2) $\sin 18°$.

5. 利用泰勒公式求下列极限：

(1) $\lim\limits_{x \to 0} \dfrac{x - \sin x}{x^3}$；　　　　　(2) $\lim\limits_{x \to 0} \dfrac{e^{\tan x} - 1}{x}$.

3.4　函数的单调性与极值

3.4.1　函数单调性的判别法

　　函数的单调增加或单调减少，在几何上表现为函数图形沿 x 轴的正向上升或下降．如果函数 $y = f(x)$ 在 $[a, b]$ 上单调增加（单调减少），那么它的图形是一条沿 x 轴正向上升（下降）的曲线．若曲线是光滑的，则曲线上各点处的切线斜率是非负的（是非正的），如图 3-4 所示，即 $y' = f'(x) \geq 0$ $(y' = f'(x) \leq 0)$．由此可见，函数的单调性与导数的符号有着密切的联系.

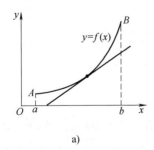 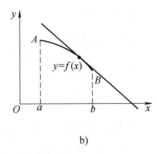

a)　　　　　　　　　　b)

图　3-4

a) 函数图形上升时切线斜率非负　b) 函数图形下降时切线斜率非正

　　因此，我们会想到能否用导数的符号来判定函数的单调性呢？关于这个问题，有如下定理：

　　定理 3.7　设函数 $y = f(x)$ 在 $[a, b]$ 上连续，在 (a, b) 内可导.

　　(1) 如果任取 $x \in (a, b)$，有 $f'(x) > 0$，那么函数 $y = f(x)$ 在 $[a, b]$ 上单调增加；

(2) 如果任取 $x \in (a,b)$，有 $f'(x) < 0$，那么函数 $y = f(x)$ 在 $[a,b]$ 上单调减少.

证 任取 x_1，$x_2 \in [a,b]$，不妨设 $x_1 < x_2$，则 $f(x)$ 在 $[x_1,x_2]$ 上连续，在 (x_1,x_2) 内可导，应用拉格朗日中值定理，得到

$$f(x_2) - f(x_1) = f'(\xi)(x_2 - x_1) \quad (x_1 < \xi < x_2).$$

由于 $x_2 - x_1 > 0$，因此，如果在 (a,b) 内 $f'(x) > 0$，那么也有 $f'(\xi) > 0$，于是

$$f(x_2) - f(x_1) = f'(\xi)(x_2 - x_1) > 0,$$

即

$$f(x_1) < f(x_2).$$

所以函数 $y = f(x)$ 在 $[a,b]$ 上单调增加.

同理，如果在 (a,b) 内 $f'(x) < 0$，那么也有 $f'(\xi) < 0$，于是 $f(x_2) - f(x_1) < 0$，即 $f(x_1) > f(x_2)$，所以函数 $y = f(x)$ 在 $[a,b]$ 上单调减少.

例1 判定函数 $y = x + \cos x$ 在 $[0,2\pi]$ 上的单调性.

解 因为在 $[0,2\pi]$ 上连续，在 $(0,2\pi)$ 内

$$y' = 1 - \sin x > 0,$$

所以由定理3.7可知，函数 $y = x + \cos x$ 在 $[0,2\pi]$ 上单调增加.

例2 讨论函数 $y = e^{-x^2}$ 的单调性.

解 函数 $y = e^{-x^2}$ 的定义域为 $(-\infty, +\infty)$.

$$y' = -2x e^{-x^2}.$$

因为当 $x \in (-\infty, 0)$ 时，$y'(x) > 0$；当 $x \in (0, +\infty)$ 时，$y'(x) < 0$，所以函数 $y = e^{-x^2}$ 在 $(-\infty, 0]$ 内单调增加，在 $[0, +\infty)$ 内单调减少，如图3-5所示.

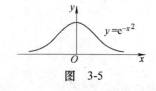

图 3-5

例3 讨论函数 $y = \sqrt[3]{x^2}$ 的单调性.

解 函数 $y = \sqrt[3]{x^2}$ 在定义域 $(-\infty, +\infty)$ 内连续，在 $(-\infty, 0) \cup (0, +\infty)$ 内可导. 当 $x \neq 0$ 时，函数的导数为

$$y' = \frac{2}{3\sqrt[3]{x}},$$

当 $x = 0$ 时，函数的导数不存在. 在 $(-\infty, 0)$ 内，$y' < 0$，因此函数 $y = \sqrt[3]{x^2}$ 在 $(-\infty, 0]$ 内单调减少. 在 $(0, +\infty)$ 内，$y' > 0$，因此函数 $y = \sqrt[3]{x^2}$ 在 $[0, +\infty)$ 内单调增加. 函数的图形如图3-6所示.

从例2中看出，有些函数在它的定义区间上不是单调的，但是当用导数等于零的点来划分函数的定义区间以后，就可以使函数在各个部分区间上单调. 从例3中可以看出，划分函数单调性区间的分点，还应包括函数导数不存在的点，综上所述，有如下结论：

如果函数在定义区间上连续，且除去有限个点外导数存在，那么只要用方程 $f'(x) = 0$ 的根及 $f'(x)$ 不存在的点来划分函数 $f(x)$ 的定

义区间，就能保证 $f'(x)$ 在各个部分区间内保持固定符号，即函数 $f(x)$ 在每个部分区间上单调.

例 4　确定函数 $f(x) = 2x^3 - 6x^2 - 18x - 7$ 的单调区间.

解　函数 $f(x)$ 的定义域为 $(-\infty, +\infty)$，且 $f(x)$ 在其定义域内连续.

$$f'(x) = 6x^2 - 12x - 18 = 6(x-3)(x+1).$$

解方程
$$f'(x) = 6(x-3)(x+1) = 0,$$
得两个根
$$x_1 = 3, \ x_2 = -1.$$

这两个根把 $(-\infty, +\infty)$ 分成三个部分区间 $(-\infty, -1)$，$(-1,3)$ 及 $(3, +\infty)$.

在区间 $(-\infty, -1)$ 内，$x - 3 < 0$，$x + 1 < 0$，所以 $f'(x)$ ＿＿＿＿＿＿，因此，函数 $f(x)$ 在 $(-\infty, -1]$ 内单调增加；在区间 $(-1,3)$ 内，$x - 3 < 0$，$x + 1 > 0$，所以 $f'(x)$ ＿＿＿＿＿＿，因此，函数 $f(x)$ 在 $[-1,3]$ 内单调减少；在区间 $(3, +\infty)$ 内，$x - 3 > 0$，$x + 1 > 0$，所以 $f'(x)$ ＿＿＿＿＿＿，因此，函数 $f(x)$ 在 $[3, +\infty)$ 内单调增加.

例 5　证明：当 $x > 0$ 时，有
$$x > \ln(1 + x).$$

证　令 $f(x) = x - \ln(1 + x)$，则
$$f'(x) = \frac{x}{1+x}.$$

$f(x)$ 在 $[0, +\infty)$ 内连续，在 $(0, +\infty)$ 内，$f'(x) > 0$，因此，在 $[0, +\infty)$ 内，$f(x)$ 单调增加，故对于 $x > 0$，有 $f(x) > f(0) = 0$. 因此，当 $x > 0$ 时，
$$x > \ln(1 + x).$$

3.4.2　函数的极值

在例 4 中看到，点 $x = -1$ 及 $x = 3$ 是函数
$$f(x) = 2x^3 - 6x^2 - 18x - 7$$
的单调区间的分界点.

在点 $x = -1$ 的左邻域，函数 $f(x)$ 是单调增加的，在点 $x = -1$ 的右邻域，函数 $f(x)$ 是单调减少的. 从而存在着点 $x = -1$ 的某去心邻域
$$\overset{\circ}{U}(-1, \delta) = \{x \mid 0 < |x + 1| < \delta\},$$
对于这个去心邻域内的任何点 x，$f(x) < f(-1)$ 均成立.

类似地，关于点 $x = 3$，也存在着某去心邻域
$$\overset{\circ}{U}(3, \delta) = \{x \mid 0 < |x - 3| < \delta\},$$

对于这个去心邻域内的任何点 x，$f(x) > f(3)$ 均成立.

具有这种性质的点如 $x = -1$ 及 $x = 3$ 在应用上有着特别的意义.

定义 3.1 设函数 $f(x)$ 在点 x_0 的某邻域 $U(x_0)$ 内有定义，如果对于去心邻域 $\overset{\circ}{U}(x_0)$ 内的任一点 x，有
$$f(x) < f(x_0) \quad (\text{或} f(x) > f(x_0)),$$
那么就称 $f(x_0)$ 是函数 $f(x)$ 的一个极大值（极小值），点 x_0 称为极大（极小）值点. 函数的极大值与极小值统称为函数的极值，使函数取得极值的点称为极值点.

由定义可知，函数的极大值和极小值是局部性概念，是在一点的邻域内比较函数值的大小而产生的，因此，对于一个定义在 (a, b) 内的函数，极值往往有多个，且在某一点取得的极大值可能会比在另一点取得的极小值还要小，如图 3-7 所示，从图中还可看到，在函数取得极值处，曲线的切线（如果切线存在）是水平的，对于这一事实有如下定理：

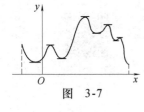

图 3-7

定理 3.8 （费马（Fermat）定理） 设函数 $f(x)$ 在点 x_0 的某邻域 $U(x_0)$ 内有定义，并且在 x_0 处可导，如果函数 $f(x)$ 在点 x_0 处取极值，那么 $f'(x_0) = 0$.

证 不妨设 $f(x_0)$ 为极大值，由定义可知，$\exists \overset{\circ}{U}(x_0)$，对 $\forall x \in \overset{\circ}{U}(x_0)$，当 $x < x_0$ 时，有
$$\frac{f(x) - f(x_0)}{x - x_0} > 0,$$
当 $x > x_0$ 时，有
$$\frac{f(x) - f(x_0)}{x - x_0} < 0.$$
函数 $f(x)$ 在点 x_0 处可导，故
$$f'_-(x_0) = \lim_{x \to x_0^-} \frac{f(x) - f(x_0)}{x - x_0} \geq 0,$$
$$f'_+(x_0) = \lim_{x \to x_0^+} \frac{f(x) - f(x_0)}{x - x_0} \leq 0,$$
所以
$$f'(x_0) = 0.$$

通常称导数等于零的点为函数的驻点. 定理 3.8 给出了可导函数取得极值的必要条件. 这就是说，可导函数 $f(x)$ 的极值点必定是它的驻点. 但此条件并不充分，即函数的驻点却不一定是极值点.

例如，$f(x) = x^3$ 的导数 $f'(x) = 3x^2$，且 $f'(0) = 0$，因此 $x = 0$ 是函数 $f(x)$ 的驻点，但 $x = 0$ 却不是函数 $f(x) = x^3$ 的极值点. 所以，函数的驻点只是可能的极值点. 此外，连续函数在其导数不存在的点处

也可能取得极值. 例如，函数 $f(x) = |x|$ 在点 $x=0$ 处不可导，但函数在该点取得极小值.

对于连续函数来说，究竟如何确认其在驻点及导数不存在的点处是否取得极值呢？如果取得极值，究竟是取得极大值还是极小值？下面的定理给出了答案.

定理3.9　设 $f(x)$ 在 x_0 处连续，且在 $\mathring{U}(x_0)$ 内可导.

（1）若 $x \in \mathring{U}(x_0^-)$ 时，$f'(x) > 0$，而 $x \in \mathring{U}(x_0^+)$ 时，$f'(x) < 0$，则 $f(x)$ 在 x_0 处取得极大值；

（2）若 $x \in \mathring{U}(x_0^-)$ 时，$f'(x) < 0$，而 $x \in \mathring{U}(x_0^+)$ 时，$f'(x) > 0$，则 $f(x)$ 在 x_0 处取得极小值；

（3）若 $x \in \mathring{U}(x_0)$ 时，$f'(x)$ 的符号保持不变，则 $f(x)$ 在 x_0 处不取得极值.

证　就情形（1）而言，根据拉格朗日中值定理可知，$\forall x \in \mathring{U}(x_0^-)$，有

$$f(x) - f(x_0) = f'(\xi_1)(x - x_0), \quad x < \xi_1 < x_0.$$

由于 $f'(x) > 0$，故 $f'(\xi_1) > 0$，又 $x - x_0 < 0$，因此

$$f(x) < f(x_0).$$

同理，$\forall x \in \mathring{U}(x_0^+)$，有

$$f(x) - f(x_0) = f'(\xi_2)(x - x_0), \quad x_0 < \xi_2 < x.$$

由 $f'(x) < 0$，得 $f'(\xi_2) < 0$，又 $x - x_0 > 0$，故

$$f(x) < f(x_0).$$

从而 $f(x)$ 在点 x_0 处取得极大值.

类似地可以证明情形（2）及情形（3）.

例 6　求函数 $f(x) = 2x^3 - 6x^2 - 18x + 7$ 的极值.

解　（1）求出导数 $f'(x)$. $f(x)$ 在 $(-\infty, +\infty)$ 内连续，且
$$f'(x) = 6x^2 - 12x - 18 = 6(x+1)(x-3).$$

（2）求出函数 $f(x)$ 的全部驻点与不可导点.

令 $f'(x) = 0$，得驻点 _____，_____. 函数 $f(x)$ 没有不可导点.

（3）考察 $f'(x)$ 的符号在每个驻点或不可导点的左、右邻域的情形，以确定该点是否为极值点；若是极值点，进一步明确是极大值点还是极小值点.

在 $(-\infty, -1)$ 内，$f'(x) > 0$；在 $(-1, 3)$ 内，_____；在 $(3, +\infty)$ 内，_____. 故驻点 $x = -1$ 是一个极大值点，而驻点 $x = 3$ 是一个极小值点.

（4）求出各极值点的函数值，就得到函数 $f(x)$ 的全部极值.

极大值为 $f(-1)=17$，极小值为 $f(3)=-47$.

例 7 求函数 $f(x)=x^{\frac{2}{3}}$ 的极值.

解 $f(x)$ 在 $(-\infty,+\infty)$ 内连续，且

$$f'(x)=\frac{2}{3\sqrt[3]{x}}(x\neq0).$$

故 $x=0$ 是函数 $f(x)$ 的不可导点.

在 $(-\infty,0)$ 内，$f'(x)<0$；在 $(0,+\infty)$ 内，$f'(x)>0$，故不可导点 $x=0$ 是一个极小值点，极小值为 $f(0)=0$.

除了上述确定极值的方法外，是否还有其他方法？回答是肯定的.

当函数 $f(x)$ 在驻点处的二阶导数存在且不为零时，可以用下述定理来判定 $f(x)$ 在驻点处是取得极大值还是极小值.

定理 3.10 设函数 $f(x)$ 在 $U(x_0)$ 内具有二阶导数且 $f'(x_0)=0$，$f''(x_0)\neq0$，则

(1) 当 $f''(x_0)<0$ 时，$f(x)$ 在 x_0 处取极大值；

(2) 当 $f''(x_0)>0$ 时，$f(x)$ 在 x_0 处取极小值.

证 就情形(1)而言，由于 $f''(x_0)<0$，根据二阶导数的定义有

$$f''(x_0)=\lim_{x\to x_0}\frac{f'(x)-f'(x_0)}{x-x_0}<0,$$

由于函数极限具有局部保号性，故存在 x_0 的去心邻域 $\mathring{U}(x_0)$，当 $x\in\mathring{U}(x_0)$ 时，有

$$\frac{f'(x)-f'(x_0)}{x-x_0}<0.$$

因为 $f'(x_0)=0$，所以

$$\frac{f'(x)}{x-x_0}<0.$$

因此，当 $x\in\mathring{U}(x_0^-)$ 时，$f'(x)>0$；当 $x\in\mathring{U}(x_0^+)$ 时，$f'(x)<0$. 根据定理 3.9 知，$f(x)$ 在点 x_0 处取得极大值.

类似地可以证明情形(2).

如果函数 $f(x)$ 在 x_0 处满足 $f'(x_0)=0$ 且 $f''(x_0)=0$，那么 $f(x)$ 在 x_0 处可能有极大值，也可能有极小值，也可能没有极值. 例如，$f(x)=-x^4$，$f(x)=x^4$，$f(x)=x^3$ 这三个函数在 $x=0$ 处就分别属于这三种情况。因此，对于在驻点处二阶导数为零的函数，则必须用一阶导数在驻点左右邻近的符号来判断.

例 8 求 $f(x)=x^3-3x$ 的极值.

解 $f'(x)=\underline{\hspace{3cm}}=3(x+1)(x-1)$.

令 $f'(x)=0$，得驻点 $x_1=-1$，$x_2=1$.

又

$$f''(x) = \underline{\hspace{3cm}}.$$

因 $f''(-1) = \underline{\hspace{2cm}} < 0$，故 $f(x)$ 在 $x = -1$ 处取得极大值，极大值为 $f(-1) = 2$；

因 $f''(1) = \underline{\hspace{2cm}} > 0$，故 $f(x)$ 在 $x = 1$ 处取得极小值，极小值为 $f(1) = -2$.

3.4.3 函数的最值问题

在工农业生产、工程技术、经济管理的实践过程中，经常会遇到诸如在一定条件下怎样使"产量最高""用料最省""成本最低""效益最大"等一系列"最优化问题". 这类问题在数学上有时可归结为求某个函数（通常称为目标函数）的最值（最大值或最小值统称为最值）或是最值点（称为最优解）问题.

若函数 $f(x)$ 在闭区间 $[a,b]$ 上连续，在开区间 (a,b) 内至多存在有限个驻点或导数不存在的点，由闭区间上连续函数的性质可知 $f(x)$ 在 $[a,b]$ 上必取得最大值和最小值. 如果最大值（或最小值）在开区间 (a,b) 内取得，则它一定也是 $f(x)$ 在 (a,b) 内的极大值（或极小值），而 $f(x)$ 的极值点只能是驻点或导数不存在的点. 此外，函数 $f(x)$ 的最大值和最小值也可能在区间的端点 $x = a$ 或 $x = b$ 处取得. 因此，$f(x)$ 在 $[a,b]$ 上的最值可以用如下方法求得：

（1）求出 $f(x)$ 在 (a,b) 内的所有驻点及不可导点 x_1，x_2，$\cdots$，x_n；

（2）计算 $f(x_i)(i=1,2,\cdots,n)$ 及 $f(a)$，$f(b)$；

（3）比较 $f(a)$，$f(b)$ 及 $f(x_i)(i=1,2,\cdots,n)$ 的大小，其中最大的便是 $f(x)$ 在 $[a,b]$ 上的最大值，最小的便是 $f(x)$ 在 $[a,b]$ 上的最小值.

例 9 求函数 $f(x) = 2x^3 - 6x^2 - 18x - 7$ 在 $[1,4]$ 上的最大值与最小值.

解 由 $f'(x) = 6x^2 - 12x - 18 = 0$ 得驻点 $x_1 = -1$，$x_2 = 3$ $(\underline{\hspace{2cm}} \notin [1,4]$ 舍去$)$.

由于 $f(1) = \underline{\hspace{2cm}}$，$f(3) = \underline{\hspace{2cm}}$，$f(4) = \underline{\hspace{2cm}}$，比较可得 $f(x)$ 在 $x = 1$ 处取得它在 $[1,4]$ 上的最大值 -29，在 $x = 3$ 处取得它在 $[1,4]$ 上的最小值 -61.

例 10 某房屋内的窗子被设计成矩形加半圆，如图 3-8 所示. 透光面积为 $3\,\text{m}^2$，问底宽 x 为多少时才能使建造时所用的材料最省？

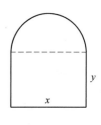

图 3-8

解 设窗子周长为 s，则

$$s = x + 2y + \frac{\pi x}{2}.$$

由于 $xy + \frac{1}{2}\pi\left(\frac{x}{2}\right)^2 = 3$，所以

$$y = \frac{3}{x} - \frac{\pi}{8}x,$$

故 s 可表示为 x 的函数, 即

$$s(x) = \left(1 + \frac{\pi}{4}\right)x + \frac{6}{x}, \quad x \in \left(0, \sqrt{\frac{24}{\pi}}\right).$$

$$s'(x) = 1 + \frac{\pi}{4} - \frac{6}{x^2} = \frac{\left(1 + \frac{\pi}{4}\right)\left(x^2 - \frac{24}{4 + \pi}\right)}{x^2}.$$

令 $s'(x) = 0$, 得 $s(x)$ 在 $\left(0, \sqrt{\frac{24}{\pi}}\right)$ 内的唯一驻点 $x_0 = \sqrt{\frac{24}{4 + \pi}}$. 由于

$s''(x) = \frac{12}{x^3}$, 则 $s''\left(\sqrt{\frac{24}{4 + \pi}}\right) > 0$, 因此 $x = \sqrt{\frac{24}{4 + \pi}}$ 时, $s(x)$ 取得极小值.

所以 $x = \sqrt{\frac{24}{4 + \pi}}$ 为极小值点, 也是唯一极值点, 从而它也就是最

小值点. 这就是说底宽为 $\sqrt{\frac{24}{4 + \pi}}$ 时, 截面的周长最小, 即建造时所

用材料最省.

在求实际问题的最值时, 往往根据该实际问题的性质可以断定可导函数 $f(x)$ 在定义域内存在最大值或最小值. 如果 $f(x)$ 在定义域内都只有一个驻点 x_0, 那么不必讨论 $f(x_0)$ 是否为极值, 就可以断定 $f(x_0)$ 是最大值或最小值.

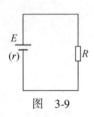

图 3-9

例 11 已知电路 (图 3-9) 的电源电动势为 E, 内阻为 r, 外电路负载电阻 R 取什么值时, 输出功率最大?

解 设电路中电流为 I, 由欧姆定律

$$I = \underline{\hspace{2cm}}$$

得, 在负载 R 上的输出功率为

$$P = P(R) = I^2 R = \underline{\hspace{2cm}}, \quad R \in [0, +\infty).$$

因

$$P'(R) = E^2 \cdot \frac{r - R}{(R + r)^3},$$

令 $P'(R) = 0$, 得 $[0, +\infty)$ 内的唯一驻点 $R = r$. 又电路在 $[0, +\infty)$ 内存在最大输出功率, 所以当外电路负载电阻 $R = r$ 时, 输出功率最大.

例 12 某商品进价为 a(元/件), 根据以往的经验, 当销售价为 b(元/件) 时, 销售量为 c 件 (a, b, c 均为正常数, 且 $b \geqslant \frac{4}{3}a$), 市场调查表明, 销售价每下降 10%, 销售量可增加 40%, 现决定一次性降价, 试问: 当销售价定为多少时, 可获得最大利润? 并求出最大利润.

解　设销售价定为 p 元时可获最大利润，此时的销售量为 x，利润为 L，即定价下降 $b-p$，销售量增加 $x-c$，由题意得

$$\frac{x-c}{b-p}=\frac{0.4c}{0.1b},$$

即

$$x-c=(b-p)\cdot\frac{4c}{b},\ x=5c-\frac{4c}{b}p.$$

由此可得

$$L=\underline{\hspace{3cm}}=c(p-a)\left(5-\frac{4}{b}p\right),$$

即

$$L=c\left[-\frac{4}{b}p^2+\left(\frac{4a}{b}+5\right)p-5a\right],\ p\in[a,b].$$

由于

$$L'=\underline{\hspace{2.5cm}},\ L''=\underline{\hspace{2.5cm}}(a,\ b,\ c\ 均为正常数),$$

令 $L'=0$，得唯一驻点

$$p=\frac{5}{8}b+\frac{a}{2}.$$

故销售价定为 $p=\frac{5b}{8}+\frac{a}{2}$ 时，利润达到最大，最大利润为

$$L\left(\frac{5b}{8}+\frac{a}{2}\right)=\frac{c}{16b}(5b-4a)^2(元).$$

习题 3.4

1. 判定函数 $f(x)=x+\ln x$ 的单调性.

2. 确定下列函数的单调区间：

(1) $y=2x^3-9x^2+12x-3$；　　　(2) $y=2x+\dfrac{8}{x}(x>0)$；

(3) $y=\ln(x+\sqrt{1+x^2})$；　　　(4) $y=(x-1)(x+1)^3$；

(5) $y=x^n e^{-x}(n>0,\ x\geqslant 0)$；　　　(6) $y=x+|\sin 2x|$.

3. 证明下列不等式：

(1) 当 $x>0$ 时，$1+\dfrac{1}{2}x>\sqrt{1+x}$；

(2) 当 $0<x<\dfrac{\pi}{2}$ 时，$\sin x+\tan x>2x$；

(3) 当 $0<x<1$ 时，$e^{-x}+\sin x<1+\dfrac{x^2}{2}$.

4. 求下列函数的极值：

(1) $y=x-\ln(1+x)$；　　　(2) $y=x+\sqrt{1-x}$；

(3) $y=e^x\cos x$；　　　(4) $y=x+\tan x$.

5. 试问 a 为何值时，函数 $f(x) = a\sin x + \frac{1}{3}\sin 3x$ 在 $x = \frac{\pi}{3}$ 处取得极值？它是极大值还是极小值？并求此极值.

6. 求下列函数的最大值、最小值：

(1) $f(x) = x^2 - \frac{54}{x}$, $x \in (-\infty, 0)$;

(2) $f(x) = x + \sqrt{1-x}$, $x \in [-5, 1]$.

7. 在半径为 r 的球中内接一圆柱体，使其体积为最大，求此圆柱体的高.

8. 设有重为 5kg 的物体，置于水平面上，受力 F 的作用而开始移动（图 3-10），设摩擦系数 $\mu = 0.25$，问力 F 与水平线的交角 α 为多少时，才可使力 F 为最小？

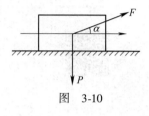

图 3-10

9. 一窗户的下部为矩形，配以透明玻璃. 上部为半圆形，它的直径等于矩形的底，配以彩色玻璃. 已知窗户框架的周长为定长 P，彩色玻璃的透光亮度为透明玻璃的一半，求矩形的底与高使透光亮度最大.

3.5 曲线的凹凸性及函数作图

3.5.1 曲线的凹凸性及拐点

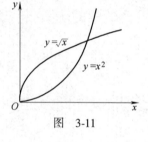

图 3-11

上一节研究了函数单调性的判别法，但单调性相同的函数在图形上也会存在显著的差异. 例如，$y = \sqrt{x}$ 与 $y = x^2$ 在 $[0, +\infty)$ 上都是单调增加的，反映在图形上就是曲线都是上升的. 但是它们单调增加的方式并不相同. 从图形上看，它们的曲线的弯曲方向不一样，如图 3-11 所示. 曲线 $y = \sqrt{x}$ 是向上凸的曲线弧，而曲线 $y = x^2$ 是向下凹的曲线弧，它们的凹凸性显然不同，下面就来研究曲线的凹凸性及其判别法.

从几何上看到，在有的曲线弧上，如果任取两点，则连接这两点间的弦总位于这两点间的弧段的上方，如图 3-12a 所示；而有的曲线弧则正好相反，如图 3-12b 所示. 曲线的这种性质就是曲线的凹凸性，因此，曲线的凹凸性可以用连接曲线弧上任意两点的弦的中点与曲线弧上相应点（即具有相同横坐标的点）的位置关系来描述. 下面给出曲线凹凸性的定义.

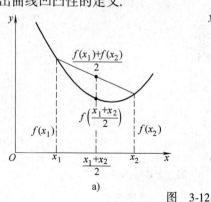
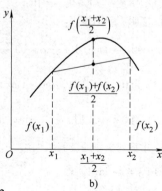

图 3-12

定义 3.2 设 $f(x)$ 在区间 I 上连续，如果对 I 上任意两点 x_1，x_2 恒有

$$f\left(\frac{x_1+x_2}{2}\right)<\frac{f(x_1)+f(x_2)}{2},$$

那么称 $f(x)$ 在 I 上的图形是(向下)凹的(或凹弧)；如果恒有

$$f\left(\frac{x_1+x_2}{2}\right)>\frac{f(x_1)+f(x_2)}{2},$$

那么称 $f(x)$ 在 I 上的图形是(向上)凸的(或凸弧).

如果函数 $f(x)$ 在 I 内具有二阶导数，那么可以利用二阶导数的符号来判定曲线的凹凸性. 曲线凹凸性的判定定理如下：

定理 3.11 设 $f(x)$ 在 $[a,b]$ 上连续，在 (a,b) 内具有一阶和二阶导数，那么

(1) 若在 (a,b) 内 $f''(x)>0$，则 $f(x)$ 在 $[a,b]$ 上的图形是凹的；

(2) 若在 (a,b) 内 $f''(x)<0$，则 $f(x)$ 在 $[a,b]$ 上的图形是凸的.

证 对于情形(1)，设 x_1 和 x_2 为 $[a,b]$ 内任意两点，且 $x_1<x_2$，令 $\frac{x_1+x_2}{2}=x_0$，$x_2-x_0=x_0-x_1=h$，则 $x_1=x_0-h$，$x_2=x_0+h$，由拉格朗日中值定理得

$$f(x_0+h)-f(x_0)=f'(x_0+\theta_1 h)h,$$
$$f(x_0)-f(x_0-h)=f'(x_0-\theta_2 h)h,$$

其中 $0<\theta_1<1$，$0<\theta_2<1$. 两式相减，即得

$$f(x_0+h)+f(x_0-h)-2f(x_0)=[f'(x_0+\theta_1 h)-f'(x_0-\theta_2 h)]h.$$

对 $f'(x)$ 在区间 $[x_0-\theta_2 h,\ x_0+\theta_1 h]$ 上再利用拉格朗日中值定理，得

$$[f'(x_0+\theta_1 h)-f'(x_0-\theta_2 h)]h=f''(\xi)(\theta_1+\theta_2)h^2,$$

其中 $x_0-\theta_2 h<\xi<x_0+\theta_1 h$，按情形(1)的假设，$f''(\xi)>0$，故

$$f(x_0+h)+f(x_0-h)-2f(x_0)>0,$$

即

$$\frac{f(x_0+h)+f(x_0-h)}{2}>f(x_0),$$

亦即

$$\frac{f(x_1)+f(x_2)}{2}>f\left(\frac{x_1+x_2}{2}\right).$$

所以 $f(x)$ 在 $[a,b]$ 上的图形是凹的.

类似地可以证明情形(2). 当 I 不是闭区间时，定理类同.

例 1 判定曲线 $y=x^4$ 的凹凸性.

解 因为 $y'=\underline{\hspace{3cm}}$，$y''=\underline{\hspace{3cm}}$，所以在函数 $y=x^4$ 的定义域 $(-\infty,+\infty)$ 内，$y''\geqslant 0$，当 $x\neq 0$ 时，$y''>0$，由定理

3.11 可知，曲线 $y=x^4$ 在 $(-\infty,0]$ 及 $[0,+\infty)$ 内是_____的.所以曲线 $y=x^4$ 在 $(-\infty,+\infty)$ 内是_____的.

此例说明：$y''\geqslant 0(y''\leqslant 0)$ 仅个别点处有 $y''=0$ 不影响曲线的凹凸性.

例2 判定曲线 $y=\sin x$ 的凹凸性.

解 因为 $y'=$_____，$y''=$_____. 当 $2k\pi<x<(2k+1)\pi$，$k\in\mathbf{Z}$ 时，$y''<0$，所以曲线在 $[2k\pi,(2k+1)\pi]$ 上是凸的；当 $(2k-1)\pi<x<2k\pi$，$k\in\mathbf{Z}$ 时，$y''>0$，所以曲线在 $[(2k-1)\pi,2k\pi]$ 上是凹的.

一般地，设 $y=f(x)$ 在区间 I 上连续，x_0 是 I 上除端点以外的一点，如果曲线 $y=f(x)$ 在经过点 $(x_0,f(x_0))$ 时，曲线的凹凸性改变了，那么就称点 $(x_0,f(x_0))$ 为该曲线的拐点. 也就是说，拐点是连续曲线 $y=f(x)$ 上凹弧与凸弧的分界点.

下面来讨论如何寻找曲线 $y=f(x)$ 的拐点.

从定理3.11可知，由 $f''(x)$ 的符号可以判定曲线的凹凸性. 因此，如果 $f''(x)$ 在 x_0 的左、右两侧邻近异号，那么点 $(x_0,f(x_0))$ 就是曲线的一个拐点. 显然，要寻找拐点就是要找出 $f''(x)$ 的符号发生变化的分界点. 如果 $f(x)$ 在区间 (a,b) 内具有二阶连续导数，那么在拐点处必然有 $f''(x)=0$；除此以外，$f(x)$ 的二阶导数不存在的点，也有可能是 $f''(x)$ 的符号发生变化的分界点. 综上所述，可以按下列步骤来判定连续曲线 $y=f(x)$ 在区间 I 内的拐点：

（1）求 $f''(x)$；

（2）令 $f''(x)=0$，求出该方程在区间 I 内的实根，并求出在区间 I 内 $f''(x)$ 不存在的点；

（3）检查 $f''(x)$ 在（2）中求出的每一个点 x_0 左、右两侧邻近的符号. 如果两侧的符号相反，则点 $(x_0,f(x_0))$ 是拐点；如果两侧的符号相同，则点 $(x_0,f(x_0))$ 不是拐点.

例3 求曲线 $y=x^3-5x^2+3x+5$ 的拐点.

解 $y'=$_____，$y''=$_____.

解方程 $y''=0$，得 $x=\dfrac{5}{3}$. 当 $x<$_____时，$y''<0$；当 $x>$

_____时，$y''>0$. 因此，点 $\left(\dfrac{5}{3},\dfrac{20}{27}\right)$ 是该曲线的拐点.

例4 求曲线 $y=9\sqrt[3]{x}$ 的拐点.

解 函数在 $(-\infty,+\infty)$ 内连续，当 $x\neq 0$ 时，

$$y'=\underline{\qquad\qquad},\quad y''=\underline{\qquad\qquad};$$

当 $x=0$ 时，y'，y'' 都不存在. 故二阶导数在 $(-\infty,+\infty)$ 内不连续且不具有零点. 但 $x=0$ 是 y'' 不存在的点，它将 $(-\infty,+\infty)$ 分成两

个部分区间：$(-\infty,0]$ 及 $[0,+\infty)$.

在 $(-\infty,0)$ 内，$y''>0$，曲线在 $(-\infty,0]$ 内是凹的. 在 $(0,+\infty)$ 内，$y''<0$，曲线在 $[0,+\infty)$ 内是凸的. 故点 $(0,0)$ 是曲线的一个拐点.

例 5　求曲线 $y=3x^4-4x^3+1$ 的拐点及凹、凸区间.

解　函数 $y=3x^4-4x^3+1$ 的定义域为 ＿＿＿＿＿＿＿，且

$$y'=\underline{\hspace{3cm}},\quad y''=\underline{\hspace{3cm}}.$$

解方程 $y''=0$，得 $x_1=\underline{\hspace{2.5cm}}$，$x_2=\underline{\hspace{2.5cm}}$.

$x_1=0$ 与 $x_2=\dfrac{2}{3}$ 把函数的定义域 $(-\infty,+\infty)$ 分成三个部分区间：$(-\infty,0]$、$\left[0,\dfrac{2}{3}\right]$、$\left[\dfrac{2}{3},+\infty\right)$.

在 $(-\infty,0)$ 内，$y''>0$，因此在区间 $(-\infty,0]$ 内曲线是凹的；在 $\left(0,\dfrac{2}{3}\right)$ 内，$y''<0$，因此在区间 $\left[0,\dfrac{2}{3}\right]$ 上曲线是凸的；在 $\left(\dfrac{2}{3},+\infty\right)$ 内，$y''>0$，因此在区间 $\left[\dfrac{2}{3},+\infty\right)$ 上曲线是凹的.

所以，点 $(0,1)$ 与点 $\left(\dfrac{2}{3},\dfrac{11}{27}\right)$ 是曲线的拐点，区间 $(-\infty,0]$ 及区间 $\left[\dfrac{2}{3},+\infty\right)$ 为曲线 $y=3x^4-4x^3+1$ 的凹区间，区间 $\left[0,\dfrac{2}{3}\right]$ 为曲线的凸区间.

例 6　利用函数图形的凹凸性证明不等式

$$\frac{1}{2}(x^n+y^n)>\left(\frac{x+y}{2}\right)^n,$$

其中 $x>0$，$y>0$，$x\neq y$，$n>1$.

证　设 $f(t)=t^n$，则

$$f'(t)=nt^{n-1},\quad f''(t)=n(n-1)t^{n-2}.$$

当 $n>1$，$t>0$ 时，$f''(t)>0$. 所以 $f(t)$ 在 $(0,+\infty)$ 内是凹弧. 根据定义 3.2，对任意 $x,y\in(0,+\infty)(x\neq y)$，均有

$$f\left(\frac{x+y}{2}\right)<\frac{f(x)+f(y)}{2},$$

即

$$\left(\frac{x+y}{2}\right)^n<\frac{x^n+y^n}{2}.$$

3.5.2　函数作图

前面讨论了函数的单调性与极值、曲线的凹凸性与拐点等问

题，利用函数的这些性态，便能比较准确地描绘出函数的图形，为了在描绘函数的图形时能更加准确，先介绍函数图形的渐近线的概念与求法.

1. 函数图形的渐近线

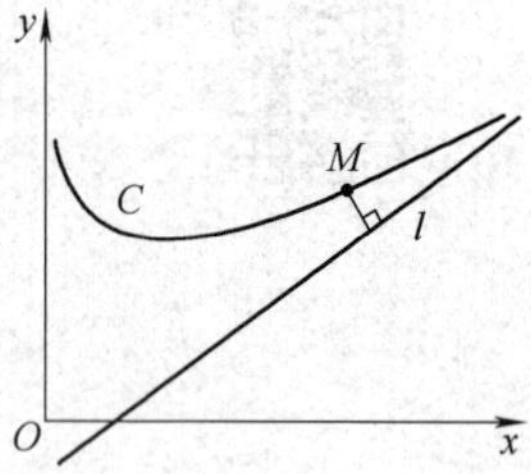

曲线 C 上的动点 M 沿曲线移动，若动点 M 与坐标原点的距离趋向于无穷大时，点 M 与一定直线 l 的距离趋向于零，则称这条定直线 l 为曲线 C 的一条渐近线，如图 3-13 所示.

渐近线反映了曲线无限延伸时的走向和趋势. 确定曲线 $y=f(x)$ 的渐近线的方法如下：

（1）若 $\lim\limits_{x \to x_0} f(x) = \infty$，则曲线 $y=f(x)$ 有一条铅垂渐近线 $x=x_0$；

（2）若 $\lim\limits_{x \to \infty} f(x) = A$，则曲线 $y=f(x)$ 有一条水平渐近线 $y=A$；

（3）若 $\lim\limits_{x \to \infty} \dfrac{f(x)}{x} = a$，且 $\lim\limits_{x \to \infty} [f(x) - ax] = b$，则曲线 $y=f(x)$ 有一条斜渐近线 $y=ax+b$.

例如，曲线 $y=\ln x$，因为 $\lim\limits_{x \to 0^+} \ln x = -\infty$，所以它有铅垂渐近线 $x=0$，如图 3-14a 所示.

又如，曲线 $y=\dfrac{1}{x}$，因为 $\lim\limits_{x \to \infty} \dfrac{1}{x} = 0$，所以它有水平渐近线 $y=0$，$\lim\limits_{x \to 0} \dfrac{1}{x} = \infty$，所以它还有铅垂渐近线 $x=0$，如图 3-14b 所示.

再如，曲线 $\dfrac{x^2}{a^2} - \dfrac{y^2}{b^2} = 1$，因

$$y = \pm \frac{b}{a} \sqrt{x^2 - a^2},$$

所以

$$\lim_{x \to \infty} \pm \frac{b}{a} \frac{\sqrt{x^2 - a^2}}{x} = \pm \frac{b}{a},$$

$$\lim_{x \to \infty} \left[\pm \frac{b}{a} \sqrt{x^2 - a^2} \mp \frac{b}{a} x \right] = \lim_{x \to \infty} \left[\pm \frac{b}{a} (\sqrt{x^2 - a^2} - x) \right] = 0.$$

所以曲线有一对斜渐近线 $y = \pm \dfrac{b}{a} x$，如图 3-14c 所示.

图 3-13

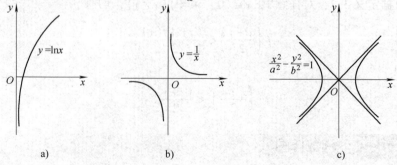

a)   b)   c)

图 3-14

2. 函数作图

运用微分学的方法描绘函数 $y = f(x)$ 的图形的一般步骤如下：

（1）确定函数 $y = f(x)$ 的定义域，并讨论其奇偶性、周期性、连续性等；

（2）求出 $f(x)$ 的间断点及 $f'(x)$ 与 $f''(x)$ 的全部零点和不存在的点，并用这些点把函数的定义域划分成几个部分区间；

（3）确定在这些部分区间内 $f'(x)$ 和 $f''(x)$ 的符号，并由此确定该部分区间内函数图形的升降和凹凸、极值点和拐点；

（4）确定函数 $f(x)$ 的渐近线及其他变化趋势；

（5）算出 $f'(x)$ 和 $f''(x)$ 的零点以及不存在的点所对应的函数值，定出图形上相应的点，必要时，还可补充一些适当的点，如 $y = f(x)$ 与坐标轴的交点等；

（6）结合上述步骤，连点描出图形.

例 7　画出函数 $y = x^3 - x^2 - x + 1$ 的图形.

解　（1）所给函数 $y = f(x)$ 的定义域为 _____.

（2）$f'(x) =$ _____ $= (3x + 1)(x - 1)$，$f''(x) =$

_____ $= 2(3x - 1)$，故 $f(x)$ 的驻点为 $x = -\dfrac{1}{3}$ 和 $x = 1$，$f''(x)$ 的

零点为 $x = \dfrac{1}{3}$. 这三个点把定义域 $(-\infty, +\infty)$ 划分成下列四个部分区间：

$$\left(-\infty, -\frac{1}{3}\right),\ \left(-\frac{1}{3}, \frac{1}{3}\right),\ \left(\frac{1}{3}, 1\right),\ (1, +\infty).$$

（3）在 $\left(-\infty, -\dfrac{1}{3}\right)$ 内，$f'(x)$ _____，$f''(x)$ _____，

所以在 $\left(-\infty, -\dfrac{1}{3}\right]$ 内的曲线弧上升而且是凸的.

在 $\left(-\dfrac{1}{3}, \dfrac{1}{3}\right)$ 内，$f'(x) < 0$，$f''(x) < 0$，所以在 $\left[-\dfrac{1}{3}, \dfrac{1}{3}\right]$ 上的

曲线弧下降而且是凸的. 在 $\left(\dfrac{1}{3}, 1\right)$ 内，$f'(x) < 0$，$f''(x) > 0$，所以

在 $\left[\dfrac{1}{3}, 1\right]$ 上的曲线弧下降而且是凹的. 在 $(1, +\infty)$ 内，$f'(x) > 0$，

$f''(x) > 0$，所以在 $[1, +\infty)$ 内的曲线弧上升而且是凹的.

为了方便讨论，列表如下：

x	$\left(-\infty, -\dfrac{1}{3}\right)$	$-\dfrac{1}{3}$	$\left(-\dfrac{1}{3}, \dfrac{1}{3}\right)$	$\dfrac{1}{3}$	$\left(\dfrac{1}{3}, 1\right)$	1	$(1, +\infty)$
$f'(x)$	+	0	−	−	−	0	+
$f''(x)$	−	−	−	0	+	+	+
$f(x)$	↗	极大值 $\dfrac{32}{27}$	↘	拐点 $\left(\dfrac{1}{3}, \dfrac{16}{27}\right)$	↘	极小值 0	↗

其中，记号"↗"表示曲线弧上升而且是凸的，记号"↘"表示曲线弧下降而且是凸的，记号"↘"表示曲线弧下降而且是凹的，记号"↗"表示曲线弧上升而且是凹的.

（4）$\lim\limits_{x\to+\infty}f(x)=+\infty$，$\lim\limits_{x\to-\infty}f(x)=-\infty$.

（5）由于 $f\left(-\dfrac{1}{3}\right)=\dfrac{32}{27}$，$f\left(\dfrac{1}{3}\right)=\dfrac{16}{27}$，$f(1)=0$，故 $y=x^3-x^2-x+1$ 的图形上必有三个点：

$$\left(-\dfrac{1}{3},\dfrac{32}{27}\right),\ \left(\dfrac{1}{3},\dfrac{16}{27}\right),\ (1,0).$$

适当补充一些点：$(-1,0)$，$(0,1)$，$\left(\dfrac{3}{2},\dfrac{5}{8}\right)$.

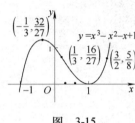

图 3-15

（6）绘图，如图 3-15 所示.

例 8 描绘 $f(x)=x^{\frac{2}{3}}(6-x)^{\frac{1}{3}}$ 的图形.

解 （1）$f(x)$ 的定义域为 $(-\infty,+\infty)$，且 $f(x)$ 在定义域上连续.

（2）$f'(x)=\dfrac{4-x}{x^{\frac{1}{3}}(6-x)^{\frac{2}{3}}}$，其驻点为 $x=4$，$f'(x)$ 不存在的点为 $x=0$，$x=6$.

$f''(x)=-\dfrac{8}{x^{\frac{4}{3}}(6-x)^{\frac{5}{3}}}$ 无零点，$f''(x)$ 不存在的点为 $x=0$，$x=6$.

（3）列表如下：

x	$(-\infty,0)$	0	$(0,4)$	4	$(4,6)$	6	$(6,+\infty)$
$f'(x)$	$-$	不存在	$+$	0	$-$	不存在	$-$
$f''(x)$	$-$	不存在	$-$	$-$	$-$	不存在	$+$
$f(x)$	↘	极小值0	↗	极大值 $2\sqrt[3]{4}$	↘	拐点(6,0)	↘

（4）由于

$$\lim_{x\to\infty}\frac{f(x)}{x}=\lim_{x\to\infty}\left(\frac{6}{x}-1\right)^{\frac{1}{3}}=-1,$$

$$\lim_{x\to\infty}[f(x)+x]=\lim_{x\to\infty}\left[x^{\frac{2}{3}}(6-x)^{\frac{1}{3}}+x\right]=2,$$

故 $f(x)$ 有斜渐近线

$$y=-x+2.$$

$\lim\limits_{x\to0}f'(x)=\infty$，且 $\lim\limits_{x\to6}f'(x)=\infty$，故当 $x=0$ 及 $x=6$ 时 $f(x)$ 有铅垂切线.

（5）作图形如图 3-16 所示.

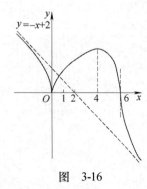

图 3-16

例 9 描绘 $f(x)=\dfrac{x}{3-x^2}$ 的图形.

解 (1) 定义域为 $(-\infty, -\sqrt{3}) \cup (-\sqrt{3}, \sqrt{3}) \cup (\sqrt{3}, +\infty)$，$x = \pm\sqrt{3}$ 为间断点，$f(x)$ 为奇函数，故图形关于原点对称.

(2) $f'(x) = \dfrac{x^2+3}{(3-x^2)^2} > 0$，故 $f(x)$ 在定义域内无驻点；

$f''(x) = \dfrac{2x(x^2+9)}{(3-x^2)^3}$，令 $f''(x) = 0$，得 $x = 0$ 为拐点的可疑点.

(3) 列表如下：

x	0	$(0, \sqrt{3})$	$\sqrt{3}$	$(\sqrt{3}, +\infty)$
$f'(x)$	+	+		+
$f''(x)$	0	+		−
$f(x)$	拐点$(0,0)$	↗	间断点	↗

(4) 由于 $\lim\limits_{x \to \sqrt{3}} f(x) = \infty$，$\lim\limits_{x \to -\sqrt{3}} f(x) = \infty$，故有铅垂渐近线 $x = \pm\sqrt{3}$；

又因 $\lim\limits_{x \to \infty} f(x) = 0$，故有水平渐近线 $y = 0$.

(5) 适当补充点：$M_1\left(1, \dfrac{1}{2}\right)$，$M_2(2, -2)$，$M_3\left(3, -\dfrac{1}{2}\right)$，描绘出函数在 $[0, \sqrt{3}) \cup (\sqrt{3}, +\infty)$ 内的图形，再利用对称性便得 $(-\infty, -\sqrt{3}) \cup (-\sqrt{3}, 0)$ 内的图形，如图 3-17 所示.

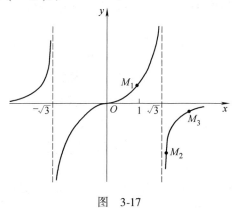

图 3-17

习题 3.5

1. 判定下列曲线的凹凸性：

(1) $y = 4x - x^2$；　　　　　　　　(2) $y = x\arctan x$.

2. 求下列函数图形的拐点及凹凸区间：

(1) $y = xe^{-x}$；　　　　　　　　(2) $y = (x+1)^4 + e^x$；

(3) $y = \ln(x^2+1)$；　　　　　　　(4) $y = x^4(12\ln x - 7)$.

3. 问 a，b 为何值时，点 $(1,3)$ 为曲线 $y = ax^3 + bx^2$ 的拐点？

4. 设 $y = f(x)$ 在 $x = x_0$ 的某邻域内具有三阶连续导数，如果 $f''(x_0) = 0$，$f'''(x_0) \neq 0$，试问 $(x_0, f(x_0))$ 是否为拐点？为什么？

5. 利用函数图形的凹凸性，证明下列不等式：

(1) $\dfrac{e^x + e^y}{2} > e^{\frac{x+y}{2}}$；

(2) $x\ln x + y\ln y > (x+y)\ln\dfrac{x+y}{2}$ $(x > 0,\ y > 0,\ x \neq y)$.

6. 描绘下列函数的图形：

(1) $y = \dfrac{1}{5}(x^4 - 6x^2 + 8x + 7)$； (2) $y = \dfrac{x}{1 + x^2}$；

(3) $y = e^{-(x-1)^2}$； (4) $y = \dfrac{\cos x}{\cos 2x}$.

3.6 相关变化率、边际分析与弹性分析介绍

3.6.1 相关变化率

在微分学的实际应用中，常常会遇到两个相互依赖的变化率，通常称为相关变化率. 我们总是通过建立它们之间的关系式，从其中一个已知的变化率求出另一个变化率.

例1 石头落入平静水面会产生同心波纹，若最外一圈波半径的增大率总是 6m/s，问在 2s 末扰动水面面积的增大率为多少？

解 设水波 t 时刻的半径为 $r(t)$，对应的圆面积为

$$\underline{\qquad\qquad}.$$

故

$$S' = 2\pi r(t)r'(t).$$

因此，在 $t = 2s$ 末扰动水面面积的增大率为

$$S'\big|_{t=2} = 2\pi r(2)r'(2).$$

又因为 $r(t) = 6t$，所以

$$r(2) = \underline{\qquad\qquad},\quad r'(2) = \underline{\qquad\qquad}.$$

因而

$$S'\big|_{t=2} = \underline{\qquad\qquad} = 144\pi\,(\text{m}^2/\text{s}).$$

答：在 2s 末扰动水面面积的增大率为 $144\pi\text{m}^2/\text{s}$.

例2 在汽缸内，当理想气体的体积为 100cm^3 时，压强为 50kPa，如果温度不变，压强以 0.5kPa/h 的速率增加，那么体积减小的速率是多少？

解 由物理学知，在温度不变的条件下，理想气体压强 p 与体积 V 之间的关系式为

$$pV = k\,(k\ \text{为常数}).$$

显然，p，V 都是时间 t 的函数，上式对 t 求导得

$$p \frac{\mathrm{d}V}{\mathrm{d}t} + V \frac{\mathrm{d}p}{\mathrm{d}t} = 0.$$

代入 $V = 100$，$p = 50$，$\frac{\mathrm{d}p}{\mathrm{d}t} = 0.5$，得

$$\frac{\mathrm{d}V}{\mathrm{d}t} = \underline{\hspace{3cm}} = -100 \times \frac{1}{50} \times 0.5$$

$$= -1(\mathrm{cm}^3/\mathrm{h}).$$

答：体积减小的速率是 $1\mathrm{cm}^3/\mathrm{h}$.

例3　液体从深为 18cm、顶直径为 12cm 的圆锥形漏斗中漏入直径为 10cm 的圆柱形桶中. 开始时漏斗盛满液体，已知漏斗中液面深为 12cm 时，液面下落速率为 1cm/min，那么此时桶中液面上升的速率为多少？

解　设漏斗中液面深为 Hcm 时，桶中液面深为 $h$cm，漏斗中液面圆半径为 Rcm，如图 3-18 所示，则

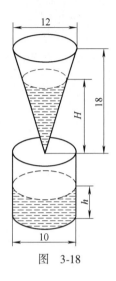

图 3-18

$$R = \frac{1}{3}H.$$

且有

$$\frac{1}{3}\pi \times 6^2 \times 18 - \frac{1}{3}\pi R^2 H = \pi \times 5^2 \times h.$$

即

$$6^3 - \frac{1}{27}H^3 = 25h.$$

显然，H 及 h 均为时间 t 的函数.

上式对 t 求导得

$$\underline{\hspace{3cm}},$$

或

$$\frac{\mathrm{d}h}{\mathrm{d}t} = -\frac{H^2}{225} \cdot \frac{\mathrm{d}H}{\mathrm{d}t}.$$

由于

$$\left.\frac{\mathrm{d}H}{\mathrm{d}t}\right|_{H=12} = -1,$$

故

$$\frac{\mathrm{d}h}{\mathrm{d}t} = 0.64.$$

答：此时桶中液面上升的速率为 $0.64\mathrm{cm}/\mathrm{min}$.

3.6.2　边际分析

"边际" 是经济学中的常用术语，反映了在经济活动中变化率的问题. 例如，边际效应是指消费新增 1 个单位产品时所带来的新增效

应；边际成本是指在所考虑的产量水平上再改变生产 1 个单位产品所需成本；边际收入是指在所考虑的销量水平上再改变 1 个单位产品销量所带来的收入. 经济学中此类边际问题还有很多. 反映到数学上，边际问题就是函数的变化率问题，也就是函数的导数问题. 下面以边际成本为例来阐述经济学中边际函数的数学定义.

设生产数量为 x 的某种产品的成本函数为 $C = C(x)$，一般而言，它是 x 的增函数. 当产量从 x 变为 $x + \Delta x$ 时，成本的增量为

$$\Delta C = C(x + \Delta x) - C(x).$$

这时成本平均变化率为

$$\frac{\Delta C}{\Delta x} = \frac{C(x + \Delta x) - C(x)}{\Delta x}.$$

平均变化率表示了当产量从 x 提高到 $x + \Delta x$ 时，平均每改变 1 个单位产品所需要的成本. 当产量为 x_0 时，成本的变化率

$$C'(x_0) = \lim_{\Delta x \to 0} \frac{\Delta C}{\Delta x} = \lim_{\Delta x \to 0} \frac{C(x_0 + \Delta x) - C(x_0)}{\Delta x}$$

称为成本函数 $C(x)$ 在 $x = x_0$ 处的边际成本.

由微分的概念有

$$\Delta C = C(x + \Delta x) - C(x) \approx C'(x) \Delta x.$$

当 $\Delta x = 1$ 时，

$$\Delta C = C(x + 1) - C(x) \approx C'(x).$$

这表明当产量为 x 时，再多生产 1 个单位产品所增加的成本近似等于成本函数的导数. 因此经济学家把边际成本定义为成本关于产量的瞬时变化率，即

$$边际成本 = C'(x).$$

类似地，若销售 x 个单位产品产生的收入为 $R(x)$，则

$$边际收入 = R'(x).$$

设利润函数为 $L(x)$，则有

$$L(x) = R(x) - C(x).$$

因此边际利润为

$$L'(x) = R'(x) - C'(x).$$

令 $L'(x) = 0$，得 $R'(x) = C'(x)$. 如果 $L(x)$ 有极值，则在 $R'(x) = C'(x)$ 时取得，因此当边际成本等于边际收入时，利润取得极大（极小）值.

一般地，经济学上称某函数的导数为其边际函数.

例 4　某企业月生产量为 x 的利润是

$$L(x) = -5x^2 + 250x （千元），$$

试求月产量为 20t，25t，30t 时的边际利润.

解　产品的边际利润为

所以月产量为 20t 时的边际利润为

$$L'(20) = \underline{\hspace{3cm}} = 50(千元).$$

即当月产量为 20t 时, 产量再增加 1t, 利润将增加 50 千元.

当月产量为 25t 时, 边际利润为

$$L'(25) = -10 \times 25 + 250 = 0.$$

即此时若再增加 1t 产量, 利润不增加也不减少.

当月产量为 30t 时, $L'(30) = -50$, 即产量再增加 1t, 利润不仅不会增加, 反而还要减少 50 千元.

3.6.3 弹性分析

在边际分析中, 讨论的函数变化率和函数增量均属于绝对数范围内. 在经济问题中, 仅用绝对概念是不足以深入分析和说明问题的. 例如, 甲产品单价为 10 元, 涨价 1 元; 乙产品单价为 200 元, 也涨价 1 元. 虽然这两种产品价格的绝对增量相同, 都是 1 元, 但这两种产品价格的涨幅却不相同. 甲产品的涨幅为 $\frac{1}{10} = 10\%$, 乙产品的涨幅为 $\frac{1}{200} = 0.5\%$. 显然, 甲产品的涨幅是乙产品涨幅的 20 倍. 因此, 仅用绝对增量是不够的, 还有必要研究函数的相对增量与相对变化率.

定义 3.3 设函数 $y = f(x)$ 在 x 处可导, 函数 $f(x)$ 在 x 处的相对增量

$$\frac{\Delta y}{y} = \frac{f(x + \Delta x) - f(x)}{f(x)}$$

与自变量的相对增量 $\frac{\Delta x}{x}$ 之比, 当 $\Delta x \to 0$ 时的极限

$$\lim_{\Delta x \to 0} \frac{\dfrac{\Delta y}{y}}{\dfrac{\Delta x}{x}} = \lim_{\Delta x \to 0} \frac{\dfrac{f(x + \Delta x) - f(x)}{f(x)}}{\dfrac{\Delta x}{x}}$$

若存在, 则称此极限为函数 $f(x)$ 在点 x 处的弹性, 也称之为函数 $f(x)$ 在点 x 处的相对变化率, 并记作 $\dfrac{Ey}{Ex}$, 即

$$\frac{Ey}{Ex} = \lim_{\Delta x \to 0} \frac{\dfrac{\Delta y}{y}}{\dfrac{\Delta x}{x}} = \lim_{\Delta x \to 0} \frac{\Delta y}{\Delta x} \cdot \frac{x}{y} = \frac{x}{y} f'(x).$$

下面着重讨论需求的价格弹性.

人们对于某些商品的需求量与该商品的价格有关. 当商品的价格下降时, 需求量将增大; 当商品的价格上升时, 需求量会减少. 为了

衡量某种商品的价格发生变动时，该商品的需求量变动的大小，经济学家把需求量变动的百分比除以价格变动的百分比定义为需求的价格弹性，简称价格弹性.

设商品的需求量 Q 为价格 p 的函数，则价格弹性为

$$\lim_{\Delta p \to 0}\left(\frac{\dfrac{\Delta Q}{Q}}{\dfrac{\Delta p}{p}}\right) = \frac{p}{Q}\lim_{\Delta p \to 0}\frac{\Delta Q}{\Delta p} = \frac{p}{Q}\frac{\mathrm{d}Q}{\mathrm{d}p}.$$

记为 $\dfrac{EQ}{Ep}$，其含义为价格变动百分之一所引起的需求变化百分比.

例5 设某地区城市人口对服装的需求函数为

$$Q = ap^{-0.5},$$

其中 $a > 0$ 为常数，p 为价格，则服装的需求价格弹性为

$$\frac{EQ}{Ep} = \frac{p}{Q}\frac{\mathrm{d}Q}{\mathrm{d}p} = \frac{p}{Q}\cdot ap^{-0.5-1}\cdot(-0.5) = -0.5,$$

说明服装价格提高（或降低）10%，则对服装的需求减少（或增加）5%.

需求价格弹性为负值时，需求量的变化与价格的变化是反向的，为了方便起见，记 $E = \left|\dfrac{EQ}{Ep}\right|$，称 $E > 1$ 的需求为弹性需求，表示该需求对价格变动比较敏感；称 $E < 1$ 的需求为非弹性需求，表示该需求对价格变动不太敏感. 一般来说，生活必需品的需求价格弹性小，而奢侈品的需求价格弹性通常比较大.

3.6.4 增长率

在许多宏观经济问题的研究中，所考察的对象一般是随时间的推移而不断变化的，如国民收入、人口、对外贸易额、投资总额等. 希望了解这些量在单位时间内相对于过去的变化率. 例如，人口增长率、国民收入增长率、投资增长率等.

设某经济变量 y 是时间 t 的函数：$y = f(t)$，单位时间内 $f(t)$ 的增长量占基数 $f(t)$ 的百分比

$$\frac{\dfrac{f(t+\Delta t)-f(t)}{\Delta t}}{f(t)}$$

称为 $f(t)$ 从 t 到 $t+\Delta t$ 的平均增长率.

若 $f(t)$ 视为 t 的可微函数，则有

$$\lim_{\Delta t \to 0}\frac{1}{f(t)}\cdot\frac{f(t+\Delta t)-f(t)}{\Delta t} = \frac{1}{f(t)}\lim_{\Delta t \to 0}\frac{f(t+\Delta t)-f(t)}{\Delta t} = \frac{f'(t)}{f(t)},$$

称 $\dfrac{f'(t)}{f(t)}$ 为 $f(t)$ 在时刻 t 的瞬时增长率，记为 r_f.

例6 设国民收入 Y 的增长率是 r_Y，人口 H 的增长率是 r_H. 求人

均国民收入 $\dfrac{Y}{H}$ 的增长率.

解 设人均国民收入 $\dfrac{Y}{H} = R$，则

$$r_R = \frac{1}{R} \cdot \frac{\mathrm{d}R}{\mathrm{d}t} = \frac{H}{Y} \cdot \frac{\mathrm{d}\left(\dfrac{Y}{H}\right)}{\mathrm{d}t} = \frac{H}{Y} \cdot \frac{H\mathrm{d}Y - Y\mathrm{d}H}{H^2\,\mathrm{d}t} = \frac{1}{Y} \cdot \frac{\mathrm{d}Y}{\mathrm{d}t} - \frac{1}{H} \cdot \frac{\mathrm{d}H}{\mathrm{d}t} = r_Y - r_H.$$

习题 3.6

1. 一个水槽长 12m，横截面是等边三角形，其边长为 2m，水以 $3\mathrm{m}^3/\min$ 的速度注入水槽内，当水深 $\dfrac{1}{2}$m 时，水面高度上升多快？

2. 某人走过一桥的速度为 4km/h，同时一船在此人桥底下以 8km/h 的速度划过，此桥比船高 200m，求 3min 后，人与船相离的速度．

3. 设一路灯高 4m，一人高 $\dfrac{5}{3}$m，若人以 56m/min 的等速沿直线离开灯柱，证明人影的长度以常速增长．

4. 设总收入和总成本分别由以下两式给出：
$$R(Q) = 5Q - 0.003Q^2, \quad C(Q) = 300 + 1.1Q,$$
其中 Q 为产量，$0 \leqslant Q \leqslant 1000$．求：

(1) 边际成本；

(2) 获得最大利润时的产量；

(3) 怎样的生产量使盈亏平衡？

5. 设生产 Q 件产品的总成本 $C(Q)$ 由下式给出：
$$C(Q) = 0.01Q^3 - 0.6Q^2 + 13Q.$$

(1) 设每件产品的价格为 7 元，企业的最大利润是多少？

(2) 当固定生产水平为 34 件时，若每件产品每提高 1 元时少卖出 2 件，问是否应该提高价格？如果是，价格应该提高多少？

6. 求下列初等函数的边际函数、弹性和增长率：

(1) $y = ax + b$；　　(2) $y = ae^{bx}$；　　(3) $y = x^a$，其中 a，$b \in \mathbf{R}$，$a \neq 0$.

7. 设某种商品的需求价格弹性为 0.8，则当价格分别提高 10%，20% 时，需求量将如何变化？

8. 国民收入的年增长率为 7.1%，若人口的增长率为 1.2%，则人均收入年增长率是多少？

*3.7　曲率

3.7.1　弧微分

作为曲率的预备知识，我们先介绍弧微分．

设函数 $f(x)$ 在区间 (a, b) 内具有连续导数，在曲线 $y = f(x)$ 上取

一定点 M_0 为起点，并规定依 x 增大的方向作为曲线的正向. 对曲线上任一点 M，规定有向弧段 $\overparen{M_0M}$ 的值 s（简称弧 s）为：s 的绝对值等于这弧段的长度，当有向弧段 $\overparen{M_0M}$ 的方向与曲线的正向一致时，$s>0$；当 $\overparen{M_0M}$ 的方向与曲线的正向相反时，$s<0$. 显然，s 是 x 的函数，设为 $s=s(x)$，且是单调增函数. 下面来求 $s(x)$ 的导数和微分.

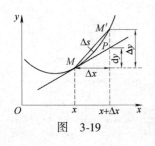

图 3-19

设 x，$x+\Delta x$ 为 (a,b) 内两个邻近的点，它们在曲线 $y=f(x)$ 上的对应点为 $M(x,y)$，$M'(x+\Delta x,y+\Delta y)$，如图 3-19 所示. 对应于 x 的增量 Δx，弧 s 的增量为 Δs，则

$$\Delta s = \overparen{MM'}.$$

于是

$$\left(\frac{\Delta s}{\Delta x}\right)^2 = \left(\frac{\overparen{MM'}}{\Delta x}\right)^2 = \left(\frac{\overparen{MM'}}{|MM'|}\right)^2 \cdot \frac{|MM'|^2}{(\Delta x)^2}$$

$$= \left(\frac{\overparen{MM'}}{|MM'|}\right)^2 \cdot \frac{(\Delta x)^2+(\Delta y)^2}{(\Delta x)^2}$$

$$= \left(\frac{\overparen{MM'}}{|MM'|}\right)^2 \cdot \left[1+\left(\frac{\Delta y}{\Delta x}\right)^2\right].$$

当 $\Delta x \to 0$ 时，有 $M' \to M$，这时弧的长度与弦的长度之比的极限等于 1，即

$$\lim_{M' \to M} \frac{|\overparen{MM'}|}{|MM'|} = 1.$$

又 $\lim\limits_{\Delta x \to 0} \dfrac{\Delta y}{\Delta x} = \dfrac{\mathrm{d}y}{\mathrm{d}x}$，因此

$$\left(\frac{\mathrm{d}s}{\mathrm{d}x}\right)^2 = \lim_{\Delta x \to 0}\left(\frac{\Delta s}{\Delta x}\right)^2 = 1+\left(\frac{\mathrm{d}y}{\mathrm{d}x}\right)^2,$$

或

$$(\mathrm{d}s)^2 = (1+y'^2)(\mathrm{d}x)^2.$$

由于 $s(x)$ 是单调增加函数，故 $\dfrac{\mathrm{d}s}{\mathrm{d}x}>0$，从而

$$\mathrm{d}s = \sqrt{1+y'^2}\,\mathrm{d}x,$$

这就是弧微分公式. 显然，弧微分的几何意义是：$|\mathrm{d}s|$ 等于 $[x,x+\Delta x]$ 上所对应的切线段长 $|MP|$，如图 3-19 所示.

若曲线方程为

$$\begin{cases} x = \varphi(t), \\ y = \psi(t), \end{cases}$$

由参数方程的求导法则可得

$$\mathrm{d}s = \sqrt{[\varphi'(t)]^2+[\psi'(t)]^2}\,\mathrm{d}t.$$

3.7.2 曲率及其计算公式

在第 3.5 节里讨论了曲线弧的凹凸性，即"弯曲"方向，那么怎样定量地描述曲线弧的"弯曲"程度呢？

从图 3-20a 中可以看出，弧段 $\overset{\frown}{M_1M_2}$ 比较平直，当动点沿该段弧从 M_1 移动到 M_2 时，切线转过的角度 φ_1 不大，而弧段 $\overset{\frown}{M_2M_3}$ 弯曲得比较厉害，角 φ_2 就比较大.

但是，从图 3-20b 中又可看出，切线转过的角度的大小并不能完全反映曲线的弯曲程度. 例如，两段曲线弧 $\overset{\frown}{M_1M_2}$ 及 $\overset{\frown}{N_1N_2}$ 尽管切线转过的角度都是 φ，然而弯曲程度并不相同，显然短弧段比长弧段弯曲得厉害些，由此可见，曲线弧的弯曲程度还与弧段的长度有关.

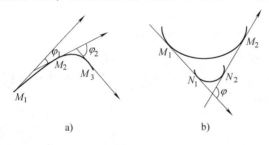

图 3-20

设曲线 C 是光滑的，M，M' 是光滑曲线 C 上的两点，当 C 上的动点从 M 移动到 M' 时，切线转过了角度 $\Delta\alpha$（称为转角），而所对应的弧增量 $\Delta s = \overset{\frown}{MM'}$，如图 3-21 所示，那么弧段 $\overset{\frown}{MM'}$ 的长度为 $|\Delta s|$.

用比值 $\left|\dfrac{\Delta\alpha}{\Delta s}\right|$ 即单位弧段上切线转过的角度的大小来表示弧段 $\overset{\frown}{MM'}$ 的平均弯曲程度，把这个比值叫做弧段 $\overset{\frown}{MM'}$ 的<u>平均曲率</u>. 并记作 $\overline{K}$，即

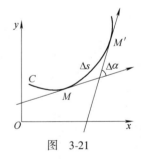

图 3-21

$$\overline{K} = \left|\frac{\Delta\alpha}{\Delta s}\right|.$$

当 $\Delta s \to 0$（即 $M' \to M$）时，平均曲率的极限叫做曲线 C 在点 M 处的<u>曲率</u>，记作 K，即

$$K = \lim_{\Delta s \to 0}\left|\frac{\Delta\alpha}{\Delta s}\right|.$$

在 $\lim\limits_{\Delta s \to 0}\left|\dfrac{\Delta\alpha}{\Delta s}\right|$ 存在的条件下，K 也可以表示为

$$K = \left|\frac{\mathrm{d}\alpha}{\mathrm{d}s}\right|.$$

对于直线，由于切线与直线本身重合，则切线的倾角 α 始终不变，故 $\Delta\alpha = 0$，从而 $K = 0$，即"直线不弯曲".

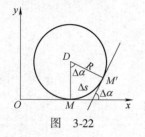

图 3-22

对于圆,设半径为 R,如图 3-22 所示,任意两点 M,M' 处圆之切线所夹的角 $\Delta\alpha$ 等于中心角 $\angle MDM'$,而 $\angle MDM' = \dfrac{\Delta s}{R}$,于是

$$\frac{\Delta\alpha}{\Delta s} = \frac{\frac{\Delta s}{R}}{\Delta s} = \frac{1}{R},$$

则

$$K = \left| \frac{\mathrm{d}\alpha}{\mathrm{d}s} \right| = \frac{1}{R}$$

即圆上任一点处的曲率都相等且都等于其半径的倒数 $\dfrac{1}{R}$. 也就是说,半径越小,曲率越大;反之,半径越大,曲率越小. 若半径无限增大,则曲率就趋近于零. 故从这个意义上说,直线是半径为无穷大的圆.

下面来导出便于实际计算曲率的公式.

设曲线方程为 $y = f(x)$,且 $f(x)$ 具有二阶导数(这时 $f'(x)$ 连续,从而曲线是光滑的). 记曲线在点 $(x, f(x))$ 处切线的倾角为 α,则 $y' = \tan\alpha$,从而

$$y'' = \sec^2\alpha \, \frac{\mathrm{d}\alpha}{\mathrm{d}x},$$

即

$$\frac{\mathrm{d}\alpha}{\mathrm{d}x} = \frac{y''}{1 + \tan^2\alpha} = \frac{y''}{1 + y'^2}.$$

故

$$\mathrm{d}\alpha = \frac{y''}{1 + y'^2}\mathrm{d}x.$$

又因

$$\mathrm{d}s = \sqrt{1 + y'^2}\,\mathrm{d}x,$$

于是

$$K = \left| \frac{\mathrm{d}\alpha}{\mathrm{d}s} \right| = \frac{|\, y''\,|}{(1 + y'^2)^{\frac{3}{2}}}. \tag{3-10}$$

若曲线由参数方程 $\begin{cases} x = \varphi(t) \\ y = \psi(t) \end{cases}$ 确定,则由参数方程求导法则可得

$$K = \frac{|\,\varphi'(t)\psi''(t) - \varphi''(t)\psi'(t)\,|}{[(\varphi'(t))^2 + (\psi'(t))^2]^{\frac{3}{2}}}. \tag{3-11}$$

在工程技术中,经常会碰到曲率问题. 例如,钢梁在荷载作用下会产生弯曲变形,故在设计时就要对其曲率有一定限制. 再如,铺设铁路铁轨时,在拐弯处也要考虑曲率.

例 1 铁路拐弯处常用立方抛物线作为过渡曲线,试求曲线 $y = \dfrac{1}{6}x^3$ 在点 $(0,0)$,$\left(1, \dfrac{1}{6}\right)$ 和 $\left(2, \dfrac{4}{3}\right)$ 处的曲率.

解　$y' = \underline{\hspace{3cm}}$，$y'' = x$，由式(3-10)得

$$K = \underline{\hspace{3cm}}.$$

于是，在$(0，0)$处，$K_0 = 0$；在$\left(1，\dfrac{1}{6}\right)$处，$K_1 = \dfrac{8}{25}\sqrt{5} \approx 0.716$；在

$\left(2，\dfrac{4}{3}\right)$处，$K_2 = \dfrac{2}{25}\sqrt{5} \approx 0.179$.

　　例 2　抛物线$y = ax^2 + bx + c$上哪一点处的曲率最大?

　　解　由$y = ax^2 + bx + c$得

$$y' = 2ax + b，\quad y'' = 2a，$$

代入公式(3-10)，得

$$K = \underline{\hspace{3cm}}.$$

显然，当$2ax + b = 0$，即$x = -\dfrac{b}{2a}$时，K的分母最小，因此，K有最大

值$|2a|$，而$x = -\dfrac{b}{2a}$所对应的点为抛物线的顶点，故抛物线在顶点

处的曲率最大.

3.7.3　曲率圆与曲率半径

　　设曲线$y = f(x)$在点$M(x，y)$处的曲率为$K(K \neq 0)$. 在点M处的

曲线的法线上，在凹向的一侧取一点D，使$|DM| = \dfrac{1}{K} = \rho$. 以$D$为

圆心、ρ为半径作圆，这个圆叫做曲线在点M处的曲率圆，如图 3-23

所示. 曲率圆的圆心D叫做曲线在点M处的曲率中心，曲率圆的半

径ρ叫做曲线在点M处的曲率半径，且

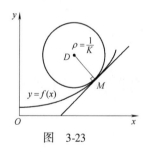

$$\rho = \dfrac{1}{K}，\quad K = \dfrac{1}{\rho}.$$

图 3-23

即曲线上一点处的曲率半径与该点处的曲率互为倒数.

　　从上述定义可知，曲率圆与曲线在点M处有相同的切线和曲率，

且在点M邻近有相同的凹向. 因此，在实际问题中，常常用曲率圆

在点M邻近的一段圆弧来近似代替曲线弧，以使问题简化.

　　例 3　某工件内表面的形状曲线为$y = 0.4x^2$，如图 3-24 所示，现

要用砂轮磨削其内表面，问选用多大直径的砂轮才比较合适?

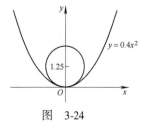

　　解　为了在磨削时不会多磨掉不应磨去的部分，砂轮半径应不

大于抛物线上各点处曲率半径中的最小值. 由本节例 2 可知，抛物

线在其顶点处的曲率最大，即抛物线在其顶点处的曲率半径最

小. 由

图 3-24

$$y' = \underline{\qquad\qquad}, \quad y'' = \underline{\qquad\qquad}$$

得

$$y'|_{x=0} = 0, \quad y''|_{x=0} = 0.8.$$

将它们代入公式(3-10)，得

$$K = 0.8.$$

因此，抛物线顶点处的曲率半径

$$\rho = \frac{1}{K} = 1.25.$$

所以选用砂轮的直径不得超过 2.50 单位长.

*习题 3.7

1. 求椭圆 $4x^2 + y^2 = 4$ 在点 $(0,2)$ 处的曲率.

2. 求曲线 $y = -\ln(\sec x)$ 在点 (x,y) 处的曲率及曲率半径.

3. 求曲线 $x = a\cos^3 t$，$y = a\sin^3 t$ 在 $t = t_0$ 处的曲率.

4. 对数曲线 $y = \ln x$ 上哪一点处的曲率半径最小? 求出该点处的曲率半径.

5. 一飞机沿抛物线路径 $y = \dfrac{x^2}{10000}$（y 轴铅垂向上，单位为 m）作俯冲飞行，在坐标原点 O 处飞机的速度为 $v = 200\text{m/s}$，飞行员体重 $m = 70\text{kg}$，求飞机俯冲至最低点即原点 O 时座椅对飞行员的反力.

6. 求曲线 $y = \ln x$ 在与 x 轴交点处的曲率圆方程.

*3.8   方程的近似解及其 MATLAB 实现

在科学技术问题中，经常会遇到解方程问题，其中一些方程，要想求得其实根的精确值，往往比较困难，因此就需要通过其他方法寻求方程的近似解.

求方程的近似解，一般可分为两步.

第一步是进行根的隔离. 具体地说，就是确定一个区间 $[a,b]$，使所求的根是位于这个区间内的唯一实根，区间 $[a,b]$ 称为所求实根的隔离区间. 通常可通过较精确地画出函数 $y = f(x)$ 的图形，在图上定出它与 x 轴交点的大概位置，从而确定出根的隔离区间.

第二步是以根的隔离区间的端点作为根的初始近似值，逐步改善根的近似值的精确度，直至求得满足精确度要求的近似解. 完成这一步工作有多种方法，这里介绍两种常用的方法——二分法和切线法. 按照这两种方法编出简单的程序，就可以在计算机上求出方程足够精确的近似解.

3.8.1　二分法

设 $f(x)$ 在区间 $[a,b]$ 上连续，$f(a) \cdot f(b) < 0$，且方程 $f(x) = 0$ 在 (a, b) 内仅有一个实根 ξ，则 $[a, b]$ 是实根 ξ 的一个隔离区间.

取 $[a, b]$ 的中点 $\xi_1 = \dfrac{a+b}{2}$，计算 $f(\xi_1)$，若 $f(\xi_1) = 0$，则 $\xi = \xi_1$；

如果 $f(\xi_1)$ 与 $f(a)$ 同号，那么取 $a_1 = \xi_1$，$b_1 = b$，由 $f(a_1) \cdot f(b_1) < 0$ 可知 $a_1 < \xi < b_1$，且 $b_1 - a_1 = \dfrac{1}{2}(b-a)$；

如果 $f(\xi_1)$ 与 $f(b)$ 同号，那么取 $a_1 = a$，$b_1 = \xi_1$，则仍有 $a_1 < \xi < b_1$ 且 $b_1 - a_1 = \dfrac{1}{2}(b-a)$；

总之，当 $\xi \neq \xi_1$ 时，可求得 $a_1 < \xi < b_1$，且 $b_1 - a_1 = \dfrac{1}{2}(b-a)$.

以 $[a_1, b_1]$ 作为根 ξ 的新隔离区间；重复上述做法. 当 $\xi \neq \xi_2 = \dfrac{1}{2}(a_1 + b_1)$ 时，可求得 $a_2 < \xi < b_2$，且 $b_2 - a_2 = \dfrac{1}{2^2}(b-a)$.

如此重复 n 次，可求得 $a_n < \xi < b_n$，且 $b_n - a_n = \dfrac{1}{2^n}(b-a)$. 由此可知，如果以 a_n 或 b_n 作为 ξ 的近似值，那么其误差小于 $\dfrac{1}{2^n}(b-a)$.

例 1　用二分法求方程 $x^3 - x - 1 = 0$ 在区间 $[1, 1.5]$ 内的一个实根，精确到小数点后第二位数.

解　这里 $a = 1$，$b = 1.5$，且 $f(a) = f(1) = -1 < 0$，$f(b) = f(1.5) = 0.875 > 0$. 根据上述步骤，取区间 $[a, b]$ 的中点得

$\xi_1 = 1.25$，$f(\xi_1) = -0.297 < 0$，故 $a_1 = 1.25$，$b_1 = 1.5$；

$\xi_2 = 1.375$，$f(\xi_2) = 0.225 > 0$，故 $a_2 = 1.25$，$b_2 = 1.375$；

$\xi_3 = 1.3125$，$f(\xi_3) = -0.052 < 0$，故 $a_3 = 1.3125$，$b_3 = 1.375$；

$\xi_4 = 1.34375$，$f(\xi_4) = 0.083 > 0$，故 $a_4 = 1.3125$，$b_4 = 1.34375$；

$\xi_5 = 1.3281$，$f(\xi_5) = 0.014 > 0$，故 $a_5 = 1.3125$，$b_5 = 1.3281$；

$\xi_6 = 1.3203$，$f(\xi_6) = -0.019 < 0$，故 $a_6 = 1.3203$，$b_6 = 1.3281$；

于是

$$1.3203 < \xi < 1.3281,$$

所以根为 1.32 且误差小于 $\dfrac{1}{2^6}(1.5 - 1) \approx 0.0078$.

3.8.2　切线法

设 $f(x)$ 在 $[a,b]$ 上具有二阶导数，$f(a) \cdot f(b) < 0$，且 $f'(x)$ 及 $f''(x)$ 在 $[a,b]$ 上保持定号. 则方程 $f(x) = 0$ 在 (a,b) 内有唯一的实根 ξ，$[a,b]$ 为根的一个隔离区间. 此时，$y = f(x)$ 在 $[a,b]$ 上的图形 $\overparen{AB}$

只有如图 3-25 所示的四种不同情形.

考虑用曲线弧一端的切线来代替曲线弧, 从而求出实根的近似值, 这种方法叫做切线法. 从图 3-25 中看出, 如果在纵坐标与 $f''(x)$ 同号的那个端点(此端点记作 $(x_0, f(x_0))$)作切线, 这条切线与 x 轴的交点的横坐标 x_1 就比 x_0 更接近方程的根 ξ.

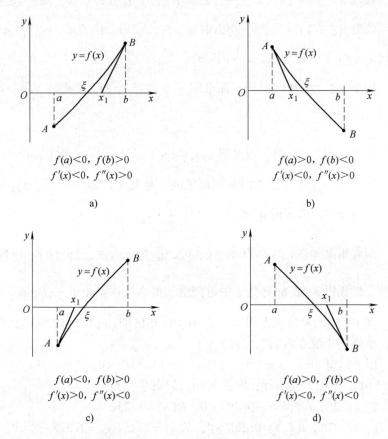

$$f(a)<0,\ f(b)>0$$
$$f'(x)<0,\ f''(x)>0$$

a)

$$f(a)>0,\ f(b)<0$$
$$f'(x)<0,\ f''(x)>0$$

b)

$$f(a)<0,\ f(b)>0$$
$$f'(x)>0,\ f''(x)<0$$

c)

$$f(a)>0,\ f(b)<0$$
$$f'(x)<0,\ f''(x)<0$$

d)

图 3-25

下面以图 3-25b: $f(a) > 0$, $f(b) < 0$, $f'(x) < 0$, $f''(x) > 0$ 的情形为例进行讨论, 此时因为 $f(a)$ 与 $f''(x)$ 同号, 所以令 $x_0 = a$, 在端点 $(x_0, f(x_0))$ 作切线, 该切线的方程为

$$y - f(x_0) = f'(x_0)(x - x_0).$$

令 $y = 0$, 求得切线与 x 轴交点的横坐标为

$$x_1 = x_0 - \frac{f(x_0)}{f'(x_0)},$$

它比 x_0 更接近方程的根 ξ.

再在点 $(x_1, f(x_1))$ 作切线, 可得根的近似值 x_2. 如此重复, 在点 $(x_{n-1}, f(x_{n-1}))$ 作切线, 得根的近似值

$$x_n = x_{n-1} - \frac{f(x_{n-1})}{f'(x_{n-1})}. \tag{3-12}$$

例 2 用切线法求方程 $x^3 - x - 1 = 0$ 在区间 $[1,1.5]$ 内的一个实根，误差不超过 0.007.

解 令 $f(x) = x^3 - x - 1$，且 $f(1) < 0, f(1.5) > 0$，说明 $f(x)$ 在区间 $[1,1.5]$ 内有一实根.

在 $[1,1.5]$ 上，
$$f'(x) = 3x^2 - 1 > 0,\quad f''(x) = 6x > 0.$$
故 $f''(x)$ 与 $f(1.5)$ 同号，所以令 $x_0 = 1.5$.

连续应用公式 (3-12)，得
$$x_1 = 1.5 - \frac{f(1.5)}{f'(1.5)} \approx 1.348;$$

$$x_2 = 1.348 - \frac{f(1.348)}{f'(1.348)} \approx 1.325;$$

$$x_3 = 1.325 - \frac{f(1.325)}{f'(1.325)} \approx 1.3247.$$

经计算可知 $f(1.330) > 0$，于是有
$$1.3247 < \xi < 1.330.$$
以 1.324 或 1.330 作为根的近似值，其误差都小于 0.007.

3.8.3 求解非线性方程的 MATLAB 符号法

MATLAB 中设有求出方程解析解或精确解的符号命令 solve，由它得出的符号解可以转换成任意位有效数字的数值解. 该命令的使用格式为

solve(s1,s2,$\cdots$,sn,' v1 ',' v2 ',$\cdots$,' vn ')

$[z1,z2,\cdots,zn] = $ solve(s1,s2,$\cdots$,sn,' v1 ',' v2 ',$\cdots$,' vn ')

(1) 输入参量 s1，s2，$\cdots$，sn，为待解方程 $f(x) = 0$ 或函数 $f(x)$ 的符号表达式，或者代表它们的变量名. 待解方程可以是任意线性、非线性方程.

(2) 输入参量' v1 '，' v2 '，$\cdots$，' vn '是与方程对应的未知量，它的数目必须与方程数目相等；若有输出变量名 z1，z2，$\cdots$，zn，且与方程数相等，则输入参量' v1 '，' v2 '，$\cdots$，' vn '可以缺省.

(3) 输出参量 z1，z2，$\cdots$，zn 是指定的输出变量名，方程解的结果分别赋值给它们. 但是赋值顺序并不是输入参量' v1 '，' v2 '，$\cdots$，' vn '的排序，而是按未知量名在字母表的排序输出. 求解方程组时，这些输入参量不可以省略，而且必须跟方程数相等，否则只输出方程解的维数.

(4) 当方程组不存在解析解或精确解时，该指令输出方程的数字形式符号解.

(5) 解析解表达式太冗长或含有不熟悉的特殊函数时，可用 vap

命令转换成数值解.

　　例 3　分别求出一元二次方程 $ax^2 + bx + c = 0$ 和 $p\sin(x) = r$ 三角方程的根.

　　解　在 MATLAB 命令窗口输入:

$>>$ x = solve('a * x^2 + b * x + c')

x =

　　$1/2/a * (-b + (b^2 - 4 * a * c)^\wedge(1/2))$

　　$1/2/a * (-b - (b^2 - 4 * a * c)^\wedge(1/2))$

再输入:

$>>$ x = solve('p * sin(x) = r')

x =

　　asin(r/p)

　　例 4　求解方程组

$$\begin{cases} x^2 + \sqrt{5}x = -1, \\ x + 3z^2 = 4, \\ yz + 1 = 0. \end{cases}$$

　　解　在 MATLAB 命令窗口输入:

$>>$ a = 'x^2 + sqrt(5) * x = -1'; b = 'x + 3 * z^2 = 4'; c = 'y * z + 1 = 0';

$>>$ [u v w] = solve(a, b, c)

　u =

　$1/2 - 1/2 * 5^\wedge(1/2)$

　$1/2 - 1/2 * 5^\wedge(1/2)$

　$-1/2 - 1/2 * 5^\wedge(1/2)$

　$-1/2 - 1/2 * 5^\wedge(1/2)$

　v =

　$1/44 * (42 + 6 * 5^\wedge(1/2))^\wedge(1/2) * (-7 + 5^\wedge(1/2))$

　$-1/44 * (42 + 6 * 5^\wedge(1/2))^\wedge(1/2) * (-7 + 5^\wedge(1/2))$

　$1/76 * (54 + 6 * 5^\wedge(1/2))^\wedge(1/2) * (-9 + 5^\wedge(1/2))$

　$-1/76 * (54 + 6 * 5^\wedge(1/2))^\wedge(1/2) * (-9 + 5^\wedge(1/2))$

　w =

　$1/6 * (42 + 6 * 5^\wedge(1/2))^\wedge(1/2)$

　$-1/6 * (42 + 6 * 5^\wedge(1/2))^\wedge(1/2)$

　$1/6 * (54 + 6 * 5^\wedge(1/2))^\wedge(1/2)$

　$-1/6 * (54 + 6 * 5^\wedge(1/2))^\wedge(1/2)$

3.8.4　代数方程的数值解求根指令

　　对于多项式方程, 可用多项式求根指令求解, 使用格式为

roots(p)

（1）一次只能求出一个一元多项式的根，该命令不能用于求方程组的解，必须把多项式方程变成 $p_n(x) = 0$ 的形式；

（2）参数 p 是多项式 $p_n(x) = a_n x^n + a_{n-1} x^{n-1} + \cdots + a_1 x + a_0$ 的系数向量 $\boldsymbol{p} = (a_n, \ a_{n-1}, \ \cdots, \ a_0)$，该向量的分量由多项式系数构成，排序是从高次幂系数到低次幂系数，缺少的幂次系数用零填补；

（3）输出多项式方程的所有实数根和复数根.

例 5　求方程 $x^4 + 5x^2 + 3x = 20$ 的根.

解　首先分析一下 $f(x) = x^4 + 5x^2 + 3x - 20$ 与 x 轴有几个交点. 在 MATLAB 命令窗口输入：

>> fplot('[x^4 + 5 * x^2 + 3 * x - 20, 0]', [-2.5 2.5]); grid;

回车得到如图 3-26 所示的图形，由图可知函数 $f(x)$ 与 x 轴有交点，即原方程有根，并且从图中能够大致估算到根的位置.

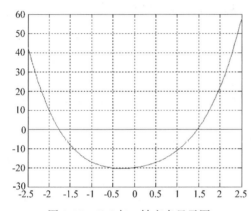

图 3-26　$f(x)$ 与 x 轴交点显示图

在 MATLAB 命令窗口输入：

>> roots([1 0 5 3 -20])

回车得到

ans =

　0.1458 + 2.7687i

　0.1458 - 2.7687i

　-1.7654

　1.4738

3.8.5　求函数零点指令

求解方程 $f(x) = 0$ 的实数根也就是求函数 $f(x)$ 的零点. MATLAB 中设有求函数 $f(x)$ 零点的指令 fzero，可用它来求方程的实数根. 该命令的调用格式为

fzero(fun, x0, options)

（1）输入参数 fun 为函数 $f(x)$ 的字符表达式、内联函数名或 M 函数文件名；

（2）输入参数 x0 为函数某个点的大概位置（不要取零）或其存在的区间 $[x_i, x_j]$，要求函数 $f(x)$ 在点 x0 左右两边变号，即 $f(x_i)f(x_j) < 0$；

（3）输入参数 options 可有多种选择，若用 optimset('disp','iter')代替 options 时，将输出寻找零点的中间数据；

（4）该命令无论对多项式还是超越函数都可以使用，但是每次只能输出函数的一个零点，因此在使用前需要明确函数零点的个数和存在的大致范围. 为此，我们常用绘图命令 plot、fplot 或 ezplot 画出函数 $f(x)$ 的曲线，从图上估计出函数零点的位置.

例 6　求方程 $x^2 + 7\sin x = 30$ 的实数根（$-2\pi < x < 2\pi$）.

解　（1）首先确定方程实根存在的大致范围. 将方程变成标准形式 $x^2 + 7\sin x - 30 = 0$，并在命令窗口输入：

`>> clf, ezplot x - x, grid, hold, ezplot('x^2 + 7 * sin(x) - 30')`

回车得到如图 3-27 所示的结果.

Current plot held

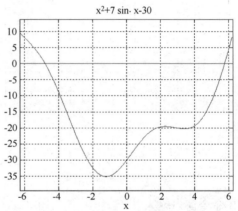

图 3-27　方程实根位置存在的曲线

从曲线上看，方程实根大约为 $x_1 \approx -5$ 和 $x_2 \approx 6$.

（2）使用命令 fzero 求出方程在 $x_1 \approx -5$ 时的根. 在命令窗口中输入：

`x1 = fzero('x^2 + 7 * sin(x) - 30', -5)`

回车得到

x1 =

　 -4.7985

求出 $x_2 \approx 6$ 附近的根，在命令窗口输入：

`>> x2 = fzero('x^2 + 7 * sin(x) - 30', 6)`

回车得到

x2 =

　 5.7781

（3）也可以用内联函数作为输入参数，在命令窗口输入：

$f = \text{inline}(' x^2 + 7 * \sin(x) - 30 ')$；$x1 = \text{fzero}(f, -5)$，$x2 = \text{fzero}(f, 6)$

$x1 =$
　　-4.7985
$x2 =$
　　5.7781

* 习题 3.8

1. 试证明方程 $x^3 - 3x^2 + 6x - 1 = 0$ 在区间 $(0,1)$ 内有唯一的实根，并用二分法求这个根的近似值，使误差不超过 0.01.

2. 试证明方程 $x^5 + 5x + 1 = 0$ 在区间 $(-1,0)$ 内有唯一实根，并用切线法求这个根的近似值，使误差不超过 0.01.

3. 求方程 $x^3 + 3x - 1 = 0$ 的近似根，使误差不超过 0.01.

4. 求方程 $x \lg x = 1$ 的近似根，使误差不超过 0.01.

5. 求解非线性方程 $f(x) = x^3 + 2x^2 + 10x - 20 = 0$.

6. 求解非线性方程 $x^3 - x - 3 = 0$.

7. 求方程 $\cos x = \dfrac{1}{2} + \sin x$ 的根.

8. 求方程 $x = \dfrac{\sin x}{x}$ 的根.

综合练习 3

一、填空题

1. 曲线 $y = \dfrac{x^2}{2x + 1}$ 的渐近线是 _____.

2. $\lim\limits_{x \to 0} \dfrac{a^x - b^x}{x \sqrt{1 - x^2}} =$ _____.

3. 设 $f(x)$ 在 $[a,b]$ 上连续，在 (a,b) 内可导，且在 (a,b) 内除 x_1 及 x_2 两点处的导数为零外，其他各点的导数都为负值，则 $f(x)$ 在 $[a,b]$ 上的最大值为 _____.

4. 设 $f(x) = x(x+1)(2x+1)(3x-1)$，则 $(-1,0)$ 内方程 $f'(x) = 0$ 有 _____ 个实根；在 $(-1,1)$ 内方程 $f''(x) = 0$ 有 _____ 个实根.

二、选择题

1. 设在 $(0,1)$ 内 $f''(x) > 0$，则 $f(x)$ 满足（　　）.

(A) $f'(1) > f'(0) > f(1) - f(0)$

(B) $f'(1) > f(1) - f(0) > f'(0)$

(C) $f(1) - f(0) > f'(1) > f'(0)$

(D) $f'(1) > f(0) - f(1) > f'(0)$

2. 设 $\lim\limits_{x \to a} \dfrac{f(x) - f(a)}{(x-a)^2} = -1$，则在点 $x = a$ 处(　　).

(A) $f(x)$ 的导数存在，且 $f'(a) \neq 0$

(B) $f(x)$ 取得极大值

(C) $f(x)$ 取得极小值

(D) $f(x)$ 的导数不存在

3. 设 $f'''(x_0)$ 存在，且 $f'''(x_0) \neq 0$，$f''(x_0) = 0$，则有(　　).

(A) x_0 是 $f(x)$ 的驻点

(B) x_0 是 $f(x)$ 的极值点

(C) $(x_0, f(x_0))$ 是曲线 $y = f(x)$ 的拐点

(D) 以上三个答案均不成立

4. 设常数 $k > 0$，函数 $f(x) = \ln x - \dfrac{x}{\mathrm{e}} + k$，在 $(0, +\infty)$ 内零点个数为(　　).

(A) 3　　　　(B) 2　　　　(C) 1　　　　(D) 0

三、解答题

1. $\lim\limits_{x \to 0} \dfrac{\sqrt{1+x} + \sqrt{1-x} - 2}{x^2}$.

2. $\lim\limits_{x \to 0} \left[\dfrac{1}{\ln(1+x)} - \dfrac{1}{x} \right]$.

3. $\lim\limits_{x \to +\infty} \left(\dfrac{2}{\pi} \arctan x \right)^x$.

4. $\lim\limits_{x \to 0} \left(\dfrac{a^x + b^x}{2} \right)^{\frac{1}{x}}$ $(a > 0, \ b > 0)$.

5. 证明：当 $0 < x < \dfrac{\pi}{2}$ 时，$\dfrac{\tan x}{x} > \dfrac{x}{\sin x}$.

6. 证明：当 $x > 0$ 时，$\ln(1+x) > \dfrac{\arctan x}{1+x}$.

7. 设 $f(x) = \begin{cases} \dfrac{g(x) - \cos x}{x}, & x \neq 0, \\ a, & x = 0, \end{cases}$ 其中 $g(x)$ 具有二阶连续导数，且 $g(0) = 1$.

(1) 确定 a 的值，使 $f(x)$ 在 $x = 0$ 处连续；

(2) 求 $f'(x)$；

(3) 讨论 $f'(x)$ 在 $x = 0$ 处的连续性.

8. 设 $\lim\limits_{x \to \infty} f'(x) = k$，求 $\lim\limits_{x \to \infty} [f(x+a) - f(x)]$.

9. 证明多项式 $f(x) = x^3 - 3x + a$ 在 $[0,1]$ 上不可能有两个零点.

10. 设 $0 < a < b$，$f(x)$ 在 $[a, b]$ 上可导，试证明存在 $\xi \in (a, b)$，使

$$f(b) - f(a) = \xi f'(\xi) \ln \frac{b}{a}.$$

11. 设 $f(x) = \begin{cases} x^{2x}, & x > 0, \\ x + 2, & x \leqslant 0. \end{cases}$ 求 $f(x)$ 的极值.

12. 求椭圆 $x^2 - xy + y^2 = 3$ 上纵坐标最大和最小的点.

13. 边长为 $a(a > 0)\,\mathrm{m}$ 的正方形铁皮各角剪去同样大小的方块，做成无盖的长方体盒子，问怎样剪才能使盒子的容积最大？

14. 设 $f''(x_0)$ 存在，证明

$$\lim_{h \to 0} \frac{f(x_0 + h) + f(x_0 - h) - 2f(x_0)}{h^2} = f''(x_0).$$

15. 设 $f(x)$ 在 (a, b) 内二阶可导，且 $f''(x) \geqslant 0$，证明对于 (a, b) 内任意两点 x_1，x_2 及 $0 \leqslant t \leqslant 1$ 有

$$f((1 - t)x_1 + tx_2) \leqslant (1 - t)f(x_1) + tf(x_2).$$

16. 曲线弧 $y = \sin x (0 < x < \pi)$ 上哪一点处的曲率半径最小？求出该点处的曲率半径.

17. 甲船以 $6\mathrm{km/h}$ 的速率向东行驶，乙船以 $8\mathrm{km/h}$ 的速率向南行驶，在中午 12 点整，乙船位于甲船之北 $16\mathrm{km}$，问下午 1 点整两船相离的速率为多少？

18. 某企业生产某产品 Q 个单位的总成本为 $C(Q) = \dfrac{3}{2}Q^2 + 40$，市场对该产品的需求函数为 $Q = \sqrt{60 - p}$. 求使利润最大的产量、价格与最大利润. 并求出 $p = 11$ 时的需求价格弹性.

19. 证明方程 $x^3 - 5x - 2 = 0$ 只有一个正根，并求此正根的近似值，精确到 10^{-3}.

第4章

不定积分

通过前面几章的学习，我们知道微分学是已知函数求其导数和微分. 但在许多科学技术的问题中，往往遇到相反的问题，就是已知某函数的导数，求原来的函数. 这种运算是微分运算的逆运算，即所谓积分学. 积分学中有两个基本内容——不定积分和定积分. 这一章主要讲解不定积分.

4.1 原函数与不定积分

不定积分是微分运算的逆运算. 例如，已经知道质点作直线运动的规律 $s = s(t)$，我们要求质点在时刻 t 的瞬时速度 $v(t) = s'(t)$，这就是已经讨论过的微分运算问题. 相反已知质点在时刻 t 的瞬时速度 $v = v(t)$，求质点直线运动的规律 $s = s(t)$. 它向我们提出了一个问题，即已知一个函数的导数（或微分），反过来要求这个函数本身——原函数. 这就引出了原函数的概念.

4.1.1 原函数的概念与原函数存在定理

定义 4.1 如果在区间 I 上，可导函数 $F(x)$ 的导函数为 $f(x)$，即对任一 $x \in I$，都有
$$F'(x) = f(x) \text{ 或 } dF(x) = f(x)dx,$$
那么函数 $F(x)$ 就称为 $f(x)$ 在区间 I 上的一个 原函数.

例如，在 $(-\infty, +\infty)$ 内，因 $(x^2)' = 2x$，所以 x^2 是 $2x$ 在 $(-\infty, +\infty)$ 内的一个原函数. 显然，$x^2 + 1$，$x^2 + \sqrt{2}$ 等都是 $2x$ 的原函数. 一般地，对任意常数 C，$x^2 + C$ 都是 $2x$ 的原函数.

由此可知，当一个函数具有原函数时，它的原函数不止一个.

关于原函数，我们首先要问：一个函数具有什么条件，能保证它的原函数一定存在？这个问题将在下一章讨论，这里先介绍一个

结论.

定理 4.1 （原函数存在定理）　如果函数 $f(x)$ 在区间 I 上连续，那么在区间 I 上存在可导函数 $F(x)$，使对任一 $x \in I$，都有

$$F'(x) = f(x).$$

这个定理告诉我们连续函数一定有原函数. 关于原函数，我们有两个**结论**：

（1）如果函数 $f(x)$ 在区间 I 内有原函数 $F(x)$，那么对于任意常数 C，由于

$$(F(x) + C)' = f(x),$$

即对任意常数 C，函数 $F(x) + C$ 也是 $f(x)$ 的原函数. 这表明，如果 $f(x)$ 有一个原函数，那么 $f(x)$ 就有无限多个原函数.

（2）在区间 I 内函数 $f(x)$ 的任意两个原函数之间只相差一个常数 C.

设 $F(x)$ 与 $\Phi(x)$ 均为区间 I 内 $f(x)$ 的原函数，即 $F'(x) = f(x)$，又 $\Phi'(x) = f(x)$，由于

$$(\Phi(x) - F(x))' = \Phi'(x) - F'(x) = f(x) - f(x) = 0,$$

由拉格朗日中值定理的推论 2，可知

$$\Phi(x) = F(x) + C(C \text{ 为任意常数}),$$

这表明 $\Phi(x)$ 与 $F(x)$ 只差一个常数.

当 C 为任意常数时，表达式

$$F(x) + C$$

就可表示 $f(x)$ 的任意一个原函数. 也就是说，$f(x)$ 的全体原函数所组成的集合，就是函数族

$$\{F(x) + C \mid x \in I, \ -\infty < C < +\infty\}.$$

4.1.2　不定积分及其性质

定义 4.2　在区间 I 上，函数 $f(x)$ 的带有任意常数项的原函数称为 $f(x)$ 在区间 I 上的**不定积分**，记作

$$\int f(x)\,\mathrm{d}x,$$

其中，记号 $\int$ 称为积分号，$f(x)$ 称为被积函数，$f(x)\,\mathrm{d}x$ 称为被积表达式，x 称为积分变量.

由此定义可知，如果 $F(x)$ 是区间 I 内 $f(x)$ 的一个原函数，那么

$$\int f(x)\,\mathrm{d}x = F(x) + C(C \text{ 为任意常数}).$$

这里，任意常数 C 又称为积分常数.

因此，求不定积分即是求原函数族. 如果求出 $f(x)$ 在区间 I 内的一个原函数 $F(x)$，再加上任意常数 C，就得到了 $f(x)$ 在区间 I 内的不

定积分.

例1 求 $\int 2x\mathrm{d}x$.

解 因 $(x^2)' = 2x$，所以 x^2 在 $(-\infty, +\infty)$ 内是 $2x$ 的一个原函数，那么 $x^2 + C$ 就是 $2x$ 的不定积分，即

$$\int 2x\mathrm{d}x = x^2 + C.$$

例2 求 $\int \frac{1}{x}\mathrm{d}x$.

解 当 $x > 0$ 时，因为 $(\ln x)' = \frac{1}{x}$，即在区间 $(0, +\infty)$ 内，$\ln x$ 是 $\frac{1}{x}$ 的一个原函数，那么 $\frac{1}{x}$ 在 $(0, +\infty)$ 内的不定积分为

$$\int \frac{1}{x}\mathrm{d}x = \ln x + C.$$

当 $x < 0$ 时，因为 $(\ln(-x))' = \frac{1}{x}$，得 $\ln(-x)$ 是 $\frac{1}{x}$ 在 $(-\infty, 0)$ 内的一个原函数，因此 $\frac{1}{x}$ 在 $(-\infty, 0)$ 内的不定积分为

$$\int \frac{1}{x}\mathrm{d}x = \ln(-x) + C.$$

以上两式可以合并为一个，即

$$\int \frac{1}{x}\mathrm{d}x = \ln|x| + C.$$

例3 设曲线通过点 $(1, 2)$，且其上任一点处的切线斜率等于该点横坐标的两倍，求此曲线方程.

解 设所求的曲线方程为 $y = f(x)$.

按题设，曲线上任一点 (x, y) 处的切线斜率为

$$\frac{\mathrm{d}y}{\mathrm{d}x} = 2x,$$

即 $f(x)$ 是 $2x$ 的一个原函数. 因此

$$y = \int 2x\mathrm{d}x = x^2 + C.$$

因所求曲线通过点 $(1, 2)$，方程得

$$2 = 1 + C,$$

所以 $$C = 1.$$

于是所求曲线方程为

$$y = x^2 + 1.$$

函数 $f(x)$ 的原函数的图形称为 $f(x)$ 的积分曲线. 本例就是求函数 $2x$ 的通过点 $(1, 2)$ 的那条积分曲线. 显然，这条积分曲线可以由另一条积分曲线（如 $y = x^2$）沿 y 轴方向平移而得（图4-1）.

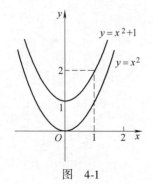

图 4-1

由于求不定积分与求导数（或微分）是互为逆运算，因此可以根

据导数(微分)的性质及其运算法则,导出不定积分的性质与运算法则.

性质 4.1a 不定积分的导数(或微分)等于被积函数(或被积表达式),即

$$\left(\int f(x)\,dx\right)' = f(x) \text{ 或 } d\int f(x)\,dx = f(x)\,dx.$$

证 设 $F(x)$ 是 $f(x)$ 的一个原函数,所以

$$\left(\int f(x)\,dx\right)' = (F(x) + C)' = F'(x) = f(x)$$

或

$$d\int f(x)\,dx = d(F(x) + C) = dF(x) = f(x)\,dx.$$

这个性质**说明**:如果对一个函数先求不定积分,再求导数(或微分),则两者作用抵消.

性质 4.1b 函数的导数(或微分)的不定积分,等于这个函数本身加上一个任意常数. 即

$$\int F'(x)\,dx = F(x) + C \text{ 或}\int dF(x) = F(x) + C.$$

证 因为 $F(x)$ 是 $F'(x)$ 的一个原函数,所以

$$\int F'(x)\,dx = F(x) + C$$

或

$$\int dF(x) = \int F'(x)\,dx = F(x) + C.$$

这个性质**说明**:如果对一个函数先求导数(或微分),再求不定积分,则两者作用抵消后,要相差一个常数.

性质 4.2 被积函数中的常数因子可提到积分号外面来,即

$$\int kf(x)\,dx = k\int f(x)\,dx\,(k \neq 0).$$

证 只要证等式两边的导数相等即可. 根据性质 4.1a,有

$$\left(\int kf(x)\,dx\right)' = kf(x),$$

$$\left(k\int f(x)\,dx\right)' = k\left(\int f(x)\,dx\right)' = kf(x).$$

所以

$$\int kf(x)\,dx = k\int f(x)\,dx.$$

性质 4.3 两个函数和(或差)的不定积分,等于这两个函数不定积分的和(或差),即

$$\int (f(x) \pm g(x))\,dx = \int f(x)\,dx \pm \int g(x)\,dx.$$

证 根据函数的和(或差)的导数等于各函数的导数和(或差)以及性质4.1a上式右端的导数为

$$\left(\int f(x)\mathrm{d}x \pm \int g(x)\mathrm{d}x\right)' = \left(\int f(x)\mathrm{d}x\right)' \pm \left(\int g(x)\mathrm{d}x\right)' = f(x) \pm g(x),$$

而等式左端的导数为

$$\left[\int (f(x) \pm g(x))\mathrm{d}x\right]' = f(x) \pm g(x).$$

所以

$$\int (f(x) \pm g(x))\mathrm{d}x = \int f(x)\mathrm{d}x \pm \int g(x)\mathrm{d}x.$$

用同样的方法可将此结果推广到任意有限个函数和(或差)的情形.

4.1.3 基本积分公式

由于求不定积分是求导数的逆运算,所以由导数公式可以得到相应的积分公式.

例如,当 $\alpha \neq -1$ 时,$\left(\dfrac{x^{\alpha+1}}{\alpha+1}\right)' = x^\alpha$,所以 $\dfrac{x^{\alpha+1}}{\alpha+1}$ 是 x^α 的一个原函数,于是

$$\int x^\alpha \mathrm{d}x = \frac{1}{\alpha+1}x^{\alpha+1} + C(\alpha \neq -1).$$

类似地可以得到其他积分公式. 下面我们列出**常用的基本积分公式**:

(1) $\displaystyle\int k\mathrm{d}x = kx + C(k \text{ 为常数})$;

(2) $\displaystyle\int x^\alpha \mathrm{d}x = \frac{x^{\alpha+1}}{\alpha+1} + C(\alpha \text{ 为常数且 } \alpha \neq -1)$;

(3) $\displaystyle\int \frac{1}{x}\mathrm{d}x = \ln|x| + C$;

(4) $\displaystyle\int a^x \mathrm{d}x = \frac{1}{\ln a}a^x + C(a > 0, \text{且 } a \neq 1)$;

(5) $\displaystyle\int e^x \mathrm{d}x = e^x + C$;

(6) $\displaystyle\int \cos x \mathrm{d}x = \sin x + C$;

(7) $\displaystyle\int \sin x \mathrm{d}x = -\cos x + C$;

(8) $\displaystyle\int \sec^2 x \mathrm{d}x = \tan x + C$;

(9) $\displaystyle\int \csc^2 x \mathrm{d}x = -\cot x + C$;

(10) $\displaystyle\int \sec x \tan x \mathrm{d}x = \sec x + C$;

(11) $\displaystyle\int \csc x \cot x \mathrm{d}x = -\csc x + C$;

(12) $\int \dfrac{\mathrm{d}x}{\sqrt{1 - x^2}} = \arcsin x + C$;

(13) $\int \dfrac{\mathrm{d}x}{1 + x^2} = \arctan x + C.$

以上13个基本积分公式及前面的不定积分性质是求不定积分的基础，请读者熟记.

例 4　求 $\int (3x^2 - 2\cos x + \sqrt{x})\mathrm{d}x.$

解　　$\int (3x^2 - 2\cos x + \sqrt{x})\mathrm{d}x = 3\int x^2 \mathrm{d}x - 2\int \cos x \mathrm{d}x + \int \sqrt{x}\mathrm{d}x$

$$= x^3 - 2\sin x + \frac{2}{3}x^{\frac{3}{2}} + C.$$

注意：这里三项积分中，各有一个积分常数，由于有限个常数的和还是一个常数，因此在最后的计算中只需写一个积分常数.

例 5　求 $\int \dfrac{(1 - \sqrt{x})(1 + \sqrt{x})}{x}\mathrm{d}x.$

解　　$\int \dfrac{(1 - \sqrt{x})(1 + \sqrt{x})}{x}\mathrm{d}x = \int \dfrac{1 - x}{x}\mathrm{d}x = \int \dfrac{1}{x}\mathrm{d}x - \int \mathrm{d}x$

$$= \ln|x| - x + C.$$

注意：先化简再求积分.

例 6　求 $\int \dfrac{x^2}{x^2 + 1}\mathrm{d}x.$

解　　$\int \dfrac{x^2}{x^2 + 1}\mathrm{d}x = \int \left(1 - \dfrac{1}{1 + x^2}\right)\mathrm{d}x = \int \mathrm{d}x - \int \dfrac{1}{1 + x^2}\mathrm{d}x$

$$= x - \arctan x + C.$$

注意：有时被积函数需要凑成或拆成基本积分公式中所具有的形式后，才能积分.

例 7　求 $\int \dfrac{1}{\sin^2 x \, \cos^2 x}\mathrm{d}x.$

解　　$\int \dfrac{1}{\sin^2 x \cdot \cos^2 x}\mathrm{d}x$

$$= \int \frac{\sin^2 x + \cos^2 x}{\sin^2 x \cdot \cos^2 x}\mathrm{d}x$$

$$= \int \frac{\mathrm{d}x}{\cos^2 x} + \int \frac{\mathrm{d}x}{\sin^2 x}$$

$$= \tan x - \cot x + C.$$

例 8　求 $\int \sin^2 \dfrac{x}{2}\mathrm{d}x.$

解　　$\int \sin^2 \dfrac{x}{2}\mathrm{d}x = \int \dfrac{1 - \cos x}{2}\mathrm{d}x = \dfrac{1}{2}\left(\int \mathrm{d}x - \int \cos x \mathrm{d}x\right)$

$$= \frac{1}{2}(x - \sin x) + C.$$

注意： 当被积函数中，含有三角函数时，通常要用三角恒等式进行化简后才能求积分. 此例称为**降幂法**.

例9 设 $\int f(x)\mathrm{d}x = \sin 3x + C$，求 $f'(x)$.

解 由定义知

$f(x) = (\sin 3x)' = 3\cos 3x,$

所以 $f'(x) = -9\sin 3x.$

例10 设 $f'(\sin^2 x) = \cos^2 x$，求 $f(x)$.

解 由于 $f'(\sin^2 x) = \cos^2 x = 1 - \sin^2 x$，所以 $f'(x) = 1 - x$，故知 $f(x)$ 是 $1 - x$ 的原函数，得

$$f(x) = \int(1 - x)\mathrm{d}x = x - \frac{x^2}{2} + C.$$

从上面这些不定积分计算的例子可以看到，不定积分基本公式是我们计算不定积分的出发点. 这些初等函数的不定积分，虽然不能直接利用不定积分基本公式，但可通过适当的代数恒等变形，利用不定积分的性质，化为基本公式的类型，从而得出结果. 由于其计算比较简单，故一般称这种不定积分计算方法为**直接积分法**.

习题 4.1

1. 解答下列问题：

(1) 设 $\int f(x)\mathrm{d}x = 2^x + \sin x + C$，求 $f(x)$；

(2) 若 $f(x)$ 的一个原函数为 $\cos x$，求 $\int f'(x)\mathrm{d}x$.

2. 下列等式成立的有（   ）.

(A) $a\mathrm{d}x = \mathrm{d}(ax + b)$ 　　　　　　(B) $x\mathrm{e}^{x^2}\mathrm{d}x = \mathrm{d}\mathrm{e}^{x^2}$

(C) $\frac{1}{\sqrt{x}}\mathrm{d}x = \frac{1}{2}\mathrm{d}\sqrt{x}$ 　　　　　　(D) $\ln x\mathrm{d}x = \mathrm{d}\frac{1}{x}$

3. 曲线 $y = f(x)$ 在点 x 处的切线斜率为 $-x + 2$，且曲线经过点 $(2,5)$，则该曲线方程为（   ）.

(A) $y = -x^2 + 2$ 　　　　　　(B) $y = -\frac{1}{2}x^2 + 2x$

(C) $y = -\frac{1}{2}x^2 + 2x + 3$ 　　　　(D) $y = -x^2 + 2x + 5$

4. 求下列不定积分：

(1) $\int(2 - x^2)^2\mathrm{d}x$；　　　　　　(2) $\int(1 - x)(2 - 3x)\mathrm{d}x$；

(3) $\int\left(\frac{1 - x}{x}\right)^2\mathrm{d}x$；　　　　　　(4) $\int\left(\frac{1}{x} + \frac{2}{x^2} - \frac{3}{x^3}\right)\mathrm{d}x$；

(5) $\int\frac{x - 1}{\sqrt{x}}\mathrm{d}x$；　　　　　　(6) $\int t\sqrt{t\sqrt{t}}\mathrm{d}t$；

(7) $\int \dfrac{\mathrm{d}x}{x^2(1+x^2)}$;　　　　(8) $\int \dfrac{x^2+2}{1+x^2}\mathrm{d}x$;

(9) $\int \dfrac{1+x+x^2}{x(1+x^2)}\mathrm{d}x$;　　　(10) $\int \dfrac{\mathrm{e}^{2x}-1}{\mathrm{e}^x-1}\mathrm{d}x$;

(11) $\int \cos^2 \dfrac{x}{2}\mathrm{d}x$;　　　　(12) $\int \dfrac{\sin 2x}{\sin x}\mathrm{d}x$;

(13) $\int \dfrac{\cos 2x}{\sin^2 x}\mathrm{d}x$;　　　　(14) $\int \dfrac{\mathrm{d}x}{1+\cos 2x}$;

(15) $\int \dfrac{\cos 2x}{\cos^2 x\sin^2 x}\mathrm{d}x$;　　(16) $\int \sec x(\sec x-\tan x)\mathrm{d}x$;

(17) $\int \cot^2 x\mathrm{d}x$;　　　　　(18) $\int \dfrac{1+\sin 2x}{\cos x+\sin x}\mathrm{d}x$;

(19) $\int (\cos \dfrac{x}{2}+\sin \dfrac{x}{2})^2\mathrm{d}x$;　(20) $\int \dfrac{1}{1-\sin x}\mathrm{d}x$;

5. 求下列曲线方程 $y=f(x)$:

(1) 已知曲线过点 $(\mathrm{e}^2,3)$, 且在任一点 x 处的切线的斜率等于该点横坐标的倒数;

(2) 已知曲线过点 $(0,2)$, 且在任一点 x 处的切线的斜率为 $x+\mathrm{e}^x$;

6. 已知某产品产量的变化率是时间 t 的函数 $f(t)=at+b(a,b$ 为常数), 设此产品的产量为函数 $p(t)$, 且 $p(0)=0$, 求 $p(t)$.

4.2　换元积分法

利用直接积分法可以求出的不定积分的范围是很有限的. 例如, 对于简单的初等函数 $\cos 3x$, 求其不定积分, 直接积分法就解决不了. 本节介绍的换元积分法是把复合函数的微分法反过来用于求不定积分. 利用中间变量的代换, 得到复合函数的积分法, 称为换元积分法, 简称换元法. 由于换元法应用时形式不一样, 而又分为第一类换元积分法和第二类换元积分法.

4.2.1　第一类换元积分法(凑微分法)

先看一个简单的例子. 求 $\int \cos 3x\mathrm{d}x$.

如果直接利用基本积分公式(6)

$$\int \cos x\mathrm{d}x = \sin x + C.$$

得到 $\int \cos 3x\mathrm{d}x = \sin 3x + C$ 这就错了. 值得注意的是, 公式

$$\int \cos x\mathrm{d}x = \sin x + C$$

中积分变量与被积函数取余弦的变量相同, 而 $\int \cos 3x\mathrm{d}x$ 中积分变量为 x, 而被积函数却是对 $3x$ 取余弦, 所以不能直接用基本积分公式(6), 正确的解法是

$$\int \cos 3x \mathrm{d}x = \frac{1}{3}\int \cos 3x \mathrm{d}(3x) \xrightarrow[\text{（换元）}]{\text{令}\, u\,=\,3x} \frac{1}{3}\int \cos u \mathrm{d}u$$

$$= \frac{1}{3}\sin u + C \xrightarrow[\text{（回代）}]{\text{令}\, 3x\,=\,u} \frac{1}{3}\sin 3x + C$$

这个例子所用的方法关键在于利用微分运算凑成基本积分公式中所具有的形式，通常这个方法称为凑微分法.

定理 4.2　设 $f(u)$ 具有原函数 $F(u)$，$u = \varphi(x)$ 可导，则有换元公式

$$\int f(\varphi(x))\varphi'(x)\mathrm{d}x = F(\varphi(x)) + C.$$

证　利用复合函数的求导公式及已知条件 $F'(u) = f(u)$，将上式右端对 x 求导数为

$$\frac{\mathrm{d}}{\mathrm{d}x}(F(\varphi(x)) + C) \xrightarrow{u\,=\,\varphi(x)} \frac{\mathrm{d}F}{\mathrm{d}u}\frac{\mathrm{d}u}{\mathrm{d}x} = f(u)\cdot\frac{\mathrm{d}u}{\mathrm{d}x} = f(\varphi(x))\varphi'(x).$$

恰好是上式左端的被积函数，所以等式成立.

这个定理非常重要，它表明：在基本积分公式中，积分变量 x 换成任一可微函数 $u = \varphi(x)$ 后公式仍成立，这就大大扩充了基本积分公式的使用范围. 应用这一结论，上述例子引用的方法，可以归纳为下列**计算程序**：

$$\int f(\varphi(x))\varphi'(x)\mathrm{d}x \xrightarrow{\text{凑微分}} \int f(\varphi(x))\mathrm{d}\varphi(x) \xrightarrow[\text{（换元）}]{\text{令}\, u\,=\,\varphi(x)} \int f(u)\mathrm{d}u$$

$$= F(u) + C \xrightarrow[\text{（回代）}]{\text{令}\, \varphi(x)\,=\,u} F(\varphi(x)) + C.$$

例 1　求 $\int 2\mathrm{e}^{2x}\mathrm{d}x$.

解　由 $u = \varphi(x) = 2x$，有 $\mathrm{d}u = \mathrm{d}\varphi(x) = \mathrm{d}(2x) = 2\mathrm{d}x$，于是

$$\int 2\mathrm{e}^{2x}\mathrm{d}x = \int \mathrm{e}^u \mathrm{d}u = \mathrm{e}^u + C = \mathrm{e}^{2x} + C.$$

例 2　求 $\int \cos\left(2x + \dfrac{\pi}{3}\right)\mathrm{d}x$.

解　由 $u = \varphi(x) = 2x + \dfrac{\pi}{3}$，有 $\mathrm{d}u = \mathrm{d}\left(2x + \dfrac{\pi}{3}\right) = 2\mathrm{d}x$，于是

$$\int \cos\left(2x + \frac{\pi}{3}\right)\mathrm{d}x = \frac{1}{2}\int \cos u \mathrm{d}u = \frac{1}{2}\sin u + C$$

$$= \frac{1}{2}\sin\left(2x + \frac{\pi}{3}\right) + C.$$

例 3　求 $\int x\sqrt{1 + x^2}\,\mathrm{d}x$.

解　由 $u = \varphi(x) = 1 + x^2$，有 $\mathrm{d}u = \mathrm{d}(1 + x^2) = 2x\mathrm{d}x$，于是

$$\int x\sqrt{1 + x^2}\,\mathrm{d}x = \frac{1}{2}\int \sqrt{u}\,\mathrm{d}u = \frac{1}{2}\int u^{\frac{1}{2}}\,\mathrm{d}u$$

$$= \frac{1}{3}u^{\frac{3}{2}} + C = \frac{1}{3}(1 + x^2)^{\frac{3}{2}} + C.$$

例4　求 $\int \cot x \mathrm{d}x$.

解　因

$$\int \cot x \mathrm{d}x = \int \frac{\cos x}{\sin x} \mathrm{d}x.$$

由 $u = \varphi(x) = \sin x$，有 $\mathrm{d}u = \mathrm{d}\sin x = \cos x \mathrm{d}x$，于是

$$\int \cot x \mathrm{d}x = \int \frac{\cos x}{\sin x} \mathrm{d}x = \int \frac{\mathrm{d}\sin x}{\sin x} = \int \frac{\mathrm{d}u}{u}$$
$$= \ln |u| + C = \ln |\sin x| + C.$$

同理可得

$$\int \tan x \mathrm{d}x = -\ln |\cos x| + C.$$

例5　求 $\int \frac{\mathrm{d}x}{5x + 4}$.

解　由 $u = \varphi(x) = 5x + 4$，有 $\mathrm{d}u = \mathrm{d}(5x + 4) = 5\mathrm{d}x$，于是

$$\int \frac{\mathrm{d}x}{5x + 4} = \int \frac{1}{u} \frac{1}{5} \mathrm{d}u = \frac{1}{5} \int \frac{1}{u} \mathrm{d}u = \frac{1}{5} \ln |u| + C$$
$$= \frac{1}{5} \ln |5x + 4| + C.$$

当我们选定了中间变量 $u = \varphi(x)$ 的具体表达式之后，计算过程中就可以不再写出 $u = \varphi(x)$ 这一步了.

例6　求：$(1) \int \frac{\mathrm{d}x}{a^2 + x^2}$；$(2) \int \frac{x\mathrm{d}x}{a^2 + x^2}$.

解　(1) $\int \frac{\mathrm{d}x}{a^2 + x^2} = \frac{1}{a^2} \int \frac{\mathrm{d}x}{1 + \left(\frac{x}{a}\right)^2} = \underline{\qquad\qquad}$

$$= \frac{1}{a} \arctan \frac{x}{a} + C.$$

$(2) \int \frac{x\mathrm{d}x}{a^2 + x^2} = \frac{1}{2} \int \frac{2x\mathrm{d}x}{a^2 + x^2} = \underline{\qquad\qquad} = \frac{1}{2} \ln(a^2 + x^2) + C.$

例7　求：$(1) \int \sin^3 x \cos^2 x \mathrm{d}x$；$(2) \int \cos^4 x \mathrm{d}x$；$(3) \int \cos 2x \cos 3x \mathrm{d}x$.

解　$(1) \int \sin^3 x \cos^2 x \mathrm{d}x = \int \sin^2 x \cos^2 x \sin x \mathrm{d}x$

$$= -\int (1 - \cos^2 x) \cos^2 x \mathrm{d}\cos x$$

$$= \int (\cos^4 x - \cos^2 x) \mathrm{d}\cos x$$

$$= \int \cos^4 x \mathrm{d}\cos x - \int \cos^2 x \mathrm{d}\cos x$$

$$= \frac{1}{5} \cos^5 x - \frac{1}{3} \cos^3 x + C.$$

（2）$\int\cos^4 x\mathrm{d}x = \dfrac{1}{4}\int(1+\cos 2x)^2\mathrm{d}x = \dfrac{1}{4}\int(1+2\cos 2x+\cos^2 2x)\mathrm{d}x$

$\qquad\qquad = \dfrac{1}{8}\int(3+4\cos 2x+\cos 4x)\mathrm{d}x$

$\qquad\qquad = \dfrac{1}{8}\Big(3\int\mathrm{d}x + 4\int\cos 2x\mathrm{d}x + \int\cos 4x\mathrm{d}x\Big)$

$\qquad\qquad = \dfrac{1}{8}\Big(3x + 2\sin 2x + \dfrac{1}{4}\sin 4x\Big) + C$

$\qquad\qquad = \dfrac{3}{8}x + \dfrac{1}{4}\sin 2x + \dfrac{1}{32}\sin 4x + C.$

（3）$\int\cos 2x\cos 3x\mathrm{d}x = \dfrac{1}{2}\int(\cos x + \cos 5x)\mathrm{d}x$

$\qquad\qquad\qquad\quad = \dfrac{1}{2}\sin x + \dfrac{1}{10}\sin 5x + C.$

例8　求 $\int\dfrac{\mathrm{d}x}{x^2 - a^2}(a > 0)$.

解　由于

$$\frac{1}{x^2 - a^2} = \frac{1}{(x-a)(x+a)} = \frac{1}{2a}\Big(\frac{1}{x-a} - \frac{1}{x+a}\Big),$$

那么

$$\int\frac{\mathrm{d}x}{x^2 - a^2} = \frac{1}{2a}\int\Big(\frac{1}{x-a} - \frac{1}{x+a}\Big)\mathrm{d}x = \frac{1}{2a}\Big(\int\frac{\mathrm{d}x}{x-a} - \int\frac{\mathrm{d}x}{x+a}\Big)$$

$$= \frac{1}{2a}\Big(\int\frac{\mathrm{d}(x-a)}{x-a} - \int\frac{\mathrm{d}(x+a)}{x+a}\Big)$$

$$= \frac{1}{2a}(\ln|x-a| - \ln|x+a|) + C$$

$$= \frac{1}{2a}\ln\Big|\frac{x-a}{x+a}\Big| + C.$$

例9　求 $\int\dfrac{2x+3}{x^2+x-1}\mathrm{d}x$.

解　$\int\dfrac{2x+3}{x^2+x-1}\mathrm{d}x = \int\dfrac{2x+1}{x^2+x-1}\mathrm{d}x + 2\int\dfrac{\mathrm{d}x}{x^2+x-1}.$

上式右边第一项的被积函数中，分子为分母的导数，而第二项的被积函数的分母可配方成两项平方差形式，于是

$$\int\frac{2x+3}{x^2+x-1}\mathrm{d}x = \int\frac{\mathrm{d}(x^2+x-1)}{x^2+x-1} + 2\int\frac{\mathrm{d}\Big(x+\dfrac{1}{2}\Big)}{\Big(x+\dfrac{1}{2}\Big)^2 - \Big(\dfrac{\sqrt{5}}{2}\Big)^2}$$

$$= \underline{\qquad\qquad} + 2\cdot\frac{1}{2\cdot\dfrac{\sqrt{5}}{2}}\ln\left|\frac{\Big(x+\dfrac{1}{2}\Big)-\dfrac{\sqrt{5}}{2}}{\Big(x+\dfrac{1}{2}\Big)+\dfrac{\sqrt{5}}{2}}\right| + C$$

$$= \ln | x^2 + x - 1 | + \frac{2\sqrt{5}}{5}\ln \left| \frac{2x + 1 - \sqrt{5}}{2x + 1 + \sqrt{5}} \right| + C.$$

例 10　求 $\int \sec x \mathrm{d}x$.

解　$\int \sec x \mathrm{d}x = \int \frac{\mathrm{d}x}{\cos x} = \underline{\hspace{2cm}} = \int \frac{\mathrm{d}\sin x}{1 - \sin^2 x} = -\int \frac{\mathrm{d}\sin x}{\sin^2 x - 1}$

$$= -\frac{1}{2}\ln \left| \frac{\sin x - 1}{\sin x + 1} \right| + C = \frac{1}{2}\ln \left| \frac{\sin x + 1}{\sin x - 1} \right| + C$$

$$= \underline{\hspace{2.5cm}} = \frac{1}{2}\ln \left| \frac{(1 + \sin x)^2}{\cos^2 x} \right| + C$$

$$= \ln \left| \frac{1 + \sin x}{\cos x} \right| + C = \ln | \sec x + \tan x | + C.$$

同理可得

$$\int \csc x \mathrm{d}x = \ln | \csc x - \cot x | + C.$$

例 11　求 $\int \frac{\mathrm{d}x}{x(\ln x + 1)^2}$.

解　$\int \frac{\mathrm{d}x}{x(\ln x + 1)^2} = \int \frac{\mathrm{d}\ln x}{(\ln x + 1)^2} = \underline{\hspace{2.5cm}}$

$$= -\frac{1}{\ln x + 1} + C.$$

例 12　求 $\int \frac{\sin(1 + \sqrt{x})}{\sqrt{x}}\mathrm{d}x$.

解　$\int \frac{\sin(1 + \sqrt{x})}{\sqrt{x}}\mathrm{d}x = 2\int \frac{\sin(1 + \sqrt{x})}{2\sqrt{x}}\mathrm{d}x = \underline{\hspace{2cm}}$

$$= -2\cos(1 + \sqrt{x}) + C.$$

例 13　求 $\int \frac{\mathrm{d}x}{\sqrt{x - x^2}}$.

解法 1　$\int \frac{\mathrm{d}x}{\sqrt{x - x^2}} = \int \frac{\mathrm{d}x}{\sqrt{\frac{1}{4} - \left(x - \frac{1}{2}\right)^2}} = \underline{\hspace{2.5cm}}$

$$= \int \frac{\mathrm{d}(2x - 1)}{\sqrt{1 - (2x - 1)^2}} = \arcsin(2x - 1) + C.$$

解法 2　因为 $\frac{\mathrm{d}x}{\sqrt{x}} = 2\mathrm{d}\sqrt{x}$，所以

$$\int \frac{\mathrm{d}x}{\sqrt{x - x^2}} = \int \frac{\mathrm{d}x}{\sqrt{x(1 - x)}} = 2\int \frac{\mathrm{d}\sqrt{x}}{\sqrt{1 - (\sqrt{x})^2}} = 2\arcsin\sqrt{x} + C.$$

　　从上面的例子中可以看出凑微分法需要较灵活的技巧，对于不同的积分应采用不同的方法，就是对同一积分也有不同的方法，因此得

出不同形式的积分结果,实际上不同结果之间只相差一个常数.

从上述一些例子中可知第一换元积分法实质上就是复合函数求导数的逆运算.

4.2.2 第二类换元积分法

先看一个例子. 求 $\int \dfrac{\mathrm{d}x}{1+\sqrt{x}}$.

对此积分很难用凑微分法求出,只有另用其他方法.

设 $\sqrt{x}=t$,则 $x=t^2(t>0)$,$\mathrm{d}x=2t\mathrm{d}t$,于是

$$\int \frac{\mathrm{d}x}{1+\sqrt{x}} = \int \frac{2t}{1+t}\mathrm{d}t = 2\int \frac{t+1-1}{t+1}\mathrm{d}t = 2\int \mathrm{d}t - 2\int \frac{\mathrm{d}t}{1+t}$$

$$= 2t - 2\ln(1+t) + C = 2\sqrt{x} - 2\ln(1+\sqrt{x}) + C.$$

上面这个例题的方法就是第二类换元积分法,其**关键**在于设 $\sqrt{x}=t$,作变量代换消去根号以便使积分化简求出积分.

定理 4.3 设 $x=\psi(t)$ 是单调、可导的函数,并且 $\psi'(t) \neq 0$;又设 $f(\psi(t))\psi'(t)$ 具有原函数 $F(t)$,则有换元公式

$$\int f(x)\mathrm{d}x = \int f(\psi(t))\psi'(t)\mathrm{d}t = F(t) + C = F(\psi^{-1}(x)) + C,\text{其中}$$

$\psi^{-1}(x)$ 是 $x=\psi(t)$ 的反函数.

证 因为 $\psi'(t) \neq 0$ 存在反函数

$$t=\psi^{-1}(x).$$

利用反函数求导公式,则有

$$\frac{\mathrm{d}t}{\mathrm{d}x} = \frac{1}{\psi'(t)}.$$

再利用复合函数求导公式及已知条件

$$F'(t) = f(\psi(t))\psi'(t),$$

则

$$\frac{\mathrm{d}}{\mathrm{d}x}(F(\psi^{-1}(x)) + C) = \frac{\mathrm{d}F}{\mathrm{d}t} \cdot \frac{\mathrm{d}t}{\mathrm{d}x} = f(\psi(t))\psi'(t) \cdot \frac{1}{\psi'(t)}$$

$$= f(\psi(t)) = f(x).$$

所以

$$\int f(x)\mathrm{d}x = F(\psi^{-1}(x)) + C.$$

注意:运用第二类换元积分法的关键是引入恰当的变换函数 $x=\psi(t)$,要求变换函数单调且可导.

例 14 求 $\int \sqrt{a^2-x^2}\mathrm{d}x(a>0)$.

解 被积函数为无理式,应设法使被积函数有理化.

令 $x=a\sin t$,$t \in \left[-\dfrac{\pi}{2}, \dfrac{\pi}{2}\right]$,则它是 t 的单调可微函数,且

$$\mathrm{d}x = a\cos t\mathrm{d}t, \quad \sqrt{a^2 - x^2} = a\cos t,$$

于是

$$\int \sqrt{a^2 - x^2}\mathrm{d}x = \int a\cos t \cdot a\cos t\mathrm{d}t = \int a^2\cos^2 t\mathrm{d}t$$

$$= a^2 \int \frac{1 + \cos 2t}{2}\mathrm{d}t$$

$$= a^2 \left(\frac{1}{2}t + \frac{1}{4}\sin 2t\right) + C.$$

为了要换回原来的积分变量，我们可根据 $x = a\sin t$ 得一个直角三

角形如图 4-2 所示. 由图可知 $\cos t = \dfrac{\sqrt{a^2 - x^2}}{a}$，所以

$$\int \sqrt{a^2 - x^2}\mathrm{d}x = \frac{a^2}{2}\left(\arcsin \frac{x}{a} + \frac{x}{a} \cdot \frac{\sqrt{a^2 - x^2}}{a}\right) + C$$

$$= \frac{a^2}{2}\arcsin \frac{x}{a} + \frac{x}{2}\sqrt{a^2 - x^2} + C.$$

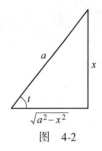

图 4-2

例 15 求 $\displaystyle\int \frac{\mathrm{d}x}{\sqrt{x^2 + a^2}}(a > 0)$.

解 设 $x = a\tan t$，$t \in \left(-\dfrac{\pi}{2}, \dfrac{\pi}{2}\right)$，则

$$\mathrm{d}x = a\sec^2 t\mathrm{d}t, \quad \sqrt{x^2 + a^2} = a\sec t,$$

于是

$$\int \frac{\mathrm{d}x}{\sqrt{x^2 + a^2}} = \int \frac{1}{a\sec t} \cdot a\sec^2 t\mathrm{d}t = \int \sec t\mathrm{d}t$$

$$= \ln|\sec t + \tan t| + C.$$

由 $x = a\tan t$ 可得一直角三角形如图 4-3 所示，
所以

$$\int \frac{\mathrm{d}x}{\sqrt{x^2 + a^2}} = \ln\left|\frac{\sqrt{x^2 + a^2}}{a} + \frac{x}{a}\right| + C_1$$

$$= \ln|\sqrt{x^2 + a^2} + x| + C_1 - \ln a$$

$$= \ln|\sqrt{x^2 + a^2} + x| + C$$

$$(\text{其中 } C = C_1 - \ln a).$$

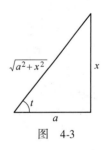

图 4-3

例 16 求 $\displaystyle\int \frac{\mathrm{d}x}{\sqrt{x^2 - a^2}}(a > 0)$.

解 被积函数的定义域是 $x > a$ 和 $x < -a$ 两个区间，我们在两个
区间内分别求不定积分.

当 $x > a$ 时，设 $x = a\sec t$，$t \in \left(0, \dfrac{\pi}{2}\right)$，则

$$\mathrm{d}x = a\sec t\tan t\mathrm{d}t,$$

$$\sqrt{x^2 - a^2} = \sqrt{a^2 \sec^2 t - a^2} = a\sqrt{\sec^2 t - 1} = a\tan t,$$

于是

$$\int \frac{\mathrm{d}x}{\sqrt{x^2 - a^2}} = \int \frac{a\sec t \tan t}{a\tan t}\mathrm{d}t = \int \sec t \,\mathrm{d}t$$

$$= \ln(\sec t + \tan t) + C.$$

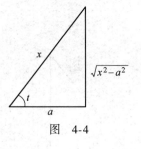

图　4-4

为了把 $\sec t$ 及 $\tan t$ 换成 x 的函数，我们根据 $\sec t = \dfrac{x}{a}$ 作辅助三角

形如图 4-4 所示，得到 $\tan t = \dfrac{\sqrt{x^2 - a^2}}{a}$，因此

$$\int \frac{\mathrm{d}x}{\sqrt{x^2 - a^2}} = \ln\left(\frac{x}{a} + \frac{\sqrt{x^2 - a^2}}{a}\right) + C_1$$

$$= \ln(x + \sqrt{x^2 - a^2}) + C$$

$$(其中 C = C_1 - \ln a)$$

当 $x < -a$ 时，令 $x = -u$，那么 $u > a$，由上面结果有

$$\int \frac{\mathrm{d}x}{\sqrt{x^2 - a^2}} = -\int \frac{\mathrm{d}u}{\sqrt{u^2 - a^2}} = -\ln(u + \sqrt{u^2 - a^2}) + C_1$$

$$= -\ln(-x + \sqrt{x^2 - a^2}) + C_1$$

$$= \ln\frac{-x - \sqrt{x^2 - a^2}}{a^2} + C_1$$

$$= \ln(-x - \sqrt{x^2 - a^2}) + C(其中 C = C_1 - 2\ln a).$$

把在 $x > a$ 及 $x < -a$ 内的结果合起来，可写作

$$\int \frac{\mathrm{d}x}{\sqrt{x^2 - a^2}} = \ln|x + \sqrt{x^2 - a^2}| + C.$$

例 17　求 $\displaystyle\int \frac{x + 1}{\sqrt[3]{3x + 1}}\mathrm{d}x$.

解　设 $\sqrt[3]{3x + 1} = t$，$x = \dfrac{1}{3}(t^3 - 1)$，则 $\mathrm{d}x = t^2\mathrm{d}t$，于是

$$\int \frac{x + 1}{\sqrt[3]{3x + 1}}\mathrm{d}x = \frac{1}{3}\int (t^4 + 2t)\mathrm{d}t = \frac{1}{15}t^5 + \frac{1}{3}t^2 + C$$

$$= \frac{t^2}{15}(t^3 + 5) + C$$

$$= \frac{1}{15}\sqrt[3]{(3x + 1)^2}(3x + 1 + 5) + C$$

$$= \frac{1}{5}\sqrt[3]{(3x + 1)^2}(x + 2) + C.$$

从例 14 至例 16 所用换元法，还常叫做三角函数代换法.

第二类换元积分法常常用于被积函数中含有根式的情形，**常用的**

变量替换可总结如下：

（1）被积函数为 $f(\sqrt[n_1]{x},\ \sqrt[n_2]{x})$，则令 $t=\sqrt[n]{x}$，其中 n 为 n_1，n_2 的最小公倍数；

（2）被积函数为 $f(\sqrt[n]{ax+b})$，则令 $t=\sqrt[n]{ax+b}$；

（3）被积函数为 $f(\sqrt{a^2-x^2})$，则令 $x=a\sin t$，$-\dfrac{\pi}{2}\leqslant t\leqslant\dfrac{\pi}{2}$；

（4）被积函数为 $f(\sqrt{x^2+a^2})$，则令 $x=a\tan t$，$-\dfrac{\pi}{2}<t<\dfrac{\pi}{2}$；

（5）被积函数为 $f(\sqrt{x^2-a^2})$，则令 $x=a\sec t$，$0<t<\dfrac{\pi}{2}$ 或 $\dfrac{\pi}{2}<t<\pi$.

本节一些例题的结果，可以当做公式使用，为便于读者使用，将这些**常用的积分公式**列举如下：

（1）$\displaystyle\int\tan x\,\mathrm{d}x=-\ln|\cos x|+C=\ln|\sec x|+C$；

（2）$\displaystyle\int\cot x\,\mathrm{d}x=\ln|\sin x|+C=-\ln|\csc x|+C$；

（3）$\displaystyle\int\sec x\,\mathrm{d}x=\ln|\sec x+\tan x|+C$；

（4）$\displaystyle\int\csc x\,\mathrm{d}x=\ln|\csc x-\cot x|+C$；

（5）$\displaystyle\int\dfrac{\mathrm{d}x}{a^2+x^2}=\dfrac{1}{a}\arctan\dfrac{x}{a}+C$；

（6）$\displaystyle\int\dfrac{\mathrm{d}x}{\sqrt{x^2+a^2}}=\ln(x+\sqrt{x^2+a^2})+C$；

（7）$\displaystyle\int\dfrac{\mathrm{d}x}{\sqrt{x^2-a^2}}=\ln|x+\sqrt{x^2-a^2}|+C$；

（8）$\displaystyle\int\dfrac{\mathrm{d}x}{\sqrt{a^2-x^2}}=\arcsin\dfrac{x}{a}+C$；

（9）$\displaystyle\int\dfrac{\mathrm{d}x}{x^2-a^2}=\dfrac{1}{2a}\ln\left|\dfrac{x-a}{x+a}\right|+C$.

被积函数有时可经过变形而直接利用上述公式求得其积分.

例 18　求：（1）$\displaystyle\int\dfrac{\mathrm{d}x}{x^2+2x+3}$；（2）$\displaystyle\int\dfrac{\mathrm{d}x}{\sqrt{1+x-x^2}}$.

解　（1）$\displaystyle\int\dfrac{\mathrm{d}x}{x^2+2x+3}=\underline{\hspace{3cm}}=\dfrac{1}{\sqrt{2}}\arctan\dfrac{x+1}{\sqrt{2}}+C$.

（2）$\displaystyle\int\dfrac{\mathrm{d}x}{\sqrt{1+x-x^2}}=\underline{\hspace{3cm}}$

$$=\arcsin\dfrac{2x-1}{\sqrt{5}}+C.$$

　　读者可能**注意**到，上述例题的求解过程中都用到了第一类换元积分法，因此第一类换元积分法与第二类换元积分法有时需要交替使用. 至于有些不定积分，采取哪种换元法好，要根据被积表达式的特点来确定.

习题 4.2

1. 给下列各式括号内填入适当的常数，使等式成立 $\left(\text{如 } x\mathrm{d}x = \dfrac{1}{2}\mathrm{d}(x^2 + 1)\right)$.

(1) $\mathrm{d}x = ($　　$)\mathrm{d}(3x + 4)$;　　　(2) $\mathrm{d}x = ($　　$)\mathrm{d}\left(2 - \dfrac{x}{3}\right)$;

(3) $x\mathrm{d}x = ($　　$)\mathrm{d}\left(3x^2 + \dfrac{1}{2}\right)$;　　(4) $x\mathrm{d}x = ($　　$)\mathrm{d}(1 - x^2)$;

(5) $x^2\mathrm{d}x = ($　　$)\mathrm{d}\left(x^3 + \dfrac{1}{4}\right)$;　　(6) $x^3\mathrm{d}x = ($　　$)\mathrm{d}(2x^4 - 3)$;

(7) $\sin 4x\mathrm{d}x = ($　　$)\mathrm{d}(\cos 4x)$;　　(8) $\dfrac{\mathrm{d}x}{x} = ($　　$)\mathrm{d}(2\ln x - 5)$;

(9) $\mathrm{e}^{\frac{x}{2}}\mathrm{d}x = ($　　$)\mathrm{d}\left(\mathrm{e}^{\frac{x}{2}} - \sin\dfrac{\pi}{5}\right)$;

(10) $\dfrac{\mathrm{d}x}{\sqrt{1 - 4x^2}} = ($　　$)\mathrm{d}(\arcsin 2x)$.

2. 设 $\int f(x)\mathrm{d}x = F(x) + C, x = \varphi(t)$，则 $\int f(\varphi(t))\varphi'(t)\mathrm{d}t = $ _____.

3. 设 $\int f(\varphi(t))\varphi'(t)\mathrm{d}t = F(t) + C, x = \varphi(t)$，则 $\int f(x)\mathrm{d}x = $ _____.

4. 下列不定积分中不用凑微分法求解的是(　　).

(A) $\int \cos(2x - 1)\mathrm{d}x$　　　　　　(B) $\int \dfrac{1}{4x^2 + 1}\mathrm{d}x$

(C) $\int x\mathrm{e}^{-x^2}\mathrm{d}x$　　　　　　　　(D) $\int (x - 1)\ln x\mathrm{d}x$

5. 下列等式不成立的是(　　).

(A) $\int \dfrac{\ln x}{x}\mathrm{d}x = \int \dfrac{1}{x}\mathrm{d}\left(\dfrac{1}{x}\right) = \dfrac{1}{x^3} + C$

(B) $\int \dfrac{f'(x)}{1 + f(x)}\mathrm{d}x = \ln|1 + f(x)| + C$

(C) $\int \dfrac{f'(x)}{1 + f^2(x)}\mathrm{d}x = \arctan(f(x)) + C$

(D) $\int \dfrac{f(x)f'(x)}{1 + f^2(x)}\mathrm{d}x = \dfrac{1}{2}\ln(1 + f^2(x)) + C$

6. 求下列不定积分:

(1) $\int \sqrt{2 - 3x}\mathrm{d}x$;　　　　　(2) $\int \dfrac{1}{3x + 1}\mathrm{d}x$;

(3) $\int \sin(4x + 1)\mathrm{d}x$;　　　　(4) $\int \cos(1 - 4x)\mathrm{d}x$;

(5) $\int x\sin x^2\mathrm{d}x$;　　　　　　(6) $\int \dfrac{x}{\sqrt{3 - 4x^2}}\mathrm{d}x$;

$(7)\int\dfrac{x-2}{x^2-4x+4}\mathrm{d}x$;　　　　$(8)\int\dfrac{\cos\sqrt{x}}{\sqrt{x}}\mathrm{d}x$;

$(9)\int\dfrac{1}{x^2}\sin\dfrac{1}{x}\mathrm{d}x$;　　　　$(10)\int\dfrac{\mathrm{e}^x}{1-2\mathrm{e}^x}\mathrm{d}x$;

$(11)\int\dfrac{\mathrm{e}^x}{1-\mathrm{e}^{2x}}\mathrm{d}x$;　　　　$(12)\int\sin x\cos^2 x\mathrm{d}x$;

$(13)\int\dfrac{\cos x}{(1-\sin x)^2}\mathrm{d}x$;　　　$(14)\int\dfrac{1}{9+16x^2}\mathrm{d}x$;

$(15)\int\dfrac{1}{x(1+2\ln x)}\mathrm{d}x$;　　　$(16)\int\dfrac{\ln^2 x}{x}\mathrm{d}x$;

$(17)\int\dfrac{(1+\tan x)^2}{\cos^2 x}\mathrm{d}x$;　　　$(18)\int\dfrac{\sin x\cos x}{1+\sin^4 x}\mathrm{d}x$;

$(19)\int\dfrac{\ln(\tan x)}{\sin x\cos x}\mathrm{d}x$;　　　$(20)\int\dfrac{1}{\cos^2 x\sqrt{1+\tan x}}\mathrm{d}x$.

7. 求下列不定积分:

$(1)\int\dfrac{1}{1+\sqrt{2x}}\mathrm{d}x$;　　　　$(2)\int\dfrac{1}{x+\sqrt{x}}\mathrm{d}x$;

$(3)\int\dfrac{\mathrm{e}^{\sqrt{x}}}{\sqrt{x}}\mathrm{d}x$;　　　　$(4)\int x\sqrt{x-6}\mathrm{d}x$;

$(5)\int\dfrac{\mathrm{d}x}{x\sqrt{x-1}}$;　　　　$(6)\int\dfrac{x+1}{\sqrt{3x+1}}\mathrm{d}x$;

$(7)\int\dfrac{\sqrt{x^2+a^2}}{x^2}\mathrm{d}x$;　　　$(8)\int\dfrac{1}{1+\sqrt{1-x^2}}\mathrm{d}x$;

$(9)\int\dfrac{1}{x+\sqrt{1-x^2}}\mathrm{d}x$;　　　$(10)\int\dfrac{x^3}{\sqrt{1+x^2}}\mathrm{d}x$.

8. 求下列不定积分:

$(1)\int xf(x^2)f'(x^2)\mathrm{d}x$;　　　$(2)\int\dfrac{f'(\ln x)}{x}\mathrm{d}x$.

4.3　分部积分法

利用换元积分法可以求许多函数的不定积分. 然而, 还有许多不定积分, 如 $\int\ln x\mathrm{d}x,\int x\sin x\mathrm{d}x$ 等都不能或者不便利用直接积分法和换元积分法计算, 要求解诸如此类的不定积分, 需要用到求不定积分的另外一种有效方法, 这就是分部积分法, 其理论基础是函数乘积的微分公式.

设 $u=u(x)$, $v=v(x)$ 都是连续可导的函数, 由函数乘积的微分公式, 有
$$\mathrm{d}(uv)=v\mathrm{d}u+u\mathrm{d}v,$$
可得
$$u\mathrm{d}v=\mathrm{d}(uv)-v\mathrm{d}u,$$
两边同时积分, 得

$$\int u dv = \int d(uv) - \int v du,$$

从而有分部积分公式

$$\int u dv = uv - \int v du.$$

这就是不定积分的**分部积分公式**.

分部积分公式的特点是两边的积分中 u 与 v 的位置恰好交换了, 如下式所示:

$$\int \underline{u dv} = uv - \int \underline{v du}.$$
$$\quad\underset{\llcorner u \text{ 与 } v \text{ 交换} \lrcorner}{}$$

粗略地看, 两者形式差不多, 似乎并无多大的意义. 其实不然, 很多时候 $\int u dv$ 不易求得, 而 $\int v du$ 却容易计算, 这时公式便起到了化难为易的作用.

应用分部积分法求不定积分 $\int f(x) dx$, 一般的**步骤**是:

(1) 凑微分: 把被积函数 $f(x)$ 中适当的部分与 dx 凑成微分 dv;

(2) 代入公式 $\int u dv = uv - \int v du \left(使 \int v du \text{ 比 } \int u dv \text{ 简单易求} \right)$;

(3) 计算不定积分 $\int v du$.

例 1　求 $\int x e^x dx$.

解　(1) 令 $u = x$, $dv = e^x dx$, 那么有
$$du = dx, \quad v = e^x;$$

(2) $\int \underset{u}{x}\ \underset{dv}{e^x dx} = \underset{u}{x}\ \underset{v}{e^x}\ - \int \underset{v}{e^x}\ \underset{du}{dx}$

(3) 计算

$$\int e^x dx = e^x + C.$$

所以

$$\int x e^x dx = x e^x - e^x + C.$$

注意: 此例如果取

$$u = e^x, dv = x,$$

则

$$du = e^x dx, v = \frac{x^2}{2}.$$

代入公式得

$$\int x e^x dx = \frac{x^2}{2} e^x - \frac{1}{2} \int x^2 e^x dx.$$

积分 $\int x^2 e^x dx$ 比开始的积分 $\int x e^x dx$ 更难以求出，显然，这种取法是不妥当的，所以恰当地选择 u 和 dv 是用分部积分公式求积分的**关键**.

下面通过一些例子给出几种常见类型 u,v 的**取法**.

（1）形如 $\int P_n(x)\sin\alpha x dx, \int P_n(x)\cos\beta x dx, \int P_n(x)e^{\lambda x}dx$

对于形如 $\int P_n(x)\sin\alpha x dx, \int P_n(x)\cos\beta x dx, \int P_n(x)e^{\lambda x}dx$（$P_n(x)$ 为多项式，n 为正整数，α，β，λ 为不等于零的常数）的不定积分，应利用分部积分法计算，一般设 $u = P_n(x)$，被积表达式的其余部分设为 dv.

例 2　求 $\int x^2 e^x dx$.

解
$$\int x^2 e^x dx = \int x^2 de^x = x^2 e^x - \int e^x dx^2 = x^2 e^x - 2\int x e^x dx$$
$$= x^2 e^x - 2\int x de^x = x^2 e^x - 2x e^x + 2\int e^x dx$$
$$= x^2 e^x - 2x e^x + 2e^x + C$$
$$= e^x(x^2 - 2x + 2) + C.$$

在计算过程中有时需要两次（或多次）用分部积分法. 在重复使用分部积分公式时，当第一次设某函数为 u 后，一般第二次仍然应该设该函数为 u，否则将得不出结果.

例 3　求 $\int x\sin x dx$.

解
$$\int x\sin x dx = -\int x d\cos x = -x\cos x + \int \cos x dx$$
$$= -x\cos x + \sin x + C.$$

（2）形如 $\int P_n(x)\ln x dx, \int P_n(x)\arcsin x dx, \int P_n(x)\arccos x dx$

对于形如 $\int P_n(x)\ln x dx, \int P_n(x)\arcsin x dx, \int P_n(x)\arccos x dx$ 的不定积分，应利用分部积分法计算，一般设 $dv = P_n(x)dx$，而被积表达式的其余部分设为 u.

例 4　求 $\int \ln x dx$.

解
$$\int \ln x dx = x\ln x - \int x d\ln x = x\ln x - \int dx$$
$$= x\ln x - x + C.$$

例 5　求 $\int x^2 \ln x dx$.

解　$\int x^2 \ln x dx = \underline{\hspace{3cm}} = \dfrac{x^3}{3}\ln x - \int \dfrac{x^3}{3}d\ln x$

$$= \frac{x^3}{3}\ln x - \frac{1}{3}\int x^2 dx$$

$$= \frac{x^3}{3}\ln x - \frac{1}{9}x^3 + C.$$

例6 求 $\int x\arctan x dx$.

解 $\int x\arctan x dx = \underline{\hspace{3cm}} = \frac{x^2}{2}\arctan x - \int \frac{x^2}{2}d\arctan x$

$$= \frac{x^2}{2}\arctan x - \frac{1}{2}\int \frac{x^2}{1+x^2}dx$$

$$= \frac{x^2}{2}\arctan x - \frac{1}{2}\int dx + \frac{1}{2}\int \frac{dx}{1+x^2}$$

$$= \frac{x^2}{2}\arctan x - \frac{1}{2}x + \frac{1}{2}\arctan x + C$$

$$= \frac{1}{2}(x^2+1)\arctan x - \frac{1}{2}x + C.$$

例7 求 $\int \arcsin x dx$.

解 $\int \arcsin x dx = x\arcsin x - \int x d\arcsin x$

$$= x\arcsin x - \int \frac{x}{\sqrt{1-x^2}}dx$$

$$= x\arcsin x + \frac{1}{2}\int \frac{d(1-x^2)}{\sqrt{1-x^2}}$$

$$= x\arcsin x + \sqrt{1-x^2} + C.$$

(3) 形如 $\int e^{\lambda x}\sin\alpha x dx, \int e^{\lambda x}\cos\beta x dx$

对于形如 $\int e^{\lambda x}\sin\alpha x dx, \int e^{\lambda x}\cos\beta x dx$（其中 α, β, λ 为不等于零的常数）的不定积分，应利用分部积分法计算，一般设 $u = e^{\lambda x}$，而被积表达式的其余部分设为 dv（也可设 $u = \sin\alpha x$, $\cos\beta x$），但一经选定，再次分部积分时，必须仍按原来的选择.

例8 求 $\int e^x\sin x dx$.

解 $\int e^x\sin x dx = \int \sin x de^x = e^x\sin x - \int e^x d\sin x$

$$= e^x\sin x - \int e^x\cos x dx$$

$$= e^x\sin x - \int \cos x de^x$$

$$= e^x\sin x - e^x\cos x + \int e^x d\cos x$$

$$= \mathrm{e}^x(\sin x - \cos x) - \int \mathrm{e}^x \sin x \mathrm{d}x,$$

等式两边出现所求的 $\int \mathrm{e}^x \sin x \mathrm{d}x$,移项,得

$$\int \mathrm{e}^x \sin x \mathrm{d}x = \frac{1}{2}\mathrm{e}^x(\sin x - \cos x) + C.$$

例 9　求 $\int \sec^3 x \mathrm{d}x$.

解　
$$\int \sec^3 x \mathrm{d}x = \underline{\qquad\qquad} = \sec x \tan x - \int \tan x \mathrm{d}\sec x$$

$$= \sec x \tan x - \int \sec x \tan^2 x \mathrm{d}x$$

$$= \underline{\qquad\qquad}$$

$$= \sec x \tan x - \int \sec^3 x \mathrm{d}x + \int \sec x \mathrm{d}x$$

$$= \sec x \tan x + \ln|\sec x + \tan x| - \int \sec^3 x \mathrm{d}x,$$

等式两边出现所求的 $\int \sec^3 x \mathrm{d}x$,移项,得

$$\int \sec^3 x \mathrm{d}x = \frac{1}{2}(\sec x \tan x + \ln|\sec x + \tan x|) + C.$$

在进行积分计算时,往往换元法与分部积分法兼用,并无固定模式.

例 10　求 $\int \mathrm{e}^{\sqrt{x}} \mathrm{d}x$.

解　先用换元法,再用分部积分法.

设 $\sqrt{x} = t$, $x = t^2$, 则 $\mathrm{d}x = 2t\mathrm{d}t$, 于是

$$\int \mathrm{e}^{\sqrt{x}} \mathrm{d}x = \int \mathrm{e}^t \cdot 2t\mathrm{d}t = 2\int t\mathrm{e}^t \mathrm{d}t = 2\int t\mathrm{d}\mathrm{e}^t$$

$$= 2t\mathrm{e}^t - 2\int \mathrm{e}^t \mathrm{d}t$$

$$= 2t\mathrm{e}^t - 2\mathrm{e}^t + C = 2\sqrt{x}\mathrm{e}^{\sqrt{x}} - 2\mathrm{e}^{\sqrt{x}} + C.$$

例 11　求 $\int \sin(\ln x) \mathrm{d}x$.

解　设 $\ln x = t$, $x = \mathrm{e}^t$, 则 $\mathrm{d}x = \mathrm{e}^t \mathrm{d}t$, 于是

$$\int \sin(\ln x) \mathrm{d}x = \int \sin t \cdot \mathrm{e}^t \mathrm{d}t.$$

利用例 8 的结果,有

$$\int \sin t \cdot \mathrm{e}^t \mathrm{d}t = \frac{1}{2}\mathrm{e}^t(\sin t - \cos t) + C,$$

从而

$$\int \sin(\ln x) \mathrm{d}x = \frac{1}{2}\mathrm{e}^{\ln x}(\sin(\ln x) - \cos(\ln x)) + C$$

$$= \frac{x}{2}(\sin(\ln x) - \cos(\ln x)) + C.$$

习题 4.3

1. 求下列不定积分:

(1) $\int x\mathrm{e}^{-2x}\mathrm{d}x$;

(2) $\int(x-1)\mathrm{e}^{-x}\mathrm{d}x$;

(3) $\int x\sin3x\mathrm{d}x$;

(4) $\int x\arctan x\mathrm{d}x$;

(5) $\int\arcsin x\mathrm{d}x$;

(6) $\int x\ln(x-1)\mathrm{d}x$;

(7) $\int\dfrac{\ln x}{x^2}\mathrm{d}x$;

(8) $\int(\ln x)^2\mathrm{d}x$;

(9) $\int\dfrac{\ln x}{\sqrt{1+x}}\mathrm{d}x$;

(10) $\int\dfrac{1}{\sqrt{x}}\arcsin\sqrt{x}\mathrm{d}x$;

(11) $\int\cos(\ln x)\mathrm{d}x$;

(12) $\int\mathrm{e}^x\sin^2x\mathrm{d}x$;

(13) $\int\dfrac{x\mathrm{e}^x}{\sqrt{\mathrm{e}^x-1}}\mathrm{d}x$;

(14) $\int\dfrac{\arctan x}{x^2(x^2+1)}\mathrm{d}x$;

(15) $\int x^n\ln x\mathrm{d}x(n\neq-1)$;

(16) $\int(x^2-1)\sin2x\mathrm{d}x$.

2. 已知 $f(x)$ 的一个原函数是 $\dfrac{\sin x}{x}$, 求 $\int xf'(x)\mathrm{d}x$.

3. 若 $\int f(x)\mathrm{d}x=\ln(1+x^2)+C$, 求 $\int xf(x)\mathrm{d}x$.

4. 设 $f(\ln x)=\dfrac{\ln(1+x)}{x}$, 求 $\int f(x)\mathrm{d}x$.

4.4　其他类型函数的积分

前面已经介绍了求不定积分的两个基本方法——换元积分法和分部积分法. 那么对于被积函数为有理函数、三角函数及无理函数的情形, 如何来求它们的不定积分呢? 通过下面的介绍, 我们对此类函数的积分将会有所认识.

4.4.1　有理函数的积分

形如 $f(x)=\dfrac{P_m(x)}{Q_n(x)}$(其中 $P_m(x)$ 为 x 的 m 次多项式, $Q_n(x)$ 为 x 的 n 次多项式)的函数称为有理函数. 若 $m\geqslant n$, 则称其为有理假分式; 若 $m<n$, 则称其为有理真分式. 有理假分式可以分解为一个多项式与一个有理真分式之和, 故讨论有理函数的积分, 只需讨论有理真分式的积分, 而有理真分式可以分解为以下四种简单分式

$$\frac{A}{x-a}, \quad \frac{A_k}{(x-a)^k}, \quad \frac{M_1 x + N_1}{x^2 + px + q}, \quad \frac{M_r x + N_r}{(x^2 + px + q)^r}$$

之和，其中 $p^2 - 4q < 0$，表明 $x^2 + px + q$ 不能再分解为两个一次因式之积. 常数 A，A_k，M_1，N_1，M_r，N_r 可用待定系数法或赋值法求得. 而这四种简单分式的原函数均可用初等函数表示. 于是得到一个重要的**结论**：有理函数积分的原函数一定能用初等函数表示.

例 1　求 $\int \dfrac{x+4}{x^2 - 5x + 6} dx$.

解　因为

$$\frac{x+4}{x^2 - 5x + 6} = \frac{x+4}{(x-2)(x-3)} = \frac{A}{x-2} + \frac{B}{x-3}.$$

解法 1　去分母，两端同乘以 $(x-2)(x-3)$，得

$$x + 4 = A(x-3) + B(x-2) \tag{1}$$

或

$$x + 4 = (A+B)x - (3A + 2B). \tag{2}$$

因为这是恒等式，比较两端 x 的同次幂的系数，得

$$\begin{cases} A + B = 1, \\ -(3A + 2B) = 4, \end{cases}$$

解方程组得 $A = -6$，$B = 7$（这种方法称为待定系数法）. 因此

$$\frac{x+4}{x^2 - 5x + 6} = \frac{-6}{x-2} + \frac{7}{x-3}.$$

解法 2　在上面式(1)

$$x + 4 = A(x-3) + B(x-2)$$

中，代入适当的 x 值，从而求出待定的系数.

令 $x = 2$，得 $A = -6$；又令 $x = 3$，得 $B = 7$（这种方法称为赋值法）.

于是

$$\int \frac{x+4}{x^2 - 5x + 6} dx = -6 \int \frac{dx}{x-2} + 7 \int \frac{dx}{x-3}$$

$$= -6\ln|x-2| + 7\ln|x-3| + C.$$

例 2　求 $\int \dfrac{x^2 - 2x - 1}{(x-1)(x^2 - x + 1)} dx$.

解　因为

$$\frac{x^2 - 2x - 1}{(x-1)(x^2 - x + 1)} = \frac{A}{x-1} + \frac{Bx + C}{x^2 - x + 1},$$

去分母，得

$$x^2 - 2x - 1 = A(x^2 - x + 1) + (Bx + C)(x - 1).$$

令 $x = 1$，得 $A = -2$；

又令 $x = 0$，得 $C = -1$；

再令 $x = 2$，得 $B = 3$.

因此

$$\frac{x^2 - 2x - 1}{(x-1)(x^2 - x + 1)} = \underline{\hspace{3cm}}.$$

于是

$$\int \frac{x^2 - 2x - 1}{(x-1)(x^2 - x + 1)} dx = -2\int \frac{dx}{x-1} + \int \frac{3x-1}{x^2 - x + 1} dx$$

$$= \underline{\hspace{3cm}}$$

$$= -2\ln|x-1| + \int \frac{3\left(x - \frac{1}{2}\right) + \frac{1}{2}}{\left(x - \frac{1}{2}\right)^2 + \frac{3}{4}} dx$$

$$= -2\ln|x-1| + \frac{3}{2}\ln(x^2 - x + 1)$$

$$\qquad + \frac{1}{2}\int \frac{dx}{\left(x - \frac{1}{2}\right)^2 + \frac{3}{4}}$$

$$= \frac{3}{2}\ln \frac{x^2 - x + 1}{\sqrt[3]{(x-1)^4}} + \frac{2}{3}\int \frac{dx}{\left[\frac{2}{\sqrt{3}}\left(x - \frac{1}{2}\right)\right]^2 + 1}$$

$$= \frac{3}{2}\ln \frac{x^2 - x + 1}{\sqrt[3]{(x-1)^4}} + \frac{1}{\sqrt{3}}\arctan \frac{2}{\sqrt{3}}\left(x - \frac{1}{2}\right) + C.$$

4.4.2 三角有理式 $R(\cos x, \sin x)$ 的积分

这里 $R(\cos x, \sin x)$ 表示 $\cos x$，$\sin x$ 经四则运算过程所得的表达式. 若设 $\tan \frac{x}{2} = t$，则有

$$\sin x = \frac{2\sin \frac{x}{2}\cos \frac{x}{2}}{\cos^2 \frac{x}{2} + \sin^2 \frac{x}{2}} = \frac{2\tan \frac{x}{2}}{1 + \tan^2 \frac{x}{2}} = \frac{2t}{1 + t^2},$$

$$\cos x = \frac{\cos^2 \frac{x}{2} - \sin^2 \frac{x}{2}}{\cos^2 \frac{x}{2} + \sin^2 \frac{x}{2}} = \frac{1 - \tan^2 \frac{x}{2}}{1 + \tan^2 \frac{x}{2}} = \frac{1 - t^2}{1 + t^2},$$

$$x = 2\arctan t, \quad dx = \frac{2}{1 + t^2} dt.$$

于是

$$\int R(\cos x, \sin x) dx = \int R\left(\frac{1 - t^2}{1 + t^2}, \frac{2t}{1 + t^2}\right) \cdot \frac{2}{1 + t^2} dt,$$

即可变为 t 的有理函数的积分. 由于其原函数一定能用初等函数表示出来, 即三角有理式的积分 $\int R(\cos x, \sin x)\mathrm{d}x$ 的原函数一定可以用初等函数表示出来.

例 3 求 $\displaystyle\int\frac{\mathrm{d}x}{\sin 2x + 2\sin x}$.

解 令 $\tan\dfrac{x}{2} = t$, 代入得

$$\int\frac{\mathrm{d}x}{\sin 2x + 2\sin x} = \underline{\qquad\qquad} = \int\frac{\dfrac{2}{1+t^2}\mathrm{d}t}{2\dfrac{2t}{1+t^2}\left(\dfrac{1-t^2}{1+t^2}+1\right)}$$

$$= \frac{1}{4}\int\left(\frac{1}{t}+t\right)\mathrm{d}t = \frac{1}{4}\ln|t| + \frac{1}{8}t^2 + C$$

$$= \frac{1}{4}\ln\left|\tan\frac{x}{2}\right| + \frac{1}{8}\tan^2\frac{x}{2} + C.$$

4.4.3 简单无理函数的积分

简单无理函数的积分, 主要是设法去掉根式, 使之变为有理函数或三角有理式的积分, 从而使问题得到解决.

若被积函数只含有 $\sqrt{ax+b}$ 或 $\sqrt{\dfrac{ax+b}{a_1 x + b_1}}$, 则可直接令该根式等于 t, 即可去掉根式, 变为 t 的有理函数的积分, 使问题得到解决.

若被积函数只含有二次根式 $\sqrt{px^2+qx+r}$, 经过配方, 总能变为 $\sqrt{a^2-u^2}$ 或 $\sqrt{a^2+u^2}$ 或 $\sqrt{u^2-a^2}$ 之一, 并可分别采用三角代换 $u = a\sin t$, $u = a\tan t$, $u = a\sec t$, 消去根式, 变为 t 的三角有理式的积分, 使问题得到解决. 不过要注意的是, 在回到原积分变量时, 要根据所作的三角代换, 分别作出如下三角形, 如图 4-5 所示. 于是 t 角的任何三角函数均可用相应的三角形的相应边之比表示出来, 最后再回到原积分变量 x.

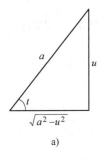

a)

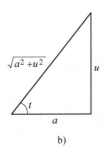

b)

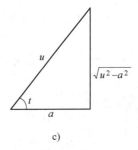

c)

图 4-5

例 4   求 $\int \dfrac{\mathrm{d}x}{1 + \sqrt[3]{x + 4}}$.

解   为了使被积函数有理化，必须去根号.

设 $\sqrt[3]{x + 4} = t$，$x = t^3 - 4$，则 $\mathrm{d}x = 3t^2\mathrm{d}t$.   于是

$$\int \dfrac{\mathrm{d}x}{1 + \sqrt[3]{x + 4}} = \int \dfrac{3t^2\mathrm{d}t}{1 + t} = 3\int \dfrac{t^2 - 1 + 1}{1 + t}\mathrm{d}t$$

$$= 3\left[\int (t - 1)\mathrm{d}t + \int \dfrac{\mathrm{d}t}{1 + t}\right]$$

$$= 3\left(\dfrac{t^2}{2} - t + \ln|1 + t|\right) + C$$

$$= \dfrac{3}{2}\sqrt[3]{(x + 4)^2} - 3\sqrt[3]{x + 4} + \ln|1 + 3\sqrt[3]{x + 4}| + C.$$

例 5   求 $\int \sqrt{5 - 4x - x^2}\,\mathrm{d}x$.

解   作辅助三角形如图 4-6 所示.

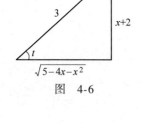

图   4-6

$$\int \sqrt{5 - 4x - x^2}\,\mathrm{d}x = \int \sqrt{3^2 - (x + 2)^2}\,\mathrm{d}(x + 2)$$

$$\xlongequal{x + 2 = u} \int \sqrt{3^2 - u^2}\,\mathrm{d}u$$

$$\xlongequal{u = 3\sin t} 9\int \cos^2 t\,\mathrm{d}t$$

$$= \dfrac{9}{2}\int (1 + \cos 2t)\,\mathrm{d}t$$

$$= \dfrac{9}{2}t + \dfrac{9}{4}\sin 2t + C$$

$$= \dfrac{9}{2}t + \dfrac{1}{2}3\sin t\,3\cos t + C$$

$$= \dfrac{9}{2}\arcsin \dfrac{x + 2}{3} + \dfrac{x + 2}{2}\sqrt{5 - 4x - x^2} + C.$$

本章给出了求不定积分的基本方法和几种类型函数的不定积分求法. 一般来说，求初等函数的不定积分的方法不是唯一的，并伴随着一定的技巧. 在求不定积分时，对于不同类型的不定积分有不同的解法，即使对于同一道题，也可以有多种解法. 因此，求不定积分(或原函数)要比求导数困难得多. 甚至有些被积函数积不出来. 例如，$\int \dfrac{\sin x}{x}\mathrm{d}x$，$\int \dfrac{\mathrm{e}^x}{x}\mathrm{d}x$，… 在其定义域上都存在原函数,而它们的原函数是非初等函数.

习题 4.4

求下列不定积分：

(1) $\int \dfrac{\mathrm{d}x}{x^2 - a^2}$;

(2) $\int \dfrac{1}{x^3 + 1}\mathrm{d}x$;

(3) $\int \dfrac{6x^2 - 11x + 4}{x(x-1)^2}\mathrm{d}x$;　　　(4) $\int \dfrac{x(x^2+3)}{(x^2-1)(x^2+1)^2}\mathrm{d}x$;

(5) $\int \dfrac{\mathrm{d}x}{x(1+x^2)^2}$;　　　(6) $\int \dfrac{\mathrm{d}x}{x(1+x^3)^2}$;

(7) $\int \dfrac{\sin x}{1+\sin x}\mathrm{d}x$;　　　(8) $\int \dfrac{\sin^5 x}{\cos^4 x}\mathrm{d}x$;

(9) $\int \dfrac{\sin^2 x + 1}{\cos^4 x}\mathrm{d}x$;　　　(10) $\int \sin^2 x\cos^4 x\,\mathrm{d}x$;

(11) $\int \dfrac{\mathrm{d}x}{x\sqrt{4-x^2}}$;　　　(12) $\int \dfrac{\mathrm{d}x}{\sqrt{11+6x-x^2}}$;

(13) $\int \dfrac{x-2}{\sqrt{2x^2+4x+5}}\mathrm{d}x$;　　　(14) $\int (x-2)\sqrt{x^2+4x+1}\,\mathrm{d}x$.

*4.5　不定积分问题的 MATLAB 实现

在高等数学课程中，求解不定积分问题通常需要灵活掌握和运用各种不同的积分方法，如换元法和分部积分法等，求解成功与否在很大程度上取决于读者的经验和技巧. 本节侧重于介绍基于 MATLAB 的不定积分问题客观求解方法.

MATLAB 符号运算工具箱中提供了一个函数 int( )，可以直接求出符号函数的不定积分. 该函数的调用格式为

$$f = \mathrm{int}(\mathrm{fun}, x).$$

其中 fun 为被积函数，若被积函数中只有一个变量，则调用语句中的 x 可以省略. 需要注意的是，该函数返回的结果 f 只是被积函数的一个具体的原函数，而实际的不定积分应该是 $f+C$ 构成的函数族，其中 C 是任意常数；此外对于原函数不是初等函数或被积函数不可积的情况，MATLAB 也是无能为力的.

例 1　考虑 2.6 节中例 1 给出的问题，先用 diff( ) 函数直接求出 $f(x)$ 的一阶和四阶导数，再对该一阶和四阶导数计算不定积分，试检验是否可以得出一致的结果.

解　先定义原函数，然后对其求导，最后对导数求不定积分，具体程序如下：

```
>> syms x;
>> y = sin(x)/(x^2 +4 * x +3);
>> y1 = diff(y);
>> y0 = int(y1);
```

运行上述程序可得

y0 =

　sin(x)/((x + 1) * (x + 3))

这与 $\dfrac{\sin x}{x^2+4x+3}$ 是一致的.

现在对原函数求四阶导数，再对结果求四次不定积分，具体程序如下：

```
>> y4 = diff(y, 4);
>> y0 = int(int(int(int(y4))));
```

运行上述程序可得

y0 =

$\sin(x)/((x + 1) * (x + 3))$

这仍然与 $\dfrac{\sin x}{x^2 + 4x + 3}$ 是一致的，这说明对给定的函数来说，MATLAB得出的结果是正确的.

例2 试验证

$$\int x^3 \cos^2 ax \, dx = \frac{x^4}{8} + \left(\frac{x^3}{4a} - \frac{3x}{8a^3}\right)\sin 2ax + \left(\frac{3x^2}{8a^2} - \frac{3}{16a^4}\right)\cos 2ax + C.$$

证 具体程序如下：

```
>> syms a x;
>> f = simple(int(x^3 * cos(a * x)^2, x))
```

上述程序使用了函数 simple( )，该函数的作用在于化简符号运算的结果，运行结果为

$$f = \frac{4a^3 x^3 \sin 2ax + 2a^4 x^4 + 6a^2 x^2 \cos 2ax - 6ax\sin 2ax + 3 - 3\cos 2ax}{16a^4}.$$

然而，观察上述结果很难看出它是否和等式右侧完全一致，此时需要将二者相减并进行化简，程序如下：

```
>> f1 = x^4/8 + (x^3/(4 * a) - 3 * x/(8 * a^3)) * sin(2 * a * x) +
(3 * x^2/(8 * a^2) - 3/(16 * a^4)) * cos(2 * a * x);
>> simple(f - f1)     % 求两者的差并进行化简
```

运行结果为 $-\dfrac{3}{16a^4}$，可见，两者并非完全相等，但它们只相差一个常数，根据最开始介绍的 int( ) 函数的用法，可以认为题中的等式是成立的.

例3 考虑函数 $f(x) = e^{-\frac{x^2}{2}}$ 与 $g(x) = xe^{\frac{x^2}{2}}\sin(ax^4)$ 的不定积分问题.

解 首先考虑 $f(x) = e^{-\frac{x^2}{2}}$ 的不定积分问题，具体程序如下：

```
>> syms x;
>> int(exp(-x^2/2))
```

得出的结果为 $\mathrm{erf}(\sqrt{2})\sqrt{2\pi}$. 该函数的原函数不是初等函数，但可以定义一个特殊符号函数 $\mathrm{erf}(x) = \dfrac{2}{\sqrt{\pi}}\displaystyle\int_0^x e^{-t^2}\mathrm{d}t$，这样似乎可以写出该不定积分的解析表达式. 但事实上，这样的结果是没有实用价值的，必须得到相应的数值解，应该用 vpa( ) 函数求出其具体的值.

再考虑函数 $g(x) = xe^{\frac{x^2}{2}}\sin(ax^4)$ 的不定积分问题，具体程序如下：

```
>> syms a x;
>> int(x * sin(a * x^4) * exp(x^2/2))
```

运行上述程序之后会得到以下报错信息：

Warning：Explicit integral could not be found.

这说明积分不成功，这是因为函数 $g(x) = xe^{\frac{x^2}{2}}\sin(ax^4)$ 的不定积分是不存在解析表达式的.

*习题4.5

试求解下列问题的不定积分：

(1) $I(x) = -\int \dfrac{3x^2 + a}{x^2(x^2 + a)^2}\mathrm{d}x$；　　(2) $I(x) = \int \dfrac{\sqrt{x(1+x)}}{\sqrt{x} + \sqrt{1+x}}\mathrm{d}x$

(3) $I(x) = \int xe^{ax}\cos bx\mathrm{d}x$；　　(4) $I(x) = \int e^{ax}\sin bx\sin cx\mathrm{d}x$.

综合练习4

一、填空题

1. 已知 $f'(\ln x) = 1 + x$，则 $f(x) = $ _____ .

2. 已知 $f(x)$ 的一个原函数为 $\dfrac{\ln x}{x}$，则 $\int xf'(x)\mathrm{d}x = $ _____ .

3. 设 $\int xf(x)\mathrm{d}x = \arcsin x + C$，则 $\int \dfrac{1}{f(x)}\mathrm{d}x = $ _____ .

4. 已知函数 $F(x)$ 的导数 $f(x) = \arccos x$，且 $F(0) = -1$，则 $F(x) = $ _____ .

5. 已知曲线 $y = f(x)$ 过点 $\left(0, -\dfrac{1}{2}\right)$，且其上任一点 (x, y) 处的切线斜率为 $x\ln(1 + x^2)$，则 $f(x) = $ _____ .

二、选择题

1. 设 $\int f(x)\mathrm{d}x = x^3 + C$，则 $\int xf(1 - x^2)\mathrm{d}x = ($ 　　$)$.

(A) $x(1 - x^2)^3 + C$ 　　　　　　(B) $-x(1 - x^2)^3 + C$

(C) $-\dfrac{1}{2}(1 - x^2)^3 + C$ 　　　　(D) $\dfrac{1}{2}(1 - x^2)^3 + C$

2. 若 $f(x)$ 的导函数为 $\sin x$，则 $f(x)$ 的一个原函数为($\quad$).

(A) $1 + \sin x$ 　　　　　　(B) $1 - \sin x$

(C) $1 + \cos x$ 　　　　　　(D) $1 - \cos x$

3. 设函数 $f(x)$ 在 $(-\infty, +\infty)$ 上连续，则 $\mathrm{d}\left(\int f(x)\mathrm{d}x\right) = ($ 　　$)$.

(A)$f(x)$ (B)$f(x)\,\mathrm{d}x$

(C)$f(x) + C$ (D)$f'(x)\,\mathrm{d}x$

4. $\displaystyle\int \frac{\mathrm{d}x}{\sqrt{x}(1 + x)} = ($ $).$

(A) $\dfrac{1}{2}\arctan \sqrt{x} + C$ (B) $\dfrac{1}{2}\operatorname{arccot} \sqrt{x} + C$

(C)$2\operatorname{arccot} \sqrt{x} + C$ (D)$2\arctan \sqrt{x} + C$

5. 设 $f'\left(x\tan \dfrac{x}{2}\right) = (x + \sin x)\tan \dfrac{x}{2} + \cos x$，则 $f(x) = ($ $).$

(A) $\dfrac{1}{2}x^2 + x + C$ (B) $\dfrac{1}{2}x^2 + x$

(C) $\dfrac{1}{3}x^3 + x + C$ (D) $\dfrac{1}{3}x^3 + x$

三、求下列不定积分

1. $\displaystyle\int \left(1 - \frac{1}{x^2}\right)\sqrt{x\sqrt{x}}\,\mathrm{d}x.$ 2. $\displaystyle\int \frac{\sqrt{x} - 2\sqrt[3]{x^2} + 1}{\sqrt[4]{x}}\,\mathrm{d}x.$

3. $\displaystyle\int \frac{\mathrm{d}x}{\sin^2(2x)}.$ 4. $\displaystyle\int \frac{1 + 2x^2}{x^2(1 + x^2)}\,\mathrm{d}x.$

5. $\displaystyle\int (x - 1)\mathrm{e}^{x^2 - 2x}\,\mathrm{d}x.$ 6. $\displaystyle\int x^x(1 + \ln x)\,\mathrm{d}x.$

7. $\displaystyle\int \frac{\mathrm{d}x}{\mathrm{e}^x + \mathrm{e}^{-x}}.$ 8. $\displaystyle\int \frac{\mathrm{d}x}{\cos^4 x}.$

9. $\displaystyle\int \frac{x^2 - 1}{(x + 1)^{10}}\,\mathrm{d}x.$ 10. $\displaystyle\int \frac{x + x^3}{1 + x^4}\,\mathrm{d}x.$

11. $\displaystyle\int \frac{x^2 + \cos x}{x^3 + 3\sin x}\,\mathrm{d}x.$ 12. $\displaystyle\int \frac{\mathrm{d}x}{\sqrt{1 + \sqrt{x}}}.$

13. $\displaystyle\int \frac{2x + 3}{\sqrt{4x^2 - 4x + 5}}\,\mathrm{d}x.$ 14. $\displaystyle\int \frac{\sqrt{1 - x^2}}{x}\,\mathrm{d}x.$

15. $\displaystyle\int \frac{\mathrm{d}x}{x^2\sqrt{x^2 + 1}}.$ 16. $\displaystyle\int x^2\ln x\,\mathrm{d}x.$

17. $\displaystyle\int \cos \sqrt{1 - x}\,\mathrm{d}x.$ 18. $\displaystyle\int \mathrm{e}^{2x}\cos \mathrm{e}^x\,\mathrm{d}x.$

19. $\displaystyle\int x^3\mathrm{e}^{x^2}\,\mathrm{d}x.$ 20. $\displaystyle\int \frac{1 + x + \arctan x}{1 + x^2}\,\mathrm{d}x.$

四、解答题

1. 已知 $f(x)$ 的一个原函数为 $(1 + \sin x)\ln x$，求 $\displaystyle\int xf'(x)\,\mathrm{d}x.$

2. 设 $f(x^2 - 1) = \ln \dfrac{x^2}{x^2 - 2}$，且 $f(\varphi(x)) = \ln x$，求 $\displaystyle\int \varphi(x)\,\mathrm{d}x.$

3. 若 $f(x) = x + \sqrt{x}(x > 0)$，求 $\displaystyle\int f'(x^2)\,\mathrm{d}x.$

4. 若 $f'(\mathrm{e}^x) = 1 + \mathrm{e}^{2x}$，且 $f(0) = 1$，求 $f(x)$.

5. 当 $x > 0$ 时，有 $\displaystyle\int \frac{f(x)}{x}\mathrm{d}x = \ln(x + \sqrt{1 + x^2}) + C$，求 $\displaystyle\int xf'(x)\,\mathrm{d}x$.

6. 设 $F(x)$ 为 $f(x)$ 的原函数，且当 $x \geq 0$ 时，$f(x)F(x) = \dfrac{x\mathrm{e}^x}{2(1+x)^2}$. 已知 $F(0) = 1$，$F(x) > 0$，求 $f(x)$.

7. 设 $f(x) = \begin{cases} x^2, & x \leq 0, \\ \sin x, & x > 0. \end{cases}$ 求 $f(x)$ 的不定积分.

第5章

定 积 分

本章将讨论积分学中的另一个基本问题——定积分问题. 我们先从几何学与物理学问题出发引进定积分的定义, 然后讨论它的性质与计算方法. 关于定积分的应用, 将在第6章讨论.

5.1 定积分的概念

5.1.1 两个实例

1. 曲边梯形的面积

在初中几何中我们只知道怎样计算多边形及圆形的面积, 至于任意曲线围成的平面图形的面积, 这就需要运用高等数学的知识和方法才能获得解决. 现在先就平面图形中简单的曲边梯形的面积问题来加以讨论.

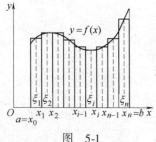

设 $y = f(x)$ 在 $[a, b]$ 上非负、连续. 由直线 $x = a$, $x = b$, $y = 0$ 及曲线 $y = f(x)$ 所围成的平面图形(图 5-1)称为曲边梯形, 其中曲线弧称为曲边梯形的曲边.

我们知道, 矩形的高是不变的, 它的面积可按公式

$$矩形面积 = 高 \times 底$$

图 5-1

来定义和计算. 而曲边梯形在底边上各点处的高 $f(x)$ 在区间 $[a, b]$ 上是变动的, 故它的面积不能直接按上述公式来定义和计算. 然而, 由于曲边梯形的高 $f(x)$ 在区间 $[a, b]$ 上是连续的, 在很小一段区间上它的变化很小, 近似于不变, 因此, 如果把区间 $[a, b]$ 划分为许多小区间, 在每个小区间上用其中某一点处的高来近似代替同一个小区间上的窄曲边梯形的变高, 那么, 每个窄曲边梯形就可近似地看成这样得到的窄矩形, 我们就以所有这些窄矩形面积之和作为曲边梯形面积的近似值, 并把区间 $[a, b]$ 无限细分下去, 使每个小区间的长

度都趋近于零，这时所有窄矩形面积之和的极限就可定义为曲边梯形的面积．这个定义同时也给出了计算曲边梯形面积的方法，现详述于下．

（1）任意分割　在区间 $[a,b]$ 内任取 $n-1$ 个分点，它们依次为

$$a = x_0 < x_1 < x_2 < \cdots < x_{n-1} < x_n = b,$$

这些点把 $[a,b]$ 分割成 n 个小区间 $[x_{i-1}, x_i]$，$i=1$，$2\cdots$，n．各小区间的长度为 $\Delta x_i = x_i - x_{i-1}$．

（2）近似代替　过每一个分点作平行于 y 轴的直线段，把曲边梯形分成 n 个窄曲边梯形．在每个小区间 $[x_{i-1}, x_i]$ 上任取一点 ξ_i，以 $[x_{i-1}, x_i]$ 为底、$f(\xi_i)$ 为高的小窄矩形近似替代第 i 个窄曲边梯形（$i=1, 2, \cdots, n$）．

（3）求和　把在（2）中得到的 n 个小窄矩形面积之和作为所求曲边梯形面积 A 的近似值，即

$$A \approx f(\xi_1)\Delta x_1 + f(\xi_2)\Delta x_2 + \cdots + f(\xi_n)\Delta x_n$$

$$= \sum_{i=1}^{n} f(\xi_i)\Delta x_i.$$

（4）取极限　为了保证所有小区间的长度都是无穷小，我们只需要求小区间长度中的最大值趋近于零，如记 $\lambda = \max\{\Delta x_1, \Delta x_2, \cdots, \Delta x_n\}$，则上述条件可表为 $\lambda \to 0$．当 $\lambda \to 0$ 时（这时分段数无限增多，即 $n \to \infty$），取上述和式的极限，便得曲边梯形的面积

$$A = \lim_{\lambda \to 0} \sum_{i=1}^{n} f(\xi_i)\Delta x_i.$$

2. 变速直线运动的路程

当物体作匀速直线运动时，其运动的距离等于速度乘以时间，若物体作变速直线运动，即其速度随时间连续变化，则所求路程就不能用等速直线运动的路程公式来计算．而需要用高等数学的知识和方法来解决．具体方法和计算步骤如下：

设某物体作变速直线运动，已知速度 $v = v(t)$ 是时间区间 $[a,b]$ 上 t 的连续函数，且 $v(t) \geqslant 0$，计算在这段时间内物体所经过的路程 s．

（1）任意分割　用分点 $a = t_0 < t_1 < t_2 < \cdots < t_{n-1} < t_n = b$ 把区间 $[a, b]$ 分成 n 个小区间

$$[t_0, t_1], [t_1, t_2], \cdots, [t_{n-1}, t_n],$$

各小区间的长度依次为

$$\Delta t_1 = t_1 - t_0, \Delta t_2 = t_2 - t_1, \cdots, \Delta t_n = t_n - t_{n-1}.$$

相应地，在各小区间内物体经过的路程依次为

$$\Delta s_1, \Delta s_2, \cdots, \Delta s_n.$$

（2）近似代替　在小区间 $[t_{i-1}, t_i]$ 上任取一个时刻 ξ_i（$t_{i-1} \leqslant \xi_i \leqslant t_i$），以 ξ_i 时的速度 $v(\xi_i)$ 来代替 $[t_{i-1}, t_i]$ 上各个时刻的速度，得到部

分路程 Δs_i 的近似值，即

$$\Delta s_i \approx v(\xi_i)\Delta t_i \quad (i = 1,2,\cdots,n).$$

（3）求和 于是这 n 段部分路程的近似值之和就是所求变速直线运动路程的近似值，即

$$s \approx v(\xi_1)\Delta t_1 + v(\xi_2)\Delta t_2 + \cdots + v(\xi_n)\Delta t_n$$

$$= \sum_{i=1}^{n} v(\xi_i)\Delta t_i.$$

（4）取极限 记 $\lambda = \max\{\Delta t_1,\ \Delta t_2,\ \cdots,\ \Delta t_n\}$，当 $\lambda \to 0$ 时，取上述和式的极限，即可得变速直线运动的路程

$$s = \lim_{\lambda \to 0} \sum_{i=1}^{n} v(\xi_i)\Delta t_i.$$

5.1.2　定积分的定义

我们已经看到，要解决前面所提出的问题最后都要求我们计算一种和式的极限，在各种科学技术的领域内有大量的问题，解决它们的途径都归结到这种类型的极限．因此，从数学上来对这种类型的极限问题加以一般性的研究，不仅是高等数学里一个极其重要的问题，同时也具有极其重要的现实意义．

如果我们抽去前面所讨论问题的几何意义（曲边梯形的面积）及物理意义（变速直线运动的路程）而保留其分析的结构，就可以引进高等数学里的一个新概念——定积分，其定义如下．

定义 5.1 设 $f(x)$ 在区间 $[a,b]$ 上有界，用分点 $a = x_0 < x_1 < x_2 < \cdots < x_{n-1} < x_n = b$，把区间任意分成 n 个小区间 $[x_{i-1},x_i]$，其长度分别是 $\Delta x_i = x_i - x_{i-1}(i=1,2,\cdots,n)$，在每个小区间 $[x_{i-1},x_i]$ 上任取一点 $\xi_i(x_{i-1} \leqslant \xi_i \leqslant x_i)$，作函数值 $f(\xi_i)$ 与小区间长度 Δx_i 的乘积 $f(\xi_i)\Delta x_i$ $(i=1,2,\cdots,n)$，并作出和

$$s = \sum_{i=1}^{n} f(\xi_i)\Delta x_i.$$

记 $\lambda = \max\{\Delta x_1,\Delta x_2,\cdots,\Delta x_n\}$，如果不论对 $[a,b]$ 怎么分法，也不论在小区间 $[x_{i-1},x_i]$ 上点 ξ_i 怎样取法，只要当 $\lambda \to 0$ 时，和 s 总趋近于确定的极限 I，这时我们称这个极限 I 为函数 $f(x)$ 在区间 $[a,b]$ 上的定积分（简称积分），记作

$$\int_a^b f(x)\,\mathrm{d}x,$$

即

$$\int_a^b f(x)\,\mathrm{d}x = \lim_{\lambda \to 0} \sum_{i=1}^{n} f(\xi_i)\Delta x_i,$$

其中，$f(x)$ 叫做被积函数，$f(x)\mathrm{d}x$ 叫做被积表达式，x 叫做积分变量，a 叫做积分下限，b 叫做积分上限，$[a,b]$ 叫做积分区间．

注意　(1) 当和式 $\sum\limits_{i=1}^{n} f(\xi_i)\Delta x_i$ 的极限存在时，其极限仅与被积函数 $f(x)$ 及积分区间 $[a,b]$ 有关，如果既不改变被积函数 f，也不改变积分区间 $[a,b]$，而只把积分变量 x 改写成其他字母，如 t 或 u，那么，这时和的极限不变，也就是定积分的值不变，即

$$\int_a^b f(x)\,\mathrm{d}x = \int_a^b f(t)\,\mathrm{d}t = \int_a^b f(u)\,\mathrm{d}u.$$

所以我们也说，定积分的值只与被积函数及积分区间有关，而与积分变量的记法无关.

(2) 在求极限过程中之所以用 $\lambda \to 0$ 而不用 $n \to +\infty$，是因为 $[a,b]$ 间的分点 x_i 不一定是均匀分布的，$n \to +\infty$ 不能保证所有的 Δx_i 都趋于零，从而即使 $f(x)$ 在 $[a,b]$ 上可积，而 $\lambda \to 0$ 可保证对所有的 i，$1 \le i \le n$，$\Delta x_i \to 0$.

和式 $\sum\limits_{i=1}^{n} f(\xi_i)\Delta x_i$ 通常称为 $f(x)$ 的<u>积分和</u>. 如果 $f(x)$ 在 $[a,b]$ 上的积分存在，我们就说 $f(x)$ 在 $[a,b]$ 上<u>可积</u>.

对于定积分，有这样一个重要问题：函数 $f(x)$ 在 $[a,b]$ 上满足怎样的条件，$f(x)$ 在 $[a,b]$ 上一定可积？这个问题我们不作深入讨论，而只给出以下两个充分条件.

定理 5.1　设 $f(x)$ 在区间 $[a,b]$ 上连续，则 $f(x)$ 在 $[a,b]$ 上可积.

定理 5.2　设 $f(x)$ 在 $[a,b]$ 上有界，且只有有限个间断点，则 $f(x)$ 在 $[a,b]$ 上可积.

利用定积分的定义，前面所讨论的两个实际问题可以分别表述如下.

曲线 $y = f(x)\,(f(x) \ge 0)$，x 轴及两条直线 $x = a$，$x = b$ 所围成的曲边梯形的面积 A 等于函数 $f(x)$ 在区间 $[a,b]$ 上的定积分，即

$$A = \underline{\qquad\qquad}.$$

物体以变速 $v = v(t)\;(v(t) \ge 0)$ 作直线运动，从时刻 $t = a$ 到时刻 $t = b$，该物体经过的路程 s 等于函数 $v(t)$ 在区间 $[a,b]$ 上的定积分，即

$$s = \underline{\qquad\qquad}.$$

下面讨论定积分的几何意义. 在 $[a,b]$ 上 $f(x) \ge 0$ 时，我们已经知道，定积分 $\int_a^b f(x)\,\mathrm{d}x$ 在几何上表示由曲线 $y = f(x)$，两条直线 $x = a$，$x = b$ 与 x 轴所围成的曲边梯形的面积；在 $[a,b]$ 上 $f(x) \le 0$ 时，由曲线 $y = f(x)$，两条直线 $x = a$，$x = b$ 与 x 轴围成的曲边梯形位于 x 轴

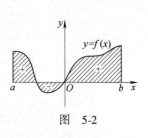

图 5-2

下方，定积分 $\int_a^b f(x)\mathrm{d}x$ 在几何上表示上述曲边梯形面积的负值；在 $[a,b]$ 上 $f(x)$ 既取得正值又取得负值时，函数 $f(x)$ 的图形某些部分在 x 轴的上方，而其他部分在 x 轴下方（图 5-2），如果我们对面积赋以正负号，在 x 轴上方的图形面积赋以正号，在 x 轴下方的图形面积赋以负号，则在一般情形下，定积分 $\int_a^b f(x)\mathrm{d}x$ 的**几何意义**为：它是介于 x 轴、曲线 $y=f(x)$ 及两条直线 $x=a$，$x=b$ 之间的各部分面积的代数和.

例题 用定义计算 $\int_0^1 x^2\mathrm{d}x$.

解 因为 $f(x) = x^2$ 在 $[0,1]$ 上连续（图5-3），所以定积分 $\int_0^1 x^2\mathrm{d}x$ 存在. 于是积分值与区间的分法和 ξ_i 的取法无关. 下面我们采取一些特殊的分法和取法.

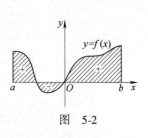

图 5-3

(1) 分割

在 $[0,1]$ 内插入 $n-1$ 个分点，将区间 $[0,1]$ 分成 n 等份，各分点的坐标依次是

$$x_0 = 0, \ x_1 = \frac{1}{n}, x_2 = \frac{2}{n}, \cdots, x_i = \frac{i}{n}, \cdots, x_n = \frac{n}{n} = 1.$$

每个区间的长度均为 $\Delta x_i = \frac{1}{n}$.

(2) 近似代替

取每个小区间 $[x_{i-1}, x_i]$ 的右端点为 ξ_i，即

$$\xi_1 = x_1 = \frac{1}{n}, \ \xi_2 = x_2 = \frac{2}{n}, \ \cdots, \xi_i = x_i = \frac{i}{n}, \cdots, \xi_n = x_n = 1.$$

作乘积

$$f(\xi_i) \cdot \Delta x_i = \frac{i^2}{n^3} (i = 1, 2, \cdots, n).$$

(3) 求和

$$\sum_{i=1}^n f(\xi_i) \cdot \Delta x_i = \sum_{i=1}^n \frac{i^2}{n^3} = \frac{1}{n^3}(1^2 + 2^2 + \cdots + n^2)$$

$$= \frac{1}{n^3} \frac{n(n+1)(2n+1)}{6}$$

$$= \frac{1}{6}\left(1 + \frac{1}{n}\right)\left(2 + \frac{1}{n}\right)$$

(4) 取极限

$$\int_0^1 x^2\mathrm{d}x = \lim_{n\to\infty}\sum_{i=1}^n f(\xi_i) \cdot \Delta x_i = \lim_{n\to\infty}\left[\frac{1}{6}\left(1 + \frac{1}{n}\right)\left(2 + \frac{1}{n}\right)\right]$$

$$= \underline{\qquad\qquad}.$$

由定积分的几何意义知，$\int_0^1 x^2 \mathrm{d}x$ 的值就是 $y = x^2$ 与 $x = 0, x = 1$ 及 x 轴所围成的面积．

习题 5.1

1. 利用定积分定义计算由抛物线 $y = x^2 + 1$，两条直线 $x = a$，$x = b(b > a)$ 及横轴所围成的图形的面积．

2. 利用定积分的几何意义，说明下列等式：

(1) $\int_0^1 2x\mathrm{d}x = 1$;　　　　　　(2) $\int_0^1 \sqrt{1 - x^2}\mathrm{d}x = \dfrac{\pi}{4}$;

(3) $\int_{-\pi}^{\pi} \sin x\mathrm{d}x = 0$;　　　　　(4) $\int_{-\frac{\pi}{2}}^{\frac{\pi}{2}} \cos x\mathrm{d}x = 2\int_0^{\frac{\pi}{2}} \cos x\mathrm{d}x$.

3. 物体以速度 $v = 2t + 1$ 作直线运动，试用定积分表示物体在时间间隔 $[0, 3]$ 内所经过的路程 s，并利用定积分的几何意义计算其值．

5.2　定积分的性质

为了以后计算及应用方便起见，我们先对定积分作以下两点**补充规定**：

(1) 当 $a = b$ 时，$\int_a^b f(x)\mathrm{d}x = 0$；

(2) 当 $a > b$ 时，$\int_a^b f(x)\mathrm{d}x = -\int_b^a f(x)\mathrm{d}x.$

由上式可知，交换定积分的上下限时，定积分的绝对值不变而符号相反．

下面我们讨论定积分的性质．下列各性质中积分上下限的大小，如果不特别指明，均不加限制，并假定各性质所列出的定积分都是存在的．

性质 5.1　函数的和（差）的定积分等于它们的定积分的和（差），即

$$\int_a^b (f(x) \pm g(x))\mathrm{d}x = \int_a^b f(x)\mathrm{d}x \pm \int_a^b g(x)\mathrm{d}x.$$

证

$$\int_a^b (f(x) \pm g(x))\mathrm{d}x = \lim_{\lambda \to 0} \sum_{i=1}^n (f(\xi_i) \pm g(\xi_i))\Delta x_i$$

$$= \lim_{\lambda \to 0} \sum_{i=1}^n f(\xi_i)\Delta x_i \pm \lim_{\lambda \to 0} \sum_{i=1}^n g(\xi_i)\Delta x_i$$

$$= \int_a^b f(x)\mathrm{d}x \pm \int_a^b g(x)\mathrm{d}x.$$

性质 5.1 对于任意有限个函数都是成立的．类似地，可以证明下

述性质.

性质 5.2 被积函数的常数因子可以提到积分号外面,即

$$\int_a^b kf(x)\,dx = k\int_a^b f(x)\,dx \quad (k\ \text{为常数}).$$

性质 5.3 如果将积分区间分成两部分,则在整个区间上的定积分等于这两部分区间上定积分之和,即设 $a < c < b$,则

$$\int_a^b f(x)\,dx = \int_a^c f(x)\,dx + \int_c^b f(x)\,dx.$$

这个性质表明定积分对于积分区间具有可加性.

按定积分的补充规定,我们有:不论 a,b,c 的相对位置如何,总有等式

$$\int_a^b f(x)\,dx = \int_a^c f(x)\,dx + \int_c^b f(x)\,dx$$

成立.例如,当 $a < b < c$ 时,由于

$$\int_a^c f(x)\,dx = \int_a^b f(x)\,dx + \int_b^c f(x)\,dx,$$

于是得

$$\int_a^b f(x)\,dx = \int_a^c f(x)\,dx - \int_b^c f(x)\,dx$$

$$= \int_a^c f(x)\,dx + \int_c^b f(x)\,dx.$$

性质 5.4 如果在区间 $[a,b]$ 上 $f(x) \equiv 1$,则

$$\int_a^b f(x)\,dx = \int_a^b 1\,dx = b - a.$$

这个性质的证明请读者自己完成.

性质 5.5 如果在区间 $[a,b]$ 上,$f(x) \geq 0$,则

$$\int_a^b f(x)\,dx \geq 0\ (a < b).$$

证 因为 $f(x) \geq 0$,所以 $f(\xi_i) \geq 0(i = 1,\ 2,\ \cdots,\ n)$.又由于 $\Delta x_i \geq 0(i = 1,\ 2,\ \cdots,\ n)$,因此

$$\sum_{i=1}^n f(\xi_i)\Delta x_i \geq 0,$$

令 $\lambda = \max\{\Delta x_1,\ \Delta x_2,\ \cdots,\ \Delta x_n\} \to 0$,便得要证的不等式.

推论 1 如果在区间 $[a,\ b]$ 上,$f(x) \leq g(x)$,则

$$\int_a^b f(x)\,dx \leq \int_a^b g(x)\,dx\ (a < b).$$

证 因为 $g(x) - f(x) \geq 0$,由性质 5.5 得

$$\int_a^b (g(x) - f(x))\,dx \geq 0.$$

再利用性质 5.1,便得要证的不等式.

推论 2　$\left|\int_a^b f(x)\,dx\right| \leqslant \int_a^b |f(x)|\,dx\,(a < b).$

证　因为

$$-|f(x)| \leqslant f(x) \leqslant |f(x)|,$$

所以由推论 1 及性质 5.2 可得

$$-\int_a^b |f(x)|\,dx \leqslant \int_a^b f(x)\,dx \leqslant \int_a^b |f(x)|\,dx,$$

即

$$\left|\int_a^b f(x)\,dx\right| \leqslant \int_a^b |f(x)|\,dx.$$

性质 5.6（估值定理）　设 M 及 m 分别是 $f(x)$ 在区间 $[a,b]$ 上的最大值及最小值，则

$$m(b - a) \leqslant \int_a^b f(x)\,dx \leqslant M(b - a) \quad (a < b).$$

证　因为 $m \leqslant f(x) \leqslant M$，所以由性质 5.5 的推论 1，得

$$\int_a^b m\,dx \leqslant \int_a^b f(x)\,dx \leqslant \int_a^b M\,dx.$$

再由性质 5.2 及性质 5.4，即得所要证的不等式.

这个性质说明，由被积函数在积分区间上的最大值及最小值，可以估计积分值的大致范围. 例如，定积分 $\int_{\frac{1}{2}}^1 x^4\,dx$，它的被积函数 $f(x) = x^4$ 在积分区间 $\left[\frac{1}{2}, 1\right]$ 上是单调增加的，于是有最小值 $m = $ ＿＿＿＿＿＿，最大值 $M = $ ＿＿＿＿＿＿. 由性质 5.6，得

$$\frac{1}{16}\left(1 - \frac{1}{2}\right) \leqslant \int_{\frac{1}{2}}^1 x^4\,dx \leqslant \underline{\hspace{2cm}},$$

即

$$\frac{1}{32} \leqslant \int_{\frac{1}{2}}^1 x^4\,dx \leqslant \frac{1}{2}.$$

性质 5.7　（定积分中值定理）　如果函数 $f(x)$ 在闭区间 $[a,b]$ 上连续，则在积分区间上至少存在一点 ξ，使下列等式成立：

$$\int_a^b f(x)\,dx = f(\xi)(b - a) \quad (a \leqslant \xi \leqslant b).$$

这个公式就叫做积分中值公式.

证　把性质 5.6 中的不等式各除以 $(b - a)$，得

$$m < \frac{1}{b - a}\int_a^b f(x)\,dx \leqslant M.$$

这表明，确定的数值 $\dfrac{1}{b - a}\displaystyle\int_a^b f(x)\,dx$ 介于函数 $f(x)$ 的最小值 m 及最

大值 M 之间. 根据闭区间上连续函数性质的介值定理可知,在 $[a,b]$ 上至少存在一点 ξ,使得函数 $f(x)$ 在点 ξ 处的值与这个确定的数值相等,即有

$$\frac{1}{b-a}\int_a^b f(x)\,\mathrm{d}x = f(\xi) \quad (a \leq \xi \leq b),$$

两端各乘以 $(b-a)$,即得所要证的等式.

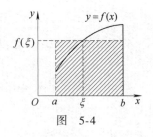

图 5-4

积分中值公式有如下的**几何解释**:在区间 $[a,b]$ 上至少存在一点 ξ,使得以区间 $[a,b]$ 为底边、以曲线 $y=f(x)$ 为曲边的曲边梯形的面积等于同一底边而高为 $f(\xi)$ 的一个矩形的面积(图 5-4).

如果函数 $f(x)$ 在 $[a,b]$ 上连续,则称 $\dfrac{1}{b-a}\int_a^b f(x)\,\mathrm{d}x$ 为 $f(x)$ 在 $[a,b]$ 上的平均值.

例如,某地某日自 0 时至 24 时的天气温度 $T=f(t)$,其中 t 为时间,则 $\dfrac{1}{24}\int_0^{24} f(t)\,\mathrm{d}t$ 表示该地该日的平均气温.

习题 5.2

1. 证明定积分的性质:

(1) $\displaystyle\int_a^b kf(x)\,\mathrm{d}x = k\int_a^b f(x)\,\mathrm{d}x$($k$ 是常数);

(2) $\displaystyle\int_a^b 1 \cdot \mathrm{d}x = \int_a^b \mathrm{d}x = b-a.$

2. 估计下列各定积分的值:

(1) $\displaystyle\int_1^4 (x^2+1)\,\mathrm{d}x$;   (2) $\displaystyle\int_{\frac{\pi}{4}}^{\frac{5}{4}\pi} (1+\sin^2 x)\,\mathrm{d}x$;

(3) $\displaystyle\int_{\frac{1}{\sqrt{3}}}^{\sqrt{3}} x\arctan x\,\mathrm{d}x$;   (4) $\displaystyle\int_2^0 \mathrm{e}^{x^2-x}\,\mathrm{d}x.$

3. 利用定积分的性质,比较下列定积分的大小:

(1) $\displaystyle\int_0^1 x^2\,\mathrm{d}x$ 与 $\displaystyle\int_0^1 x^3\,\mathrm{d}x$;   (2) $\displaystyle\int_1^2 x^2\,\mathrm{d}x$ 与 $\displaystyle\int_1^2 x^3\,\mathrm{d}x$;

(3) $\displaystyle\int_1^2 \ln x\,\mathrm{d}x$ 与 $\displaystyle\int_1^2 (\ln x)^2\,\mathrm{d}x$;   (4) $\displaystyle\int_0^1 x\,\mathrm{d}x$ 与 $\displaystyle\int_0^1 \ln(1+x)\,\mathrm{d}x$;

(5) $\displaystyle\int_0^1 \mathrm{e}^x\,\mathrm{d}x$ 与 $\displaystyle\int_0^1 \ln(1+x)\,\mathrm{d}x.$

5.3 微积分基本公式

积分学中要解决**两个基本问题**:第一是原函数的求法问题,在前一章中我们已经对它作了详细的讨论;第二是定积分的计算问题. 原函数的概念与定积分(定义为和的极限)的概念是作为完全不相干的两个概念引进来的,本节的目的就是要求找出它们之间的关系,通过这个关系则积分学中的第二个基本问题——定积分的计算问题就获得解决了.

5.3.1 积分上限函数及其导数

设函数 $f(x)$ 在区间 $[a,b]$ 上连续, 并设 x 为 $[a,b]$ 上的一点, 因在部分区间 $[a,x]$ 上函数仍连续, 所以定积分

$$\int_a^x f(x)\,\mathrm{d}x$$

存在. 这时, 积分表达式中有两种不同含义的变量 x: 一种表示定积分的上限, 另一种表示积分**变量**. 为明确起见, 可以把积分变量 x 换写为其他变量如 t, 于是上面的定积分可以写成

$$\int_a^x f(t)\,\mathrm{d}t.$$

令上限 x 在区间 $[a,b]$ 上任意变动, 则对于每一个取定的 x 值, 定积分有一个确定值, 所以它在 $[a,b]$ 上定义了一个函数, 记作 $\Phi(x)$, 即

$$\Phi(x) = \int_a^x f(t)\,\mathrm{d}t \quad (a \leqslant x \leqslant b). \tag{5-1}$$

这个函数 $\Phi(x)$ 具有下面定理 5.3 所指出的**重要性质**.

定理 5.3 如果函数 $f(x)$ 在区间 $[a, b]$ 上连续, 则积分上限函数

$$\Phi(x) = \int_a^x f(t)\,\mathrm{d}t$$

在 $[a,b]$ 上具有导数, 并且它的导数

$$\Phi'(x) = \frac{\mathrm{d}}{\mathrm{d}x}\int_a^x f(t)\,\mathrm{d}t = f(x) \quad (a \leqslant x \leqslant b).$$

证 若 $x \in (a,b)$, 设 x 获得增量 Δx, 其绝对值足够地小, 使得 $x + \Delta x \in (a,b)$, 则 $\Phi(x)$ (图 5-5, 图中 $\Delta x > 0$) 在 $x + \Delta x$ 处的函数值为

$$\Phi(x + \Delta x) = \int_a^{x+\Delta x} f(t)\,\mathrm{d}t.$$

由此得函数的增量

$$\begin{aligned}
\Delta\Phi &= \Phi(x + \Delta x) - \Phi(x) \\
&= \int_a^{x+\Delta x} f(t)\,\mathrm{d}t - \int_a^x f(t)\,\mathrm{d}t \\
&= \int_a^x f(t)\,\mathrm{d}t + \int_x^{x+\Delta x} f(t)\,\mathrm{d}t - \int_a^x f(t)\,\mathrm{d}t \\
&= \int_x^{x+\Delta x} f(t)\,\mathrm{d}t.
\end{aligned}$$

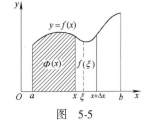

图 5-5

再应用定积分中值定理, 即有等式

$$\Delta\Phi = f(\xi)\Delta x,$$

这里, ξ 在 x 与 $x + \Delta x$ 之间. 把上式两边各除以 Δx, 得函数增量与自变量增量的比值

$$\frac{\Delta \Phi}{\Delta x} = f(\xi).$$

由于假设 $f(x)$ 在 $[a,b]$ 上连续，而 $\Delta x \to 0$ 时，$\xi \to x$，因此

$$\lim_{\Delta x \to 0} f(\xi) = f(x).$$

于是，令 $\Delta x \to 0$ 对于上式两边取极限时，左边的极限也存在且等于 $f(x)$. 这就是说，函数 $\Phi(x)$ 的导数存在，并且

$$\Phi'(x) = f(x). \tag{5-2}$$

若 $x = a$，取 $\Delta x > 0$，则同理可证 $\Phi'_+(a) = f(a)$；若 $x = b$，取 $\Delta x < 0$，则同理可证 $\Phi'_-(b) = f(b)$.

证毕.

这个定理指出了一个**重要结论**：连续函数 $f(x)$ 取变上限 x 的定积分然后求导，其结果还原为 $f(x)$ 本身，联想到原函数的定义，就可以从定理 5.3 推知 $\Phi(x)$ 是函数 $f(x)$ 的一个原函数，因此，我们引出如下的原函数的存在定理.

定理 5.4　　如果函数 $f(x)$ 在区间 $[a,b]$ 上连续，则函数

$$\Phi(x) = \int_a^x f(t)\,\mathrm{d}t$$

就是 $f(x)$ 在 $[a,b]$ 上的一个原函数.

这个定理的**重要意义**：一方面肯定了连续函数的原函数是存在的；另一方面初步地揭示了积分学中的定积分与原函数之间的联系. 因此，我们就有可能通过原函数来计算定积分.

例 1　　求 $\dfrac{\mathrm{d}}{\mathrm{d}x} \displaystyle\int_0^x \cos^2 t\,\mathrm{d}t$.

解　　由定理 5.3 变上限积分函数 $\displaystyle\int_0^x \cos^2 t\,\mathrm{d}t$ 的导数就是 $\cos^2 x$. 即

$$\frac{\mathrm{d}}{\mathrm{d}x} \int_0^x \cos^2 t\,\mathrm{d}t = \cos^2 x.$$

例 2　　求 $\dfrac{\mathrm{d}}{\mathrm{d}x} \displaystyle\int_1^{x^3} \mathrm{e}^{t^2}\,\mathrm{d}t$.

解　　因 $\displaystyle\int_1^{x^3} \mathrm{e}^{t^2}\,\mathrm{d}t$ 是 x^3 的函数，因此是 x 的复合函数. 令 $u = x^3$，则

$$\Phi(u) = \int_1^u \mathrm{e}^{t^2}\,\mathrm{d}t.$$

根据复合函数的求导公式，有

$$\frac{\mathrm{d}}{\mathrm{d}x} \int_1^{x^3} \mathrm{e}^{t^2}\,\mathrm{d}t = \frac{\mathrm{d}}{\mathrm{d}u} \int_1^u \mathrm{e}^{t^2}\,\mathrm{d}t \cdot \frac{\mathrm{d}u}{\mathrm{d}x}$$

$$= \Phi'(u) \cdot 3x^2 = \mathrm{e}^{u^2} \cdot 3x^2 = 3x^2 \mathrm{e}^{x^6}.$$

5.3.2　牛顿-莱布尼茨公式

现在我们根据定理 5.4 来证明一个重要定理，它给出了计算定积

分的公式.

定理 5.5 如果函数 $F(x)$ 是连续函数 $f(x)$ 在区间 $[a,b]$ 上的一个原函数，则

$$\int_a^b f(x)\mathrm{d}x = F(b) - F(a). \tag{5-3}$$

证 已知函数 $F(x)$ 是连续函数 $f(x)$ 的一个原函数，又根据定理 5.4 知道，积分上限函数

$$\Phi(x) = \int_a^x f(t)\mathrm{d}t$$

也是 $f(x)$ 的一个原函数. 于是这两个原函数之差 $F(x) - \Phi(x)$ 在 $[a,b]$ 上必定是某一个常数 C，即

$$F(x) - \Phi(x) = C(a \leqslant x \leqslant b). \tag{5-4}$$

在上式中令 $x = a$，得 $F(a) - \Phi(a) = C$，又由 $\Phi(x)$ 的定义式 (5-1) 及上节定积分的补充规定 (1) 可知 $\Phi(a) = 0$，因此，$C = F(a)$. 以 $F(a)$ 代入式 (5-4) 中的 C，以 $\int_a^x f(t)\mathrm{d}t$ 代入式 (5-4) 中的 $\Phi(x)$，可得

$$\int_a^x f(t)\mathrm{d}t = F(x) - F(a).$$

在上式中令 $x = h$，就得到所要证明的公式 (5-3).

由上节定积分的补充规定 (2) 可知，式 (5-3) 对于 $a > b$ 的情形同样成立.

为了方便起见，以后把 $F(b) - F(a)$ 记成 $[F(x)]_a^b$ 或 $F(x)\big|_a^b$，于是式 (5-3) 又可写成

$$\int_a^b f(x)\mathrm{d}x = [F(x)]_a^b.$$

公式 (5-3) 就叫做**牛顿-莱布尼茨公式**，这个公式进一步提示了定积分与被积函数的原函数或不定积分之间的联系. 它**表明**：一个连续函数在区间 $[a,b]$ 上的定积分等于它的任一个原函数在区间 $[a,b]$ 上的增量. 这就给定积分提供了一个有效而简便的计算方法，大大简化了定积分的计算过程.

通常把公式 (5-3) 也叫做**微积分基本公式**.

下面我们举几个应用公式 (5-3) 来计算定积分的简单例子.

例 3 计算定积分 $\int_0^1 x^2\mathrm{d}x$.

解 由于 $\dfrac{x^3}{3}$ 是 x^2 的一个原函数，所以按牛顿-莱布尼茨公式，有

$$\int_0^1 x^2\mathrm{d}x = \left[\frac{x^3}{3}\right]_0^1 = \frac{1^3}{3} - \frac{0^3}{3} = \frac{1}{3}.$$

例 4 计算 $\int_{-1}^1 \dfrac{\mathrm{d}x}{1 + x^2}$.

解 $\int_{-1}^{1} \dfrac{\mathrm{d}x}{1+x^2} = \underline{\hspace{3cm}} = \arctan 1 - \arctan(-1)$

$= \underline{\hspace{3cm}}.$

例 5 计算 $\int_{-1}^{3} |2-x| \, \mathrm{d}x$.

$$\int_{-1}^{3} |2-x| \, \mathrm{d}x = \int_{-1}^{2} (2-x) \, \mathrm{d}x + \int_{2}^{3} (x-2) \, \mathrm{d}x$$

$$= \left[\left(2x - \frac{1}{2}x^2 \right) \right]_{-1}^{2} + \left[\left(\frac{1}{2}x^2 - 2x \right) \right]_{2}^{3}$$

$$= \underline{\hspace{3cm}}.$$

例 6 计算正弦曲线 $y = \sin x$ 在 $[0, \pi]$ 上与 x 轴所围成的平面图形（图 5-6）的面积.

解 该图形是曲边梯形的一个特例，它的面积

$$A = \int_{0}^{\pi} \sin x \, \mathrm{d}x.$$

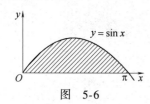

图 5-6

因为 $-\cos x$ 是 $\sin x$ 的一个原函数，所以

$$A = \int_{0}^{\pi} \sin x \, \mathrm{d}x = \left[-\cos x \right]_{0}^{\pi}$$

$$= -(-1) - (-1) = 2 \, (\text{平方单位}).$$

例 7 求 $\lim\limits_{x \to 0} \dfrac{\int_{\cos x}^{1} \mathrm{e}^{-t^2} \mathrm{d}t}{x^2}$.

解 易知这是一个 $\dfrac{0}{0}$ 型的未定式，我们利用洛必达法则来计算，分子可写成

$$-\int_{1}^{\cos x} \mathrm{e}^{-t^2} \mathrm{d}t,$$

它是以 $\cos x$ 为上限的积分，作为 x 的函数可看成是以 $u = \cos x$ 为中间变量的复合函数，故由公式(5-2)有

$$\frac{\mathrm{d}}{\mathrm{d}x} \int_{\cos x}^{1} \mathrm{e}^{-t^2} \mathrm{d}t = -\frac{\mathrm{d}}{\mathrm{d}x} \int_{1}^{\cos x} \mathrm{e}^{-t^2} \mathrm{d}t = -\frac{\mathrm{d}}{\mathrm{d}u} \int_{1}^{u} \mathrm{e}^{-t^2} \mathrm{d}t \Big|_{u = \cos x} \cdot (\cos x)'$$

$$= -\mathrm{e}^{-\cos^2 x} \cdot (-\sin x)$$

$$= (\sin x) \mathrm{e}^{-\cos^2 x},$$

因此

$$\lim_{x \to 0} \frac{\int_{\cos x}^{1} \mathrm{e}^{-t^2} \mathrm{d}t}{x^2} = \underline{\hspace{3cm}}.$$

习题 5.3

1. 试求函数 $y = \int_0^x \sin t dt$ 当 $x = 0$ 及 $x = \dfrac{\pi}{4}$ 时的导数.

2. 求由参数表示式 $x = \int_0^t \sin u du, y = \int_0^t \cos u du$ 所给定的函数 y 对 x 的导数.

3. 求由 $\int_0^y e^t dt + \int_0^x \cos t dt = 0$ 所决定的隐函数 y 对 x 的导数 $\dfrac{dy}{dx}$.

4. 当 x 为何值时, 函数 $I(x) = \int_0^x te^{-t^2} dt$ 有极值?

5. 计算下列各导数:

(1) $\dfrac{d}{dx} \int_0^{x^2} \sqrt{1 + t^2} dt$; 　　　　(2) $\dfrac{d}{dx} \int_{x^2}^{x^3} \dfrac{dt}{\sqrt{1 + t^4}}$;

(3) $\dfrac{d}{dx} \int_{\sin x}^{\cos x} \cos(\pi t^2) dt$.

6. 计算下列定积分:

(1) $\int_0^a (3x^2 - x + 1) dx$; 　　　　(2) $\int_1^2 \left(x^2 + \dfrac{1}{x^4} \right) dx$;

(3) $\int_4^9 \sqrt{x}(1 + \sqrt{x}) dx$; 　　　　(4) $\int_{\frac{1}{\sqrt{3}}}^{\sqrt{3}} \dfrac{dx}{1 + x^2}$;

(5) $\int_{-\frac{1}{2}}^{\frac{1}{2}} \dfrac{dx}{\sqrt{1 - x^2}}$; 　　　　(6) $\int_0^{\sqrt{3}a} \dfrac{dx}{a^2 + x^2}$;

(7) $\int_0^1 \dfrac{dx}{\sqrt{4 - x^2}}$; 　　　　(8) $\int_{-1}^0 \dfrac{3x^4 + 3x^2 + 1}{x^2 + 1} dx$;

(9) $\int_{-e-1}^{-2} \dfrac{dx}{1 + x}$; 　　　　(10) $\int_0^{\frac{\pi}{4}} \tan^2 \theta d\theta$;

(11) $\int_0^{2\pi} |\sin x| dx$;

(12) $\int_0^2 f(x) dx$, 其中 $f(x) = \begin{cases} x + 1, & x \leq 1, \\ \dfrac{1}{2}x^2, & x > 1. \end{cases}$

7. 设 k 为正整数, 试证下列各题:

(1) $\int_{-\pi}^{\pi} \cos kx dx = 0$; 　　　　(2) $\int_{-\pi}^{\pi} \sin kx dx = 0$;

(3) $\int_{-\pi}^{\pi} \cos^2 kx dx = \pi$; 　　　　(4) $\int_{-\pi}^{\pi} \sin^2 kx dx = \pi$.

8. 设 k 及 l 为正整数, 且 $k \neq l$. 证明:

(1) $\int_{-\pi}^{\pi} \cos kx \sin lx dx = 0$; 　　　　(2) $\int_{-\pi}^{\pi} \cos kx \cos lx dx = 0$;

(3) $\int_{-\pi}^{\pi} \sin kx \sin lx dx = 0$.

9. 求下列极限:

(1) $\lim\limits_{x \to 0} \dfrac{\int_0^x \cos t^2 dt}{x}$; 　　　　(2) $\lim\limits_{x \to 0} \dfrac{\left(\int_0^x e^{t^2} dt \right)^2}{\int_0^x te^{2t^2} dt}$.

10. 设 $f(x)$ 在 $[a,b]$ 上连续, 在 (a,b) 内可导且 $f'(x) < 0$, 证明函数

$$F(x) = \frac{1}{x-a}\int_a^x f(t)\,dt$$

在 (a, b) 内的一阶导数 $F'(x) < 0$.

5.4 定积分的换元法

由上节结果知道, 计算定积分 $\int_a^b f(x)\,dx$ 的简便方法是把它转化为求 $f(x)$ 的原函数的增量. 在上一章中, 我们知道用换元积分法可以求出一些函数的原函数. 因此, 在一定条件下, 可以用换元法来计算定积分, 为了说明如何用换元法来计算定积分, 先证明下面一个定理.

定理 5.6 假设函数 $f(x)$ 在区间 $[a,b]$ 上连续, 函数 $x = \varphi(t)$ 满足条件:

(1) $\varphi(\alpha) = a$, $\varphi(\beta) = b$;

(2) $\varphi(t)$ 在 $[\alpha, \beta]$ 上具有连续导数, 且对 $[a,b]$ 上的任意子区间均有 $\varphi'(t)$ 不恒为零, 则有

$$\int_a^b f(x)\,dx = \int_\alpha^\beta f(\varphi(t))\varphi'(t)\,dt. \tag{5-5}$$

公式 (5-5) 叫做定积分的换元公式.

证 由假设可知, 上式两边的被积函数都是连续的, 因此不仅上式两边的定积分都存在, 而且由上节的定理 5.4 知道, 被积函数的原函数也都存在. 所以公式 (5-5) 两边的定积分都可应用牛顿-莱布尼茨公式. 假定 $F(x)$ 是 $f(x)$ 的一个原函数, 则

$$\int_a^b f(x)\,dx = F(b) - F(a).$$

另一方面, 记 $\Phi(t) = F(\varphi(t))$, 它是由 $F(x)$ 与 $x = \varphi(t)$ 复合而成的函数, 因此, 由复合函数的求导法则, 得

$$\Phi'(t) = \frac{dF}{dx} \cdot \frac{dx}{dt} = f(x)\varphi'(t) = f(\varphi(t))\varphi'(t).$$

这表明 $\Phi(t)$ 是 $f(\varphi(t))\varphi'(t)$ 的一个原函数. 因此有

$$\int_\alpha^\beta f(\varphi(t))\varphi'(t)\,dt = \Phi(\beta) - \Phi(\alpha).$$

又由 $\Phi(t) = F(\varphi(t))$ 及 $\varphi(\alpha) = a$, $\varphi(\beta) = b$, 可知

$$\Phi(\beta) - \Phi(\alpha) = F(\varphi(\beta)) - F(\varphi(\alpha)) = F(b) - F(a),$$

所以

$$\int_a^b f(x)\,dx = F(b) - F(a) = \Phi(\beta) - \Phi(\alpha)$$

$$= \int_\alpha^\beta f(\varphi(t))\varphi'(t)\,dt.$$

这就证明了换元公式.

从以上证明看到，在用换元法计算定积分时，一旦得到了用新变量表示的原函数后，不必再作变量还原，而只要用新的积分限代入并求其差值即可.

有时我们不用 $x = \varphi(t)$ 而用代换 $t = \psi(x)$ 以引入新变量 t，但这时 $t = \psi(x)$ 的反函数 $x = \psi^{-1}(t)$ 必须满足上面定理的条件.

例 1　计算 $\displaystyle\int_0^a \sqrt{a^2 - x^2}\,\mathrm{d}x \quad (a > 0)$.

解　令 $x = a\sin t$，则 $\mathrm{d}x = a\cos t\,\mathrm{d}t$，且当 $x = 0$ 时，$t = 0$；当 $x = a$ 时，$t = \dfrac{\pi}{2}$，于是

$$
\begin{aligned}
\int_0^a \sqrt{a^2 - x^2}\,\mathrm{d}x &= a^2 \int_0^{\frac{\pi}{2}} \cos^2 t\,\mathrm{d}t = \frac{a^2}{2} \int_0^{\frac{\pi}{2}} (1 + \cos 2t)\,\mathrm{d}t \\
&= \frac{a^2}{2}\Big[t + \frac{1}{2}\sin 2t\Big]_0^{\frac{\pi}{2}} = \underline{\hspace{2cm}}.
\end{aligned}
$$

换元公式也可以反过来使用，为使用方便起见，把换元公式中左右两边对调地位，同时把 t 改记为 x，而 x 改记为 t，得

$$
\int_a^b f(\varphi(x))\varphi'(x)\,\mathrm{d}x = \int_\alpha^\beta f(t)\,\mathrm{d}t.
$$

这样，我们用 $t = \psi(x)$ 来引入新变量 t，而 $\alpha = \psi(a)$，$\beta = \psi(b)$.

例 2　计算 $\displaystyle\int_0^{\frac{\pi}{2}} \cos^5 x \sin x\,\mathrm{d}x$.

解　设 $t = \cos x$，则

$$
\mathrm{d}t = \underline{\hspace{2cm}},
$$

且当 $x = 0$ 时，$t = 1$；当 $x = \dfrac{\pi}{2}$ 时，$t = 0$，于是

$$
\int_0^{\frac{\pi}{2}} \cos^5 x \sin x\,\mathrm{d}x = -\int_1^0 t^5\,\mathrm{d}t = \underline{\hspace{2cm}}.
$$

在例 2 中，如果我们不明显地写出新变量 t，那么定积分的上、下限就可不要变更. 现在用这种记法计算如下：

$$
\begin{aligned}
\int_0^{\frac{\pi}{2}} \cos^5 x \sin x\,\mathrm{d}x &= -\int_0^{\frac{\pi}{2}} \cos^5 x\,\mathrm{d}(\cos x) = -\Big[\frac{\cos^6 x}{6}\Big]_0^{\frac{\pi}{2}} \\
&= \underline{\hspace{2cm}}.
\end{aligned}
$$

例 3　计算 $\displaystyle\int_0^\pi \sqrt{\sin^3 x - \sin^5 x}\,\mathrm{d}x$.

解　由于

$$
\sqrt{\sin^3 x - \sin^5 x} = \sqrt{\sin^3 x(1 - \sin^2 x)} = \sin^{\frac{3}{2}} x \cdot |\cos x|,
$$

在 $\left[0,\dfrac{\pi}{2}\right]$ 上，$|\cos x| = \cos x$；在 $\left[\dfrac{\pi}{2},\pi\right]$ 上，$|\cos x| = -\cos x$，所以

$$原式 = \int_0^{\frac{\pi}{2}} \sin^{\frac{3}{2}} x \cos x \, dx + \int_{\frac{\pi}{2}}^{\pi} \sin^{\frac{3}{2}} x(-\cos x)\, dx$$

$$= \int_0^{\frac{\pi}{2}} \sin^{\frac{3}{2}} x \, d(\sin x) - \int_{\frac{\pi}{2}}^{\pi} \sin^{\frac{3}{2}} x \, d(\sin x)$$

$$= \underline{\hspace{4cm}}$$

$$= \underline{\hspace{4cm}}.$$

注意：如果忽略 $\cos x$ 在 $\left[\dfrac{\pi}{2},\pi\right]$ 上非正，而按 $\sqrt{\sin^3 x - \sin^5 x} = \sin^{\frac{3}{2}} x \cos x$ 计算，将导致错误．

例4 计算 $\displaystyle\int_0^4 \dfrac{x+2}{\sqrt{2x+1}} dx$．

解 设 $\sqrt{2x+1} = t$，则 $x = \dfrac{t^2-1}{2}$，$dx = t\,dt$，且当 $x = 0$ 时，$t = 1$；当 $x = 4$ 时，$t = 3$，于是

$$\int_0^4 \frac{x+2}{\sqrt{2x+1}} dx = \int_1^3 \frac{\frac{t^2-1}{2}+2}{t} t\,dt = \frac{1}{2}\int_1^3 (t^2+3)\,dt = \frac{1}{2}\left[\frac{t^3}{3}+3t\right]_1^3$$

$$= \frac{1}{2}\left[\left(\frac{27}{3}+9\right)-\left(\frac{1}{3}+3\right)\right]$$

$$= \frac{22}{3}.$$

用定积分的换元法可证明下面**两个结论**：

（1）若 $f(x)$ 在 $[-a,a]$ 上连续且为偶函数，则

$$\int_{-a}^a f(x)\,dx = 2\int_0^a f(x)\,dx;$$

（2）若 $f(x)$ 在 $[-a,a]$ 上连续且为奇函数，则

$$\int_{-a}^a f(x)\,dx = 0.$$

证 因为

$$\int_{-a}^a f(x)\,dx = \int_{-a}^0 f(x)\,dx + \int_0^a f(x)\,dx,$$

对积分 $\displaystyle\int_{-a}^0 f(x)\,dx$ 作变量代换，令 $x = -t$，则 $dx = -dt$．

且当 $x = -a$ 时，$t = a$；当 $x = 0$ 时，$t = 0$．

所以

$$\int_{-a}^{0} f(x)\,\mathrm{d}x = -\int_{a}^{0} f(-t)\,\mathrm{d}t = \int_{0}^{a} f(-t)\,\mathrm{d}t.$$

（1）当 $f(x)$ 为偶函数时，

$$f(-t) = f(t).$$

因此

$$\int_{-a}^{0} f(x)\,\mathrm{d}x = \int_{0}^{a} f(-t)\,\mathrm{d}t = \int_{0}^{a} f(t)\,\mathrm{d}t = \int_{0}^{a} f(x)\,\mathrm{d}x.$$

所以

$$\int_{-a}^{a} f(x)\,\mathrm{d}x = 2\int_{0}^{a} f(x)\,\mathrm{d}x.$$

（2）当 $f(x)$ 是奇函数时，

$$f(-t) = -f(t).$$

因此

$$\int_{-a}^{0} f(x)\,\mathrm{d}x = \int_{0}^{a} f(-t)\,\mathrm{d}t = -\int_{0}^{a} f(t)\,\mathrm{d}t = -\int_{0}^{a} f(x)\,\mathrm{d}x,$$

所以

$$\int_{-a}^{a} f(x)\,\mathrm{d}x = 0.$$

例 5　计算 $\displaystyle\int_{-\frac{1}{2}}^{\frac{1}{2}} \frac{x^5+2}{\sqrt{1-x^2}}\mathrm{d}x.$

解　因为 $f(x) = \dfrac{x^5+2}{\sqrt{1-x^2}}$．不妨令

$$f_1(x) = \frac{x^5}{\sqrt{1-x^2}},\ f_2(x) = \frac{2}{\sqrt{1-x^2}},$$

而 $f_1(x)$ 为奇函数，$f_2(x)$ 为偶函数．

所以

$$\int_{-\frac{1}{2}}^{\frac{1}{2}} \frac{x^5+2}{\sqrt{1-x^2}}\mathrm{d}x = \int_{-\frac{1}{2}}^{\frac{1}{2}} \frac{x^5}{\sqrt{1-x^2}}\mathrm{d}x + \int_{-\frac{1}{2}}^{\frac{1}{2}} \frac{2}{\sqrt{1-x^2}}\mathrm{d}x$$

$$=0 + 2\int_{0}^{\frac{1}{2}} \frac{2}{\sqrt{1-x^2}}\mathrm{d}x$$

$$=\underline{\hspace{3cm}}.$$

例 6　若 $f(x)$ 在 $[0,1]$ 上连续，证明：

$$\int_{0}^{\frac{\pi}{2}} f(\sin x)\,\mathrm{d}x = \int_{0}^{\frac{\pi}{2}} f(\cos x)\,\mathrm{d}x.$$

证　设 $t = \dfrac{\pi}{2} - x$，则 $x = \dfrac{\pi}{2} - t$，$\mathrm{d}x = -\mathrm{d}t.$

且当 $x = 0$ 时，$t = \dfrac{\pi}{2}$；当 $x = \dfrac{\pi}{2}$ 时，$t = 0.$

因此

$$\int_0^{\frac{\pi}{2}} f(\sin x)\,\mathrm{d}x = -\int_{\frac{\pi}{2}}^0 f\left[\sin\left(\frac{\pi}{2}-t\right)\right]\mathrm{d}t$$

$$= \int_0^{\frac{\pi}{2}} f(\cos t)\,\mathrm{d}t = \int_0^{\frac{\pi}{2}} f(\cos x)\,\mathrm{d}x.$$

习题 5.4

1. 计算下列定积分:

(1) $\int_{\frac{\pi}{3}}^{\pi} \sin\left(x+\frac{\pi}{3}\right)\mathrm{d}x$;

(2) $\int_{-2}^1 \frac{\mathrm{d}x}{(11+5x)^3}$;

(3) $\int_0^{\frac{\pi}{2}} \sin x\cos^3 x\,\mathrm{d}x$;

(4) $\int_0^{\pi}(1-\sin^3 x)\,\mathrm{d}x$;

(5) $\int_{\frac{\pi}{6}}^{\frac{\pi}{2}} \cos^2 x\,\mathrm{d}x$;

(6) $\int_0^{\sqrt{2}} \sqrt{2-x^2}\,\mathrm{d}x$;

(7) $\int_{-\sqrt{2}}^{\sqrt{2}} \sqrt{8-2x^2}\,\mathrm{d}x$;

(8) $\int_{\frac{1}{\sqrt{2}}}^1 \frac{\sqrt{1-x^2}}{x^2}\,\mathrm{d}x$;

(9) $\int_0^a x^2\sqrt{a^2-x^2}\,\mathrm{d}x$;

(10) $\int_1^{\sqrt{3}} \frac{\mathrm{d}x}{x^2\sqrt{1+x^2}}$;

(11) $\int_{-1}^1 \frac{x\mathrm{d}x}{\sqrt{5-4x}}$;

(12) $\int_1^4 \frac{\mathrm{d}x}{1+\sqrt{x}}$;

(13) $\int_{\frac{3}{4}}^1 \frac{\mathrm{d}x}{\sqrt{1-x}-1}$;

(14) $\int_0^{\sqrt{2}a} \frac{x\mathrm{d}x}{\sqrt{3a^2-x^2}}$;

(15) $\int_0^1 xe^{-\frac{x^2}{2}}\,\mathrm{d}x$;

(16) $\int_1^{e^2} \frac{\mathrm{d}x}{x\sqrt{1+\ln x}}$;

(17) $\int_{-2}^0 \frac{\mathrm{d}x}{x^2+2x+2}$;

(18) $\int_{-\frac{\pi}{2}}^{\frac{\pi}{2}} \cos x\cos 2x\,\mathrm{d}x$;

(19) $\int_{-\frac{\pi}{2}}^{\frac{\pi}{2}} \sqrt{\cos x-\cos^3 x}\,\mathrm{d}x$;

(20) $\int_0^{\pi} \sqrt{1+\cos 2x}\,\mathrm{d}x$.

2. 利用函数的奇偶性计算下列定积分:

(1) $\int_{-\pi}^{\pi} x^4\sin x\,\mathrm{d}x$;

(2) $\int_{-\frac{\pi}{2}}^{\frac{\pi}{2}} 4\cos^4 x\,\mathrm{d}x$;

(3) $\int_{-\frac{1}{2}}^{\frac{1}{2}} \frac{(\arcsin x)^2}{\sqrt{1-x^2}}\,\mathrm{d}x$;

(4) $\int_{-6}^6 \frac{x^3\sin^2 x}{x^4+2x^2+1}\,\mathrm{d}x$.

3. 证明 $\int_{-a}^a \varphi(x^2)\,\mathrm{d}x = 2\int_0^a \varphi(x^2)\,\mathrm{d}x$,其中 $\varphi(u)$ 为连续函数.

4. 设 $f(x)$ 在 $[-b,b]$ 上连续,证明
$$\int_{-b}^b f(x)\,\mathrm{d}x = \int_{-b}^b f(-x)\,\mathrm{d}x.$$

5. 设 $f(x)$ 在 $[a,b]$ 上连续,证明
$$\int_a^b f(x)\,\mathrm{d}x = \int_a^b f(a+b-x)\,\mathrm{d}x.$$

6. 证明 $\int_x^1 \frac{\mathrm{d}x}{1+x^2} = \int_1^{\frac{1}{x}} \frac{\mathrm{d}x}{1+x^2}\,(x>0)$.

7. 证明 $\int_0^1 x^m (1-x)^n \mathrm{d}x = \int_0^1 x^n (1-x)^m \mathrm{d}x \, (m, n \in \mathbf{N})$.

8. 证明 $\int_0^\pi \sin^n x \mathrm{d}x = 2 \int_0^{\frac{\pi}{2}} \sin^n x \mathrm{d}x$.

5.5　定积分的分部积分法

计算不定积分有不定积分的分部积分法，相应地，计算定积分也有分部积分法.

设函数 $u(x)$，$v(x)$ 在区间 $[a, b]$ 上具有连续导数 $u'(x)$，$v'(x)$，则有 $(uv)' = uv' + vu'$，分别求该等式两端在 $[a, b]$ 上的定积分，并注意到

$$\int_a^b (uv)' \mathrm{d}x = \left[uv \right]_a^b,$$

便得

$$\left[uv \right]_a^b = \int_a^b vu' \mathrm{d}x + \int_a^b uv' \mathrm{d}x,$$

移项，就有

$$\int_a^b uv' \mathrm{d}x = \left\lfloor uv \right\rfloor_a^b - \int_a^b vu' \mathrm{d}x,$$

或简写为

$$\int_a^b u \mathrm{d}v = \left[uv \right]_a^b - \int_a^b v \mathrm{d}u.$$

这就是定积分的分部积分法.

例1　求 $\int_0^\pi x \cos x \mathrm{d}x$.

解　$\int_0^\pi x \cos x \mathrm{d}x = \int_0^\pi x \mathrm{d}(\sin x) = \left[x \sin x \right]_0^\pi - \int_0^\pi \sin x \mathrm{d}x$

$\qquad\qquad = \left[\cos x \right]_0^\pi = -1 - 1 = -2.$

例2　求 $\int_0^{\frac{1}{2}} \arcsin x \mathrm{d}x$.

解　$\int_0^{\frac{1}{2}} \arcsin x \mathrm{d}x = \left[x \arcsin x \right]_0^{\frac{1}{2}} - \int_0^{\frac{1}{2}} x \mathrm{d}(\arcsin x)$

$\qquad\qquad = \underline{\qquad\qquad}$

$\qquad\qquad = \underline{\qquad\qquad}$

$\qquad\qquad = \underline{\qquad\qquad}$

$\qquad\qquad = \underline{\qquad\qquad}.$

例3 求 $\int_0^1 e^{\sqrt{x}}dx$.

解 令 $\sqrt{x}=t$，则 $dx = 2tdt$，且当 $x=0$ 时，$t=0$；当 $x=1$ 时，$t=1$，故

$$\int_0^1 e^{\sqrt{x}}dx = \underline{\hspace{3cm}} = 2e - 2e + 2 = 2.$$

例4 证明

$$I_n = \int_0^{\frac{\pi}{2}} \sin^n x dx = \int_0^{\frac{\pi}{2}} \cos^n x dx$$

$$= \begin{cases} \dfrac{n-1}{n} \cdot \dfrac{n-3}{n-2} \cdot \cdots \cdot \dfrac{3}{4} \cdot \dfrac{1}{2} \cdot \dfrac{\pi}{2}, & n \text{ 为正偶数,} \\ \dfrac{n-1}{n} \cdot \dfrac{n-3}{n-2} \cdot \cdots \cdot \dfrac{4}{5} \cdot \dfrac{2}{3}, & n \text{ 为大于1的正奇数.} \end{cases}$$

证 因为

$$\int_0^{\frac{\pi}{2}} f(\sin x)\,dx = \int_0^{\frac{\pi}{2}} f(\cos x)\,dx,$$

所以

$$\int_0^{\frac{\pi}{2}} \sin^n x dx = \int_0^{\frac{\pi}{2}} \cos^n x dx.$$

下面证明对于 $\int_0^{\frac{\pi}{2}} \cos^n x dx$ 的结论.

当 $n = 1$ 时，$I_1 = \int_0^{\frac{\pi}{2}} \cos x dx = 1$

当 $n > 1$ 时，$I_n = \int_0^{\frac{\pi}{2}} \cos^n x dx = \int_0^{\frac{\pi}{2}} \cos^{n-1} x \cdot \cos x dx$

$$= \int_0^{\frac{\pi}{2}} \cos^{n-1} x d(\sin x)$$

$$= \left[(\cos^{n-1} x \cdot \sin x)\right]_0^{\frac{\pi}{2}} + \int_0^{\frac{\pi}{2}} (n-1)\sin^2 x \cos^{n-2} x dx$$

$$= (n-1) \int_0^{\frac{\pi}{2}} (1 - \cos^2 x)\cos^{n-2} x dx$$

$$= (n-1) \int_0^{\frac{\pi}{2}} \cos^{n-2} x dx - (n-1) \int_0^{\frac{\pi}{2}} \cos^n x dx$$

即

$$I_n = (n-1)I_{n-2} - (n-1)I_n.$$

整理得

$$I_n = \frac{n-1}{n} I_{n-2}.$$

如果把 n 换成 $n-2$，则有

$$I_{n-2} = \frac{n-3}{n-2}I_{n-4}.$$

依次进行下去，直到 I_n 的下标 n 递减到 0 或 1 为止．于是

$$I_{2m} = \frac{2m-1}{2m} \cdot \frac{2m-3}{2m-2} \cdot \cdots \cdot \frac{3}{4} \cdot \frac{1}{2}I_0,$$

$$I_{2m+1} = \frac{2m}{2m+1} \cdot \frac{2m-2}{2m-1} \cdot \cdots \cdot \frac{4}{5} \cdot \frac{2}{3}I_1 (m = 1,2,\cdots).$$

而

$$I_0 = \int_0^{\frac{\pi}{2}} \mathrm{d}x = \frac{\pi}{2}, I_1 = \int_0^{\frac{\pi}{2}} \cos x \mathrm{d}x = 1.$$

所以

$$I_{2m} = \frac{2m-1}{2m} \cdot \frac{2m-3}{2m-2} \cdot \cdots \cdot \frac{3}{4} \cdot \frac{1}{2} \cdot \frac{\pi}{2},$$

$$I_{2m+1} = \frac{2m}{2m+1} \cdot \frac{2m-2}{2m-1} \cdot \cdots \cdot \frac{4}{5} \cdot \frac{2}{3} \ (m = 1,2,\cdots),$$

或写成

$$I_n = \int_0^{\frac{\pi}{2}} \sin^n x \mathrm{d}x = \int_0^{\frac{\pi}{2}} \cos^n x \mathrm{d}x$$

$$= \begin{cases} \dfrac{n-1}{n} \cdot \dfrac{n-3}{n-2} \cdot \cdots \cdot \dfrac{1}{2} \cdot \dfrac{\pi}{2}, & n \text{ 为偶数}, \\ \dfrac{n-1}{n} \cdot \dfrac{n-3}{n-2} \cdot \cdots \cdot \dfrac{4}{5} \cdot \dfrac{2}{3}, & n \text{ 为大于 1 的正奇数}. \end{cases}$$

习题 5.5

1. 计算下列定积分：

(1) $\displaystyle\int_0^1 x\mathrm{e}^{-x}\mathrm{d}x$；　　　　　　(2) $\displaystyle\int_1^{\mathrm{e}} x\ln x\mathrm{d}x$；

(3) $\displaystyle\int_0^{\frac{2\pi}{w}} t\sin wt\mathrm{d}t$　（w 为常数）；　　(4) $\displaystyle\int_{\frac{\pi}{4}}^{\frac{\pi}{3}} \frac{x}{\sin^2 x}\mathrm{d}x$；

(5) $\displaystyle\int_1^4 \frac{\ln x}{\sqrt{x}}\mathrm{d}x$；　　　　　　(6) $\displaystyle\int_0^1 x\arctan x\mathrm{d}x$；

(7) $\displaystyle\int_0^{\frac{\pi}{2}} \mathrm{e}^{2x}\cos x\mathrm{d}x$；　　　　(8) $\displaystyle\int_1^2 x\log_2 x\mathrm{d}x$；

(9) $\displaystyle\int_0^{\pi} (x\sin x)^2\mathrm{d}x$；　　　　(10) $\displaystyle\int_1^{\mathrm{e}} \sin(\ln x)\mathrm{d}x$；

(11) $\displaystyle\int_{\frac{1}{\mathrm{e}}}^{\mathrm{e}} |\ln x|\,\mathrm{d}x$．

2. 利用递推公式计算 $I_{100} = \displaystyle\int_0^{\pi} x\sin^{100}x\mathrm{d}x$.

5.6　反常积分

前面引进定积分的概念时，我们假定被积函数 $f(x)$ 在积分区间 $[a, b]$ 上连续，而且 a 和 b 都是常数．这些积分都属于常义（通常意义）积分的范围，但在一些实际问题中，我们通常会遇到积分区间为无穷区间或者被积函数为无界函数的积分，它们已经不属于前面所说的积分了，因此，我们对定积分作如下两种推广，从而形成反常积分的概念．

5.6.1　积分区间为无穷区间

定义 5.2　设函数 $f(x)$ 在区间 $[a, +\infty)$ 上连续，取 $t > a$，如果极限

$$\lim_{t \to +\infty} \int_a^t f(x)\,\mathrm{d}x$$

存在，则称此极限为函数 $f(x)$ 在无穷区间 $[a, +\infty)$ 上的 反常积分，记作 $\int_a^{+\infty} f(x)\,\mathrm{d}x$，即

$$\int_a^{+\infty} f(x)\,\mathrm{d}x = \lim_{t \to +\infty} \int_a^t f(x)\,\mathrm{d}x.$$

此时，我们说反常积分 $\int_a^{+\infty} f(x)\,\mathrm{d}x$ 存在或收敛；若极限不存在，我们说反常积分 $\int_a^{+\infty} f(x)\,\mathrm{d}x$ 没有意义或者是发散的．

同样地，可定义反常积分

$$\int_{-\infty}^b f(x)\,\mathrm{d}x = \lim_{t \to -\infty} \int_t^b f(x)\,\mathrm{d}x.$$

我们也可以定义反常积分 $\int_{-\infty}^{+\infty} f(x)\,\mathrm{d}x$ 为反常积分 $\int_{-\infty}^0 f(x)\,\mathrm{d}x$ 与 $\int_0^{+\infty} f(x)\,\mathrm{d}x$ 之和，如果后两者的和存在的话，即

$$\int_{-\infty}^{+\infty} f(x)\,\mathrm{d}x = \int_{-\infty}^0 f(x)\,\mathrm{d}x + \int_0^{+\infty} f(x)\,\mathrm{d}x$$

$$= \lim_{t \to -\infty} \int_t^0 f(x)\,\mathrm{d}x + \lim_{t \to +\infty} \int_0^t f(x)\,\mathrm{d}x.$$

这时也称反常积分 $\int_{-\infty}^{+\infty} f(x)\,\mathrm{d}x$ 收敛；否则就称反常积分 $\int_{-\infty}^{+\infty} f(x)\,\mathrm{d}x$ 发散．

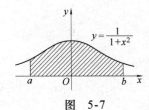

图　5-7

例 1　计算反常积分 $\int_{-\infty}^{+\infty} \dfrac{\mathrm{d}x}{1 + x^2}$．

解　这个反常积分的几何意义是：当 $a \to -\infty$，$b \to +\infty$ 时，虽然图 5-7 中阴影部分向左、右无限延伸，但其面积有极限值．

$$\int_{-\infty}^{+\infty} \frac{\mathrm{d}x}{1+x^2} = \int_{-\infty}^{0} \frac{\mathrm{d}x}{1+x^2} + \int_{0}^{+\infty} \frac{\mathrm{d}x}{1+x^2}$$

$$= \lim_{a \to -\infty} \int_{a}^{0} \frac{\mathrm{d}x}{1+x^2} + \lim_{b \to +\infty} \int_{0}^{b} \frac{\mathrm{d}x}{1+x^2}$$

$$= \lim_{a \to -\infty} \left[\arctan x \right]_{a}^{0} + \lim_{b \to +\infty} \left[\arctan x \right]_{0}^{b}$$

$$= - \lim_{a \to -\infty} \arctan a + \lim_{b \to +\infty} \arctan b$$

$$= - \left(-\frac{\pi}{2} \right) + \frac{\pi}{2} = \pi.$$

例 2 证明反常积分 $\int_{a}^{+\infty} \frac{\mathrm{d}x}{x^p} (a > 0)$ 当 $p > 1$ 时收敛,当 $p \leqslant 1$ 时发散.

证 当 $p = 1$ 时,

$$\int_{a}^{+\infty} \frac{\mathrm{d}x}{x^p} = \int_{a}^{+\infty} \frac{\mathrm{d}x}{x} = \left[\ln x \right]_{a}^{+\infty} = +\infty ;$$

当 $p \neq 1$ 时,

$$\int_{a}^{+\infty} \frac{\mathrm{d}x}{x^p} = \left[\frac{x^{1-p}}{1-p} \right]_{a}^{+\infty} = \begin{cases} +\infty, & p < 1, \\ \dfrac{a^{1-p}}{p-1}, & p > 1. \end{cases}$$

因此,当 $p > 1$ 时,该反常积分收敛,其值为 $\dfrac{a^{1-p}}{p-1}$; 当 $p \leqslant 1$ 时,该反常积分发散.

注意: 有时为了方便起见,把 $\lim\limits_{b \to +\infty} \left[F(x) \right]_{a}^{b}$ 记作 $\left[F(x) \right]_{a}^{+\infty}$; 把 $\lim\limits_{a \to -\infty} \left[F(x) \right]_{a}^{b}$ 记作 $\left[F(x) \right]_{-\infty}^{b}$.

例 3 讨论反常积分 $\int_{-\infty}^{+\infty} \frac{x\mathrm{d}x}{1+x^2}$ 的收敛性.

解 $\int_{-\infty}^{+\infty} \frac{x}{1+x^2}\mathrm{d}x = \int_{-\infty}^{0} \frac{x}{1+x^2}\mathrm{d}x + \int_{0}^{+\infty} \frac{x}{1+x^2}\mathrm{d}x.$

因为

$$\lim_{a \to -\infty} \int_{a}^{0} \frac{x}{1+x^2}\mathrm{d}x = \lim_{a \to -\infty} \left[\frac{1}{2}\ln(1+x^2) \right]_{a}^{0}$$

$$= -\frac{1}{2} \lim_{a \to -\infty} \ln(1+a^2) = -\infty,$$

所以 $\int_{-\infty}^{0} \frac{x}{1+x^2}\mathrm{d}x$ 发散,从而 $\int_{-\infty}^{+\infty} \frac{x}{1+x^2}\mathrm{d}x$ 也发散.

例 4 计算反常积分 $\int_{1}^{+\infty} \frac{\mathrm{d}x}{x^2+x}$,

解 $\int_{1}^{+\infty} \frac{\mathrm{d}x}{x^2+x} = \int_{1}^{+\infty} \frac{\mathrm{d}x}{x(1+x)} = \int_{1}^{+\infty} \left(\frac{1}{x} - \frac{1}{1+x} \right)\mathrm{d}x$

$$= \underline{\hspace{3cm}}$$

$$= \ln 1 - \ln \frac{1}{2} = \ln 2.$$

注意：如果因

$$\int_1^{+\infty} \left(\frac{1}{x} - \frac{1}{1+x} \right) \mathrm{d}x = \int_1^{+\infty} \frac{\mathrm{d}x}{x} - \int_1^{+\infty} \frac{\mathrm{d}x}{1+x}$$

而 $\int_1^{+\infty} \dfrac{\mathrm{d}x}{x} = +\infty$，从而认为 $\int_1^{+\infty} \dfrac{\mathrm{d}x}{x^2+x}$ 发散，就会导致错误，原因是

$\int_1^{+\infty} \dfrac{\mathrm{d}x}{1+x} = +\infty$. 而 $\infty - \infty$ 是未定式极限. 它的极限是有可能存在的.

5.6.2 无界函数的反常积分

如果函数 $f(x)$ 在点 a 的任一邻域内都无界，那么称 a 为函数 $f(x)$ 的**瑕点**，无界函数的反常积分又称为**瑕积分**.

设函数 $f(x)$ 在 $(a,b]$ 上连续，而 $\lim\limits_{x \to a^+} f(x) = \infty$，取 $\varepsilon > 0$，若极限

$$\lim_{\varepsilon \to 0^+} \int_{a+\varepsilon}^b f(x) \mathrm{d}x$$

存在，则称此极限为函数 $f(x)$ 在 $(a,b]$ 上的反常积分，仍然记作 $\int_a^b f(x) \mathrm{d}x$，即

$$\int_a^b f(x) \mathrm{d}x = \lim_{\varepsilon \to 0^+} \int_{a+\varepsilon}^b f(x) \mathrm{d}x.$$

此时，我们说反常积分存在或收敛；若极限不存在，我们说反常积分 $\int_a^b f(x) \mathrm{d}x$ 没有意义或发散.

同样，若 $f(x)$ 在 $[a,b)$ 上连续，$\lim\limits_{x \to b^-} f(x) = \infty$，取 $\varepsilon > 0$，若

$$\lim_{\varepsilon \to 0^+} \int_a^{b-\varepsilon} f(x)$$

存在，则定义

$$\int_a^b f(x) \mathrm{d}x = \lim_{\varepsilon \to 0^+} \int_a^{b-\varepsilon} f(x) \mathrm{d}x;$$

否则，就称反常积分 $\int_a^b f(x) \mathrm{d}x$ 发散.

又设 $f(x)$ 在 $[a,b]$ 上除 $x = c$ 一点处外连续 $(a < c < b)$，而 $\lim\limits_{x \to c} f(x) = \infty$，取 $\varepsilon > 0, \varepsilon' > 0$，若两个反常积分

$$\int_a^c f(x) \mathrm{d}x \quad \text{与} \quad \int_c^b f(x) \mathrm{d}x$$

都收敛，则定义

$$\int_a^b f(x) \mathrm{d}x = \int_a^c f(x) \mathrm{d}x + \int_c^b f(x) \mathrm{d}x$$

$$= \lim_{\varepsilon \to 0^+} \int_a^{c-\varepsilon} f(x) \mathrm{d}x + \lim_{\varepsilon' \to 0^+} \int_{c+\varepsilon'}^b f(x) \mathrm{d}x;$$

否则，就称反常积分 $\int_a^b f(x)\,\mathrm{d}x$ 发散．

例 5　计算反常积分

$$\int_0^a \frac{\mathrm{d}x}{\sqrt{a^2-x^2}} \quad (a>0).$$

解　因为

$$\lim_{x\to a^-}\frac{1}{\sqrt{a^2-x^2}}=+\infty,$$

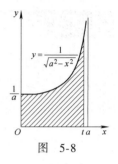

图 5-8

所以被积函数在 $x=a$ 处不连续(图 5-8)．

取 $a>0$，于是

$$\int_0^a \frac{\mathrm{d}x}{\sqrt{a^2-x^2}} = \lim_{\varepsilon\to 0^+}\int_0^{a-\varepsilon}\frac{\mathrm{d}x}{\sqrt{a^2-x^2}} = \lim_{\varepsilon\to 0^+}\left[\arcsin\frac{x}{a}\right]_0^{a-\varepsilon}$$

$$= \lim_{\varepsilon\to 0^+}\arcsin\frac{a-\varepsilon}{a} = \arcsin 1 = \frac{\pi}{2}.$$

例 6　计算 $\int_{-1}^1 \frac{\mathrm{d}x}{x^2}$.

解　当 $x=0$ 时，被积函数 $f(x)=\dfrac{1}{x^2}$ 不连续，其极限为 $+\infty$，故

取 $\varepsilon>0.$

因为

$$\lim_{\varepsilon\to 0^+}\int_{-1}^{0-\varepsilon}\frac{\mathrm{d}x}{x^2} = \lim_{\varepsilon\to 0^+}\left[-\frac{1}{x}\right]_{-1}^{-\varepsilon} = \lim_{\varepsilon\to 0^+}\left(\frac{1}{\varepsilon}-1\right) = +\infty,$$

即反常积分 $\int_{-1}^0 \frac{\mathrm{d}x}{x^2}$ 发散，所以反常积分 $\int_{-1}^1 \frac{\mathrm{d}x}{x^2}$ 也发散．

注意：如果疏忽了 $x=0$ 是被积函数的无穷间断点，就会得到以下错误结果：

$$\int_{-1}^1 \frac{\mathrm{d}x}{x^2} = \left[-\frac{1}{x}\right]_{-1}^1 = -1-1 = -2.$$

例 7　证明反常积分 $\int_a^b \frac{\mathrm{d}x}{(x-a)^q}$ 当 $q<1$ 时收敛；当 $q\geqslant 1$ 时发散．

证　当 $q=1$ 时，

$$\int_a^b \frac{\mathrm{d}x}{(x-a)^q} = \int_a^b \frac{\mathrm{d}x}{x-a} = \lim_{\varepsilon\to 0^+}\int_{a+\varepsilon}^b \frac{\mathrm{d}x}{x-a}$$

$$= \lim_{\varepsilon\to 0^+}\big[\ln(x-a)\big]_{a+\varepsilon}^b$$

$$= \big[\ln(x-a)\big]_a^b = +\infty.$$

当 $q\neq 1$ 时，

$$\int_a^b \frac{\mathrm{d}x}{(x-a)^q} = \left[\frac{(x-a)^{1-q}}{1-q}\right]_a^b = \begin{cases} \dfrac{(b-a)^{1-q}}{1-q}, & q<1, \\ +\infty, & q>1. \end{cases}$$

因此，当 $q<1$ 时，该反常积分收敛，其值为 $\dfrac{(b-a)^{1-q}}{1-q}$；当 $q\geqslant 1$ 时，反常积分发散.

注意：有时为了方便起见，把 $\lim\limits_{\varepsilon\to 0^+}\left[F(x)\right]_{a+\varepsilon}^{b}$ 记作 $\left[F(x)\right]_{a}^{b}$.

习题 5.6

1. 判别下列各反常积分的收敛性，如果收敛，计算反常积分的值：

(1) $\displaystyle\int_{1}^{+\infty}\dfrac{\mathrm{d}x}{x^4}$；　　　　　　　　(2) $\displaystyle\int_{1}^{+\infty}\dfrac{\mathrm{d}x}{\sqrt{x}}$；

(3) $\displaystyle\int_{0}^{+\infty}\mathrm{e}^{-ax}\mathrm{d}x\,(a>0)$；　　　(4) $\displaystyle\int_{0}^{+\infty}\mathrm{e}^{-px}\cosh x\mathrm{d}x\,(p>1)$；

(5) $\displaystyle\int_{0}^{+\infty}\mathrm{e}^{-px}\sin\omega x\mathrm{d}x\,(p>0,w>0)$；

(6) $\displaystyle\int_{-\infty}^{+\infty}\dfrac{\mathrm{d}x}{x^2+2x+2}$；

(7) $\displaystyle\int_{0}^{1}\dfrac{x\mathrm{d}x}{\sqrt{1-x^2}}$；　　　　　　(8) $\displaystyle\int_{0}^{2}\dfrac{\mathrm{d}x}{(1-x)^2}$；

(9) $\displaystyle\int_{1}^{2}\dfrac{x\mathrm{d}x}{\sqrt{x-1}}$；　　　　　　(10) $\displaystyle\int_{1}^{e}\dfrac{\mathrm{d}x}{x\,\sqrt{1-(\ln x)^2}}$.

2. 当 k 为何值时，反常积分 $\displaystyle\int_{2}^{+\infty}\dfrac{\mathrm{d}x}{x(\ln x)^k}$ 收敛？当 k 为何值时，该反常积分发散？又当 k 为何值时，该反常积分取得最小值？

*5.7　定积分的 MATLAB 实现

根据牛顿-莱布尼茨公式可知，对定义在区间 $[a,b]$ 上有原函数 $F(x)$ 的函数 $f(x)$ 满足：

$$\int_{a}^{b}f(x)\mathrm{d}x=F(b)-F(a).$$

在具体计算时，由于有的原函数不能用初等函数来表示，或者原函数十分复杂难以求出，或者尽管求出了原函数但是难以计算，所以并不是区间 $[a,b]$ 上所有可积函数的积分值都可由牛顿-莱布尼茨公式解决. 例如，被积函数为 e^{-x^2}，$\dfrac{\sin x}{x}$ 等函数的积分都无法解决. 但是，牛顿-莱布尼茨公式从理论上说明了定积分是一个客观存在的确定的数值，本节介绍如何利用 MATLAB 对定积分求解.

5.7.1　计算定积分的 MATLAB 符号法

使用 MATLAB 的符号计算功能，可以计算出许多积分的解析解和精确解. 符号法计算积分非常方便，只是有些精确解显示冗长繁杂.

求积分的符号运算命令 int（取自 integrate 前三个字母），调用格

式为

$$s = \mathrm{int}(\mathrm{fun}, v, a, b)$$

（1）输入参量 fun 是被积函数的符号表达式，可以是函数向量或函数矩阵；

（2）输入参量 v 是积分变量，必须被界定成符号变量；如果被积函数中只有一个变量时可以缺省；

（3）输入参量 a，b 为定积分的积分限，缺省时输出被积函数 fun 的一个原函数；

（4）输入参量 s 为积分结果．若 s 为有理表达式并且表达式过于冗长时，可在 fun 两端加引号，使它自动转换成默认的 32 位有效数字，或者用 vpa 或 eval 命令把它转换成有限长度的小数．

例 1　计算 $\displaystyle\int_{1}^{10}\left(\mathrm{e}^{-y^2} + \ln y\right)\mathrm{d}y.$

解　该函数的图像如图 5-9 所示，可由如下方法生成．

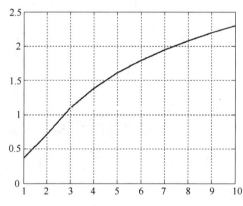

图 5-9　函数 $z = \mathrm{e}^{-y^2} + \ln y$ 的图像

```
>> y = 1:10;
>> ff = exp( - y.^2) + log(y);
>> plot(ff,'linewidth',2),title('exp( - y.^2) + log(y)'),grid
```

在命令窗口输入：

```
>> int('exp( - y^2) + log(y)',1,10)
```

回车得到：

```
ans =
1/2 * pi^(1/2) * erf(10) - 9 + 10 * log(2) + 10 * log(5) - 1/2 * pi^(1/
2) * erf(1)
```

输出的结果比较复杂，下面用两种方式进行转换输出的结果，试比较它们的区别．

```
>> eval('1/2 * pi^(1/2) * erf(10) - 9 + 10 * log(2) + 10 * log(5) - 1/
2 * pi^(1/2) * erf(1)')
ans =
```

　　14. 1653

>> vpa$('1/2 * \text{pi}^{\wedge}(1/2) * \text{erf}(10) - 9 + 10 * \log(2) + 10 * \log(5) - 1/2 * \text{pi}^{\wedge}(1/2) * \text{erf}(1)')$

ans =

　　14. 16525372258078878284295308523082

例 2　计算 $\displaystyle\int_{-\infty}^{+\infty} \frac{1}{x^2 + 1}\mathrm{d}x$.

　　解　该函数的图像如图 5-10 所示,生成方法如下:

>> x = - 10:0. 1:10;

>> ff = 1. $/(\text{x}.^{\wedge}2 + 1)$;

>> plot$(\text{ff},'\text{linewidth}',2),\text{title}('1./(\text{x}.^{\wedge}2 + 1)'),\text{grid}$

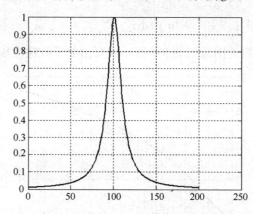

图 5-10　函数 $y = \dfrac{1}{(x^2 + 1)}$ 的图像

在命令窗口输入:

>> syms x;

>> f = $1/(\text{x}^{\wedge}2 + 1)$;

>> a = int$(\text{f}, - \inf,\inf)$

　　回车得到:

a =

　pi

　　这里得到的是准确值 π.

例 3　计算 $\displaystyle\int_{1}^{\sin t} 2tx\mathrm{d}x$.

　　解　在命令窗口输入:

>> syms x t;

>> f = 2 * t * x;

>> a = int$(\text{f},\text{x},1,\sin(\text{t}))$

　　回车得到:

a =

　t * (sin(t)^2 - 1)

例 4　求 $I = \int_0^1 \sqrt{\ln \dfrac{1}{x}} \mathrm{d}x$.

解　该函数的图像如图 5-11 所示,生成方法如下:

```
>> x = 0:0.001:1;
>> ff = sqrt(log(1./x));
Warning：Divide by zero.
>> plot(ff,'linewidth',2),title('sqrt(log(1./x))'),grid
```

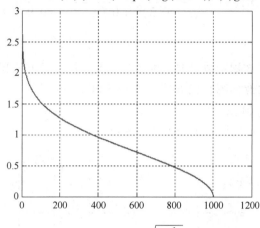

图 5-11　函数 $y = \sqrt{\ln \dfrac{1}{x}}$ 的图像

在命令窗口输入:

```
>> syms x;
>> is = int('sqrt(log(1/x))','x',0,1)
```

回车得到:

```
is =
   int(log(1/x)^(1/2),x = 0 .. 1)
```

用 vpa 对积分结果进行转换得

```
>> vpa(is)
ans =
   .88622692545275801364908374167057
```

或

```
>> vpa(is,5)
ans =
   .88623
```

5.7.2 **定积分的数值积分函数举例**

求解函数定积分的数值方法多种多样,其基本思想都是将整个积分区间分割成若干个子区间,而每个小的子区间上的函数积分可求,因而整个区间上的函数积分可求. MATLAB 基于这种思想采用自适应步长的方法给出了 quad ( ) 和 quadl ( ) 函数来求定积分, quad ( )

函数为低阶数值积分函数，quadl () 函数为高阶数值积分函数。

quad () 函数的调用格式为

$$\text{quad}(\text{fun}, a, b, \text{tol})$$

输入参量 fun 是被积函数，可用字符表达式、内联函数或 M 函数文件名；输入参数 a，b 是积分限；输入参数 tol 是要求的计算结果绝对误差限，省略是默认值为 1e-6.

例 5 已知 $f(x) = \dfrac{1}{(x-0.3)^2+0.01} + \dfrac{1}{(x-0.9)^2+0.04} - 6$，计算 $\int_0^1 f(x)\,dx$.

解 由于被积函数可取三种形式，所以用三种方法积分.

该函数图像如图 5-12 所示，生成方法如下：

```
>> x = -1:0.01:2;
>> plot(x, ff(x)), legend('ff(x)'), grid
```

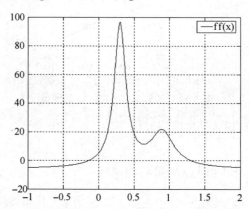

图 5-12 函数 $f(x) = \dfrac{1}{(x-0.3)^2+0.01} + \dfrac{1}{(x-0.9)^2+0.04} - 6$ 的图像

（1）用 M-文件法

在编辑窗口建立 M-文件：

```
function y = ff(x)
y = 1./((x-0.3).^2+0.01) + 1./((x-0.9).^2+0.04) - 6;
```

现在对函数 ff(x) 从 0 到 1 积分，可使用下面命令：

```
>> q = quad('ff', 0, 1)
q =
    29.8583
```

（2）用内联函数法

```
>> syms y2, y2 = inline('1./((x-0.3).^2+0.01) + 1./((x-0.9).^2+0.04) - 6');
>> p = quad(y2, 0, 1)
p =
    29.8583
```

（3）用字符串方法

>> y3 = ' 1./((x - 0.3).^2 + 0.01) + 1./((x - 0.9).^2 + 0.04) - 6 ';

>> tic,w = quad(y3,0,1),toc

w =

　　29.8583

Elapsed time is 0.218000 seconds.

　　其中 tic,toc 是秒表计时命令,tic 表示秒表计时开始,toc 表示秒表计时结束. quadl 函数的使用方法、要求、输入参数和 quad 函数相同. 调用格式为

　　quadl(fun,a,b,tol)

　　例 6　用 quadl 函数计算积分 $\int_0^{\frac{\pi}{4}} \sqrt{4 - \sin^2 x}\,\mathrm{d}x$,结果显示 15 位.

　　解　该函数图像如图 5-13 所示,其生成方法如下:

>> x = 0:0.01:2*pi;

>> ff = sqrt(4 - (sin(x)).^2);

>> plot(ff,'linewidth',2),grid

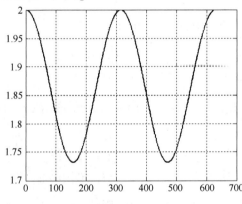

图 5-13　函数 $y = \sqrt{4 - \sin^2 x}$ 的图像

　　计算积分:

>> f3 = inline(' sqrt(4 - (sin(x)).^2)');

>> format long,[y,kk] = quadl(f3,0,pi/2)

y =

　　2.93492440823804

kk =

　　18

*习题 5.7

1. 试用符号法计算下列定积分:

（1）$\int_0^{\frac{\pi}{2}} \sqrt{4 - \sin^2 x}\,\mathrm{d}x$;　　　　　　　　（2）$\int_0^1 \mathrm{e}^{-x^2} \sqrt{1 + x^2}\,\mathrm{d}x$.

2. 试用 quad 命令计算下列定积分：

(1) $\displaystyle\int_{-4}^{4} \frac{dx}{1+x^2}$；　　　　　(2) $\displaystyle\int_{1}^{3} \left(\frac{\sin x^2}{1+x} - xe^2 - 4\right)dx$.

综合练习5

一、填空题

1. $\dfrac{d}{dx}\displaystyle\int_{x}^{a} \cos t^2 dt =$ _____.

2. 设连续函数 $f(x) = x^2 - \displaystyle\int_{0}^{1} f(x)dx$，则 $\displaystyle\int_{0}^{1} f(x)dx =$ _____.

3. 设 $\displaystyle\int_{0}^{x} f(t)dt = x^2 + \cos x$，则 $f(x) =$ _____.

4. $\displaystyle\int_{-\infty}^{+\infty} \dfrac{1}{9+3x^2}dx =$ _____.

5. $\displaystyle\int_{0}^{1} \dfrac{1}{\sqrt{x}(2-\sqrt{x})}dx =$ _____.

二、选择题

1. 设 $I_1 = \displaystyle\int_{3}^{4} \ln^2 x\,dx$，$I_2 = \displaystyle\int_{3}^{4} \ln^4 x\,dx$，则（　　）.

(A) $I_1 > I_2$ 　　　　　　　(B) $I_1 < I_2$

(C) $I_1 = 2I_2$ 　　　　　　　(D) $I_2 = 2I_1$

2. 设 $f(x)$ 在 $(-\infty, +\infty)$ 内连续，则函数 $F(x) = \displaystyle\int_{0}^{x} tf(t^2)dt$ 在 $(-\infty, +\infty)$ 内为（　　）.

(A) 奇函数 　　　　　　　(B) 偶函数

(C) 非奇非偶函数 　　　　　(D) 单调函数

3. 设 e^{x^2} 是 $f(x)$ 的一个原函数，则 $\displaystyle\int_{0}^{1} xf'(x)dx =$（　　）.

(A) 1 　　　　　　　　　(B) e

(C) $e+1$ 　　　　　　　(D) $\dfrac{1}{2}$

4. 若 $\displaystyle\int_{0}^{x} f(t)dt = \cos x^2 - 1$，则 $\displaystyle\int_{0}^{1} xf(x^2)dx =$（　　）.

(A) 0 　　　　　　　　　(B) 1

(C) $\dfrac{1}{2}(\cos 1 - 1)$ 　　　(D) $\dfrac{1}{2}\cos 1$

5. 下列反常积分收敛的是（　　）.

(A) $\displaystyle\int_{0}^{+\infty} \cos x\,dx$ 　　　　(B) $\displaystyle\int_{0}^{2} \dfrac{1}{(x-1)^2}dx$

(C) $\displaystyle\int_{0}^{+\infty} \dfrac{1}{\sqrt{x+1}}dx$ 　　　(D) $\displaystyle\int_{0}^{+\infty} \dfrac{1}{(2x+1)^{\frac{3}{2}}}dx$

6. 若反常积分 $\displaystyle\int_2^{+\infty} \dfrac{1}{x(\ln x)^p}\mathrm{d}x$ 收敛,则 p 满足(　　).

(A) $p > 1$　　　　　　　(B) $p \geqslant 1$

(C) $0 < p < 1$　　　　　(D) $p > 0$

三、计算下列各定积分

1. $\displaystyle\int_{\frac{\pi}{4}}^{\frac{\pi}{2}} \dfrac{1}{1 - \cos x}\mathrm{d}x$.　　　　　2. $\displaystyle\int_{-2}^{1} \dfrac{1}{(11 + 5x)^2}\mathrm{d}x$.

3. $\displaystyle\int_{-\frac{\pi}{4}}^{\frac{\pi}{4}} (x^3 + 3)\,|\sin 2x|\,\mathrm{d}x$.　　　4. $\displaystyle\int_{-\frac{\pi}{2}}^{\frac{\pi}{2}} \sqrt{\cos x - \cos^3 x}\,\mathrm{d}x$.

5. $\displaystyle\int_0^{\ln 2} \sqrt{\mathrm{e}^{2x} - 1}\,\mathrm{d}x$.　　　　6. $\displaystyle\int_0^1 \dfrac{4\sqrt{x}}{\sqrt{x} + 1}\mathrm{d}x$.

7. 设 $f(x) = \begin{cases} \dfrac{x}{1 + x}, & x > 0, \\[2mm] x^3, & x \leqslant 0, \end{cases}$ 求 $\displaystyle\int_0^3 f(x - 2)\,\mathrm{d}x$.

8. $\displaystyle\int_0^{\frac{1}{\sqrt{2}}} \dfrac{x^2\arccos x}{(1 - x^2)^{\frac{3}{2}}}\mathrm{d}x$.

四、解答题

1. 设 $f(x) = \displaystyle\int_0^{\frac{x}{2}} t(\mathrm{e}^{2t} - x)\,\mathrm{d}t$,求 $f'(1)$.

2. 求极限 $\displaystyle\lim_{x \to 0} \dfrac{\displaystyle\int_0^x \sin t\,\mathrm{d}t + \ln\cos x}{x^4}$.

3. 设 $f(x)$ 在 $(-\infty, +\infty)$ 内是以 T 为周期的连续函数,证明对任意 $a \in (-\infty, +\infty)$,$\displaystyle\int_a^{a+T} f(x)\,\mathrm{d}x = \int_0^T f(x)\,\mathrm{d}x$,并由此计算 $\displaystyle\int_0^{100T} \sqrt{1 - \sin^2 x}\,\mathrm{d}x$ 的值.

4. 设 $f(x)$ 在 $(-\infty, +\infty)$ 内连续,且为单调减函数,令 $F(x) = \displaystyle\int_0^x (x - 2t)f(t)\,\mathrm{d}t$,证明 $F(x)$ 是单调增函数.

5. 求函数 $F(x) = \displaystyle\int_0^x \dfrac{t}{1 + t + t^2}\mathrm{d}t$ 在 $[0, 1]$ 上的最大值和最小值.

6. 用定积分定义求极限

$$\lim_{n \to +\infty} \dfrac{1}{n + 1}\left(2^{\frac{1}{n}} + 2^{\frac{2}{n}} + \cdots + 2^{\frac{n}{n}}\right).$$

第6章

定积分的应用

定积分作为特殊和式的极限在几何、物理、工程技术、经济等领域有着广泛的应用. 本章将通过介绍运用元素法，给出一种将待求量表达成定积分的一般方法.

6.1 建立积分表达式的元素法

为了说明定积分的元素法，我们先回顾曲边梯形面积的问题.

设 $f(x)$ 在区间 $[a,b]$ 上连续且 $f(x) \geqslant 0$，那么以曲线 $y = f(x)$ 为曲边，底为 $[a,b]$ 的曲边梯形的面积 A 可表示为定积分

$$A = \int_a^b f(x) \, \mathrm{d}x.$$

它的计算步骤是：

（1）任意分割　用任意一组分点把区间 $[a,b]$ 分成 n 个小区间 $[x_{i-1}, x_i](i = 1, 2, \cdots, n)$，小区间长度 $\Delta x_i = x_i - x_{i-1}$，相应地曲边梯形分成 n 个小曲边梯形，第 i 个小曲边梯形的面积记为 ΔA_i，则曲边梯形的面积

$$A = \sum_{i=1}^n \Delta A_i;$$

（2）近似代替　$\Delta A_i \approx f(\xi_i) \Delta x_i \quad (x_{i-1} \leqslant \xi_i \leqslant x_i)$；

（3）求和　得 A 的近似值

$$A \approx \sum_{i=1}^n f(\xi_i) \Delta x_i;$$

（4）取极限　得 A 的精确值

$$A = \lim_{\lambda \to 0} \sum_{i=1}^n f(\xi_i) \Delta x_i = \int_a^b f(x) \, \mathrm{d}x.$$

在把面积 A 通过"任意分割、近似代替、求和、取极限"表达为

定积分的四个步骤中，主要的是第二步，也就是确定 ΔA_i 的近似值 $f(\xi_i)\Delta x_i$，使得

$$A = \lim_{\lambda \to 0} \sum_{i=1}^{n} f(\xi_i)\Delta x_i = \int_a^b f(x)\,\mathrm{d}x.$$

注意到 $f(\xi_i)\Delta x_i$ 与被积表达式 $f(x)\mathrm{d}x$ 在形式上的相似，为了应用上的简便，省略各个小区间的下标 i；用 ΔA 表示任一小区间 $[x, x+\mathrm{d}x]$ 上的小曲边梯形的面积，以小区间的左端点 x 作为 ξ. 并用 $f(x)\mathrm{d}x$ 作为 ΔA 的近似值，即 $\Delta A \approx f(x)\mathrm{d}x$（图 6-1）. 这里我们把 $f(x)\mathrm{d}x$ 称为 A 的面积元素（或微元），记为 $\mathrm{d}A = f(x)\mathrm{d}x$. 于是

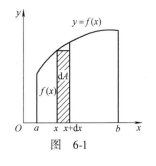

图　6-1

$$A = \sum \Delta A \approx \sum f(x)\,\mathrm{d}x,$$

再通过取极限就得到 A 的精确值：

$$A = \lim_{\lambda \to 0} \sum f(x)\,\mathrm{d}x = \int_a^b f(x)\,\mathrm{d}x.$$

必须指出，上述用 $f(x)\mathrm{d}x$ 来近似代替 ΔA 时，它们只相差一个比 $\mathrm{d}x$ 高阶的无穷小. 事实上，如果 $f(x)$ 在区间 $[a,b]$ 上连续，对于积分上限的函数

$$A(x) = \int_a^x f(t)\,\mathrm{d}t \quad (a \leqslant x \leqslant b)$$

在 $[a,b]$ 上可导，并且 $A'(x) = f(x)$ $(a \leqslant x \leqslant b)$ 即 $\mathrm{d}A = f(x)\mathrm{d}x$. 于是 $\Delta A = f(x)\mathrm{d}x + o(\mathrm{d}x)$，也就是 ΔA 与 $f(x)\mathrm{d}x$ 只相差一个比 $\mathrm{d}x$ 高阶的无穷小.

通过上面的分析，可以看到曲边梯形面积 A 之所以能用定积分表示，是由于 A 具有下面的三个**特征**：

（1）A 是一个与给定区间 $[a,b]$ 有关的量；

（2）A 在区间 $[a,b]$ 上具有可加性，即若对 $[a,b]$ 分割成 n 个小区间，则总面积 A 等于每个小面积之和，也就是 $A = \sum \Delta A$；

（3）部分量 ΔA 可近似地表示为 $f(x)\mathrm{d}x$，并且 ΔA 与 $f(x)\mathrm{d}x$ 只相差一个比 $\mathrm{d}x$ 高阶的无穷小.

一般地，如果某一待求量 U 具有和曲边梯形面积类似的特征，即 U 满足下列条件：

（1）U 是与区间有关的量；

（2）U 在区间上具有可加性，即分布在区间上的总量等于分布在各相应小区间上的部分量之和；

（3）部分量 ΔU 可近似地表示为 $f(x)\mathrm{d}x$，那么就可考虑用定积分来表达这个量 U.

通常写出这个量 U 的积分表达式的步骤是：

（1）根据待求量 U 的具体情况，选取变量. 例如，取 x 为积分变量，并确定其取值范围（通常是一个区间）.

（2）设想把区间 $[a,b]$ 任意地分成 n 个小区间，取其中任一小区

间 $[x, x+dx]$ ，求出相应于这个小区间的部分量 ΔU 的近似值，如果 ΔU 能近似地表示为 $[a, b]$ 上的一个连续函数在 x 处的值 $f(x)$ 与 dx 的乘积，就把 $f(x)dx$ 称为量 U 的元素，且记作 dU，即 $dU = f(x)dx$。这里 ΔU 与 $f(x)dx$ 相差一个比 dx 高阶的无穷小，即 $f(x)dx$ 为量 U 的微分 dU。

（3）以 $f(x)dx$ 为被积表达式，在区间 $[a, b]$ 上作定积分，就得到待求量 U 的精确值

$$U = \int_a^b f(x)\,dx,$$

这就是待求量 U 的积分表达式。

这个方法通常称为元素法或微元法。其**实质**是对定积分的方法进行概括和精简，使之更适于应用。下面几节我们将应用元素法来讨论定积分在几何、物理及经济中的应用。

6.2 定积分在几何中的应用

6.2.1 平面图形的面积

1. 直角坐标情况

在前面我们已经知道，由曲线 $y = f(x)$ $(f(x) \geq 0)$ 及直线 $x = a$，$x = b(a < b)$ 与 x 轴所围成的曲边梯形的面积 A 是定积分

$$A = \int_a^b f(x)\,dx,$$

其中被积表达式 $f(x)dx$ 就是直角坐标下的面积元素，它表示高为 $f(x)$、底为 dx 的一个矩形面积。应用定积分的元素法还可以计算一些比较复杂的平面图形的面积。

例 1 计算由两条抛物线 $y = x^2$ 和 $y = 2 - x^2$ 所围成的图形面积。

解 由这两条抛物线所围成的图形如图 6-2 所示。为了确定图形所在的范围，先求出两条抛物线的交点，为此，解方程组

$$\begin{cases} y = x^2, \\ y = 2 - x^2, \end{cases}$$

得到两个解 $x = -1$，$y = 1$ 及 $x = 1$，$y = 1$，即这两条抛物线的交点是 $(-1, 1)$ 及 $(1, 1)$，从而知道该图形在直线 $x = -1$ 和 $x = 1$ 之间。

取横坐标 x 为积分变量，它的变化区间为 $[-1, 1]$。相应于 $[-1, 1]$ 上任一小区间 $[x, x+dx]$ 上的窄条的面积近似于高为 _____ ，底为 dx 的窄矩形的面积，从而得到面积元素

$$dA = \underline{\hspace{3cm}}$$

以 $(2 - 2x^2)dx$ 为被积表达式，在闭区间 $[-1, 1]$ 上作定积分，便得所求面积为

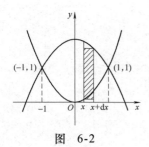

图 6-2

$$A = \int_{-1}^{1} (2 - 2x^2)\,\mathrm{d}x = \underline{\hspace{3cm}} = \frac{8}{3}.$$

例 2 计算由抛物线 $y^2 = x$ 与直线 $y = x - 2$ 所围成的图形面积.

解 这个图形如图 6-3 所示. 为了确定该图形所在范围, 先求出所给抛物线与直线的交点, 解方程组

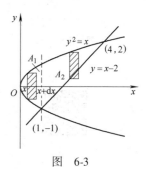

图 6-3

$$\begin{cases} y^2 = x, \\ y = x - 2, \end{cases}$$

得到两个交点 $\underline{\hspace{2cm}}$ 和 $\underline{\hspace{2cm}}$.

解法 1 选取 x 为积分变量, 则 x 的变化区间为 $[0,4]$. 由于当 x 在 $[0,4]$ 上变化时, 面积元素不能用一个式子表示. 不妨把区间 $[0,4]$ 分成两个区间 $[0,1]$ 和 $[1,4]$, 相应地图形面积 A 分成 A_1 和 A_2, 则 $A = A_1 + A_2$.

计算 A_1 时, 积分变量 x 的变化区间为 $[0,1]$, 相应于 $[0,1]$ 上任一小区间 $[x, x + \mathrm{d}x]$ 上的窄条的面积近似等于高为 $\underline{\hspace{3cm}}$, 底为 $\mathrm{d}x$ 的窄矩形面积, 从而 A_1 的面积元素是

$$\mathrm{d}A_1 = \underline{\hspace{3cm}}, \quad 0 \leqslant x \leqslant 1.$$

于是 A_1 的面积是

$$A_1 = \int_0^1 2\sqrt{x}\,\mathrm{d}x = \underline{\hspace{3cm}} = \frac{4}{3};$$

类似地, 相应于区间 $[1,4]$ 上的面积 A_2 的面积元素

$$\mathrm{d}A_2 = \underline{\hspace{3cm}}, \quad 1 \leqslant x \leqslant 4,$$

于是 A_2 的面积是

$$A_2 = \int_1^4 (\sqrt{x} - x + 2)\,\mathrm{d}x = \left[\frac{2}{3}x^{\frac{3}{2}} - \frac{1}{2}x^2 + 2x\right]_1^4 = \frac{19}{6},$$

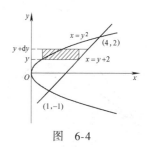

图 6-4

所以所求面积

$$A = A_1 + A_2 = \frac{4}{3} + \frac{19}{6} = \frac{9}{2}.$$

解法 2 取 y 为积分变量, 它的变化区间为 $\underline{\hspace{2cm}}$, 相应于 $\underline{\hspace{2cm}}$ 上任一小区间 $[y, y + \mathrm{d}y]$ 的窄条的面积近似等于以 $\mathrm{d}y$ 为高, $\underline{\hspace{2cm}}$ 为底的窄矩形面积. 从而得到面积元素

$$\mathrm{d}A = \underline{\hspace{3cm}},$$

于是 A 的面积为

$$A = \int_{-1}^{2} (y + 2 - y^2)\,\mathrm{d}y = \left[\frac{1}{2}y^2 + 2y - \frac{y^3}{3}\right]_{-1}^{2} = \frac{9}{2}.$$

比较两种解法, 可见积分变量选得适当, 就可使计算方便.

例 3 计算由摆线 $x = a(t - \sin t)$, $y = a(1 - \cos t)$ 的一拱与 x 轴

围成的图形的面积.

解 摆线的一拱相应于 t 自 0 变到 2π，如图 6-5 所示. 取 x 为积分变量，x 的变化范围为 $[0,2\pi]$. 于是面积元素

$$dA = ydx.$$

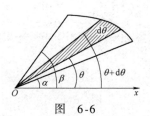

图 6-5

因此摆线一拱与 x 轴所围图形的面积

$$A = \int_0^{2\pi a} ydx.$$

利用摆线的参数方程

$$\begin{cases} x = a(t - \sin t), \\ y = a(1 - \cos t), \end{cases} 0 \le t \le 2\pi,$$

并应用定积分换元法，令 $x = a(t - \sin t)$，则 $y = a(1 - \cos t)$，$dx =$ _____. 当 x 由 0 变到 $2\pi a$ 时，t 由 0 变到 2π，所以

$$A = \int_0^{2\pi} a(1 - \cos t)a(1 - \cos t)dt$$

$$= \int_0^{2\pi} a^2(1 - \cos t)^2 dt = 4a^2 \underline{\hspace{3cm}}$$

$$= 8a^2 \int_0^{\pi} \sin^4\theta d\theta (t = 2\theta)$$

$$= 8a^2 \int_{-\frac{\pi}{2}}^{\frac{\pi}{2}} \cos^4 u du \quad \left(\theta = u - \frac{\pi}{2}\right)$$

$$= 16a^2 \times \frac{3}{4} \times \frac{1}{2} \times \frac{\pi}{2} = 3a^2\pi.$$

2. 极坐标情况

在极坐标系中，由曲线 $\rho = \varphi(\theta)$，及射线 $\theta = \alpha$，$\theta = \beta$ 围成的图形称为曲边扇形，如图 6-6 所示. 现在要计算它的面积. 这里 $\varphi(\theta)$ 在 $[\alpha,\beta]$ 上连续且 $\varphi(\theta) \ge 0$.

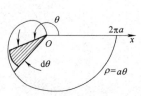

图 6-6

取极角 θ 为积分变量，它的变化区间为 $[\alpha,\beta]$. 相应于任一小区间 $[\theta,\theta+d\theta]$ 的窄曲边扇形的面积可以用半径为 $\rho = \varphi(\theta)$，中心角为 $d\theta$ 的圆扇形来近似代替，从而得到该窄曲边扇形面积的近似值，即曲边扇形的面积元素

$$dA = \frac{1}{2}[\varphi(\theta)]^2 d\theta,$$

以 $\frac{1}{2}[\varphi(\theta)]^2 d\theta$ 为被积表达式，在闭区间 $[\alpha,\beta]$ 上作定积分，便得所求曲边扇形的面积为

$$A = \int_\alpha^\beta \frac{1}{2}[\varphi(\theta)]^2 d\theta.$$

图 6-7

例4 计算阿基米德螺线

$$\rho = a\theta \quad (a > 0)$$

上相应于 θ 从 0 变到 2π 的一段弧与极轴所围成的图形（图 6-7）的

面积.

解 在指定的这段螺线上, θ 的变化区间为 $[0, 2\pi]$. 相应于 $[0, 2\pi]$ 上任一小区间 $[\theta, \theta + d\theta]$ 的窄曲边扇形的面积可以用半径为 $\rho = a\theta$, 中心角为 $d\theta$ 的圆扇形的面积近似代替, 从而得到面积元素

$$dA = \underline{\qquad\qquad}.$$

于是所求面积

$$A = \int_0^{2\pi} \frac{a^2}{2}\theta^2 d\theta = \frac{a^2}{2}\left[\frac{\theta^3}{3}\right]_0^{2\pi} = \frac{4}{3}a^2\pi^3.$$

该图形的面积恰为以 $2\pi a$ 为半径的圆面积的 $\frac{1}{3}$.

例 5 计算双纽线 $(x^2 + y^2)^2 = a^2(x^2 - y^2)$ 所围成图形的面积 (图 6-8).

解 如图 6-8 所示, 双纽线的图形关于两坐标轴都对称. 所以双纽线所围成的图形的面积 $A = 4A_1$, 其中 A_1 为双纽线在第一象限部分与 x 轴所围图形的面积.

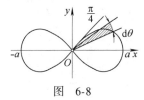

图 6-8

在直角坐标下面积 A_1 不易求出, 用极坐标计算它的面积比较方便, 令 $x = \rho\cos\theta$, $y = \rho\sin\theta$, 则 $(x^2 + y^2)^2 = \rho^4$; $a^2(x^2 - y^2) = a^2\rho^2\cos2\theta$, 于是极坐标下双纽线方程为

$$\underline{\qquad\qquad\qquad}$$

因此, 在第一象限上的双纽线满足

$$\rho^2 = a^2\cos2\theta \quad \left(0 \leqslant \theta \leqslant \frac{\pi}{4}\right).$$

相应于区间 $\left[0, \frac{\pi}{4}\right]$ 上的面积元素为

$$dA_1 = \frac{1}{2}\rho^2 d\theta = \underline{\qquad\qquad\qquad},$$

于是

$$A_1 = \int_0^{\frac{\pi}{4}} \frac{1}{2}a^2\cos2\theta d\theta = \underline{\qquad\qquad\qquad} = \frac{a^2}{4},$$

因而所求面积为

$$A = 4A_1 = a^2.$$

6.2.2 体积

1. 旋转体体积

旋转体就是由一个平面图形绕该平面内的一条直线旋转一周所形成的立体. 例如, 矩形面绕它的一条边旋转一周形成圆柱体, 半圆面绕它的直径旋转一周形成球体等.

假设旋转体是由连续曲线 $y = f(x)$ ($f(x) \geqslant 0$), 直线 $x = a$, $x = b$

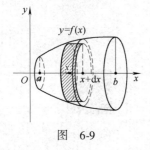

图 6-9

及 x 轴所围成的曲边梯形绕 x 轴旋转一周所形成. 现在我们考虑用定积分的元素法来计算它的体积(图6-9).

取 x 为积分变量, 它的变化区间为 $[a,b]$, 相应于 $[a,b]$ 上任一小区间 $[x,x+dx]$ 上的窄曲边梯形绕 x 轴旋转一周所形成的薄片的体积近似于以 $f(x)$ 为底半径, dx 为高的扁圆柱体体积. 因此体积元素是

$$dV = \pi[f(x)]^2 dx,$$

于是所求旋转体体积为

$$V = \int_a^b \pi[f(x)]^2 dx.$$

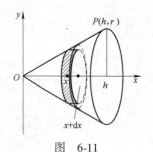

图 6-10

类似地, 由曲线 $x = \varphi(y)$, 直线 $y=c$, $y=d(c<d)$ 与 y 轴所围成的曲边梯形绕 y 轴旋转一周形成的旋转体体积(图6-10)为

$$V = \int_c^d \pi[\varphi(y)]^2 dy.$$

例6 计算由直线 $y = \dfrac{r}{h}x$, $x = h$ 和 x 轴所围成的直角三角形绕 x 轴旋转一周所形成的圆锥体的体积(图6-11).

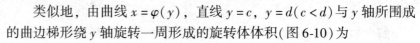

解 取 x 为积分变量, 它的变化范围为 $[0,h]$, 圆锥体中相应于 $[0,h]$ 上任一小区间 $[x,x+dx]$ 的薄片体积近似于底半径为 $\dfrac{r}{h}x$, 高为 dx 的扁圆柱体的体积. 因此体积元素

$$dV = \underline{\qquad\qquad},$$

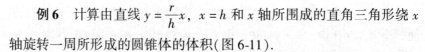

图 6-11

于是所求圆锥体体积为

$$V = \int_0^h \pi\left(\frac{r}{h}x\right)^2 dx = \underline{\qquad\qquad} = \frac{1}{3}\pi r^2 h.$$

例7 计算由椭圆 $\dfrac{x^2}{a^2} + \dfrac{y^2}{b^2} = 1$ 所围成的图形绕 x 轴旋转一周形成的旋转体(称作旋转椭球体)的体积(图6-12).

解 这个旋转体可以看做由半个椭圆 $y = \dfrac{b}{a}\sqrt{a^2 - x^2}$ 和 x 轴所围成的图形绕 x 轴旋转一周而形成的立体.

取 x 为积分变量, 它的变化区间为 $\underline{\qquad\qquad}$, 旋转椭球体中相应于 $[-a,a]$ 上任一小区间 $[x,x+dx]$ 的薄片的体积, 近似于底径为 $\dfrac{b}{a}\sqrt{a^2 - x^2}$, 高为 dx 的扁圆柱体的体积, 因此体积元素

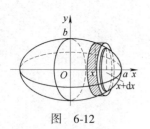

图 6-12

$$dV = \pi\left(\frac{b}{a}\sqrt{a^2 - x^2}\right)^2 dx = \frac{\pi b^2}{a^2}(a^2 - x^2) dx,$$

于是所求旋转体体积为

$$V = \underline{\hspace{3cm}}$$

$$= \frac{\pi b^2}{a^2} \left[a^2 x - \frac{x^3}{3} \right]_{-a}^{a} = \frac{4}{3} \pi a b^2.$$

特别地，当 $a = b$ 时就得到半径为 a 的球体体积，它的体积为 $\frac{4}{3} \pi a^3$.

例 8　计算由曲线 $y = \sin x$ 与 x 轴所围图形绕 y 轴旋转而成的旋转体体积.

解　所述图形绕 y 轴旋转形成的立体体积，可看成由平面图形 $OABC$ 与 OBC（图 6-13）分别绕 y 轴旋转而成的旋转体体积之差.

$y = \sin x$ 在区间 $[0, \pi]$ 上的反函数分为两支，在 OB 段 $x_1 = \arcsin y(0 \leq y \leq 1)$，在 BA 段 $x_2 = \pi - \arcsin y(0 \leq y \leq 1)$. 按旋转体体积的公式，有

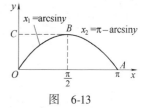

图　6-13

$$V_y = \int_0^1 \pi x_2^2(y)\,\mathrm{d}y - \int_0^1 \pi x_1^2(y)\,\mathrm{d}y$$

$$= \int_0^1 \pi (\pi - \arcsin y)^2\,\mathrm{d}y - \int_0^1 \pi (\arcsin y)^2\,\mathrm{d}y$$

$$= \pi \int_0^1 (\pi^2 - 2\pi \arcsin y)\,\mathrm{d}y$$

$$= \pi \underline{\hspace{3cm}}$$

$$= 2\pi^2.$$

计算这个旋转体体积也可以用下面的方法.

取 x 为积分变量，它的变化区间为 $[0, \pi]$. 在 $[0, \pi]$ 上任取一小区间 $[x, x + \mathrm{d}x]$，过 x 与 $x + \mathrm{d}x$ 且垂直于 x 轴的两条直线截得一小曲边梯形. 这个小曲边梯形绕 y 轴旋转而成的小旋转体体积近似于以 x 为内壁，壁厚为 $\mathrm{d}x$，高为 $f(x) = \sin x$ 的小空心圆柱体的体积（图 6-14）. 从而得到旋转体的体积元素

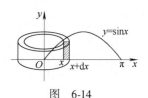

图　6-14

$$\mathrm{d}V = 2\pi x f(x)\,\mathrm{d}x = 2\pi x \sin x \mathrm{d}x.$$

以 $2\pi x \sin x \mathrm{d}x$ 为被积表达式，在闭区间 $[0, \pi]$ 上作定积分，便得所求旋转体的体积

$$V_y = \int_0^\pi 2\pi x \sin x \mathrm{d}x$$

$$= 2\pi \left[-x \cos x + \sin x \right]_0^\pi$$

$$= 2\pi^2.$$

2. 平行截面面积为已知的立体体积

从计算旋转体体积的过程中可以看出：如果一个立体不是旋转体，但却知道该立体上垂直于一定轴的各个截面的面积. 那么，这个

立体的体积也可以用定积分来计算.

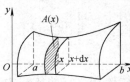

所示的立体. 它介于垂直于 x 轴的两平面 $x=a$] 内任一点 x, 作垂直于 x 轴的平面, 设此平面 平面面积为 $A(x)$, 并设 $A(x)$ 是区间 $[a,b]$ 上的连 变量, 它的变化区间为 $[a,b]$, 相应于 $[a,b]$ 上 任一小区间 $[x, x+dx]$ 的小薄片的体积, 近似于以 $A(x)$ 为底面积, 以 dx 为高的扁柱体体积, 从而得到该立体的体积元素

$$dV = A(x)dx.$$

以 $A(x)dx$ 为被积表达式, 在闭区间 $[a,b]$ 上作定积分, 便得所求立体的体积

$$V = \int_a^b A(x)dx.$$

例 9 一平面经过半径为 R 的圆柱体的底圆中心, 并与底面交成角 α (图 6-16). 计算该平面截圆柱体所得立体的体积.

解 取该平面与圆柱体的底面交线为 y 轴, 底面上过圆中心且垂直于 y 轴的直线为 x 轴. 那么, 底圆的方程为 $x^2+y^2=R^2$. 取 x 为积分变量, 它的变化区间为 $[0,R]$. 在 $[0,R]$ 内任取一点 x, 过点 x 且垂直于 x 轴的平面与立体相截所截得的是一个矩形. 该矩形的底边长度为 $2\sqrt{R^2-x^2}$, 高为 _____. 因而所截面积 $A(x) = $ _____. 于是所求立体体积为

$$V = \int_0^R 2x\sqrt{R^2-x^2}\tan\alpha dx = \underline{\hspace{3cm}}$$

$$= \frac{2}{3}R^3\tan\alpha.$$

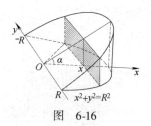

图 6-16

6.2.3 平面曲线的弧长

什么是曲线的长度? 我们知道直线段是可以度量的, 而曲线段的 "长度" 却不便于直接度量. 为了计算出圆的周长, 我国古代数学家刘徽采用了 "割圆术" 的方法, 即利用圆的内接正多边形的周长当边数无限增多时的极限来确定. 现在用类似的方法来建立平面上连续曲线弧长的概念, 从而应用定积分来计算弧长.

设 A, B 是曲线弧上两个端点 (图 6-17), 在弧 $\overparen{AB}$ 上依次任取分点 $A = M_0$, M_1, M_2, $\cdots$, M_{n-1}, $M_n = B$, 并依次连接相邻的分点得一内接折线 (图 6-17). 当分点的数目无限增加且每个小段 $\overparen{M_{i-1}M_i}$ 的弧长都趋近于零时, 如果此折线的长 $\sum_{i=1}^n |M_{i-1}M_i|$ 的极限存在, 则称此极限为曲线弧 $\overparen{AB}$ 的弧长, 并称此曲线弧 $\overparen{AB}$ 是可求长的.

对光滑的曲线弧, 我们有如下的结论:

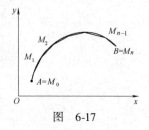

图 6-17

定理 6.1　光滑曲线弧是可求长的.(证略.)

由于光滑曲线弧是可求长的,因此可用定积分来计算弧长.下面我们用定积分的元素法来讨论平面光滑曲线弧长的计算公式.

设曲线弧由参数方程

$$\begin{cases} x = \varphi(t), \\ y = \psi(t) \end{cases} (\alpha \le t \le \beta)$$

给出,其中 $\varphi(t)$, $\psi(t)$ 在 $[\alpha,\beta]$ 上具有连续导数,现在来计算该曲线弧的长度.

取参数 t 为积分变量,它的变化区间为 $[\alpha,\beta]$.相应于 $[\alpha,\beta]$ 上任一小区间 $[t,t+\mathrm{d}t]$ 的小弧段长度 Δs 近似于对应的弦的长度 $\sqrt{(\Delta x)^2 + (\Delta y)^2}$,因为

$$\Delta x = \varphi(t + \mathrm{d}t) - \varphi(t) \approx \mathrm{d}x = \varphi'(t)\mathrm{d}t,$$
$$\Delta y = \psi(t + \mathrm{d}t) - \psi(t) \approx \mathrm{d}y = \psi'(t)\mathrm{d}t,$$

所以, Δs 的近似值(弧微分)即弧长元素为

$$\mathrm{d}s = \sqrt{(\mathrm{d}x)^2 + (\mathrm{d}y)^2} = \sqrt{\varphi'^2(t)(\mathrm{d}t)^2 + \psi'^2(t)(\mathrm{d}t)^2}$$
$$= \sqrt{\varphi'^2(t) + \psi'^2(t)}\,\mathrm{d}t,$$

于是所求弧长为

$$s = \int_\alpha^\beta \sqrt{\varphi'^2(t) + \psi'^2(t)}\,\mathrm{d}t.$$

当曲线弧由直角坐标方程

$$y = f(x) \quad (a \le x \le b)$$

给出,其中 $f(x)$ 在 $[a,b]$ 上具有一阶连续导数,这时曲线弧有参数方程

$$\begin{cases} x = x, \\ y = f(x). \end{cases} (a \le x \le b)$$

从而所求的弧长为

$$s = \int_a^b \sqrt{1 + y'^2}\,\mathrm{d}x.$$

当曲线弧由极坐标方程

$$\rho = \rho(\theta) \quad (\alpha \le \theta \le \beta)$$

给出,其中 $\rho(\theta)$ 在 $[\alpha,\beta]$ 上具有连续导数,则由直角坐标与极坐标的关系可得

$$\begin{cases} x = \rho(\theta)\cos\theta, \\ y = \rho(\theta)\sin\theta, \end{cases} (\alpha \le \theta \le \beta)$$

这就是以极角 θ 为参数的曲线弧的参数方程.于是弧长元素为

$$\mathrm{d}s = \sqrt{x'^2(\theta) + y'^2(\theta)}\,\mathrm{d}\theta = \sqrt{\rho^2(\theta) + \rho'^2(\theta)}\,\mathrm{d}\theta,$$

从而所求弧长为

$$s = \int_\alpha^\beta \sqrt{\rho^2(\theta) + \rho'^2(\theta)}\,\mathrm{d}\theta.$$

例 10 两根电线杆之间的电线, 由于其本身的重量, 下垂成曲线形. 这样的曲线叫做**悬链线**. 适当选取坐标系后, 悬链线的方程为

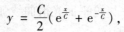

$$y = \frac{C}{2}(e^{\frac{x}{C}} + e^{-\frac{x}{C}}),$$

其中 C 为常数. 计算悬链线介于 $x = -b$ 与 $x = b$ 之间一段弧(图 6-18) 的长度.

解 因

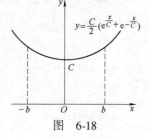

图 6-18

$$y' = \underline{\hspace{3cm}},$$

从而弧长元素

$$ds = \sqrt{1 + \left[\frac{1}{2}(e^{\frac{x}{C}} - e^{-\frac{x}{C}})\right]^2}dx$$

$$= \underline{\hspace{3cm}},$$

因此所求弧长为

$$s = \int_{-b}^{b} \frac{1}{2}(e^{\frac{x}{C}} + e^{-\frac{x}{C}})dx = \int_{0}^{b}(e^{\frac{x}{C}} + e^{-\frac{x}{C}})dx$$

$$= \underline{\hspace{3cm}}.$$

例 11 计算摆线(图 6-19)

$$\begin{cases} x = a(\theta - \sin\theta), \\ y = a(1 - \cos\theta) \end{cases}$$

的一拱($0 \leq \theta \leq 2\pi$)的长度.

解 弧长元素为

$$ds = \underline{\hspace{3cm}}/d\theta$$

$$= a\sqrt{2(1-\cos\theta)}d\theta = 2a\sin\frac{\theta}{2}d\theta,$$

从而, 所求弧长

$$s = \int_{0}^{2\pi} 2a\sin\frac{\theta}{2}d\theta = \underline{\hspace{3cm}} = 8a.$$

例 12 计算心形线(图 6-20)$\rho = a(1 + \cos\theta)(a > 0)$的全长.

解 因为

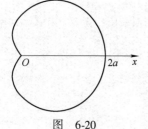

图 6-20

$$\rho' = \underline{\hspace{3cm}},$$

$$\rho^2 + \rho'^2 = \underline{\hspace{3cm}},$$

因此, 弧长元素为

$$ds = \sqrt{\rho^2 + \rho'^2}d\theta = 2a\left|\cos\frac{\theta}{2}\right|d\theta.$$

由于心形线的对称性，所求弧长为

$$s = 2\int_0^\pi 2a\left|\cos\frac{\theta}{2}\right|\mathrm{d}\theta = 8a.$$

习题 6.2

1. 求由下列各曲线所围成的图形面积：

（1）$y = \dfrac{1}{x}$ 与直线 $y = x$ 及 $x = 2$；

（2）$y = x^2$ 与直线 $y = 2x + 3$；

（3）$y = \mathrm{e}^x$，$y = \mathrm{e}^{-x}$ 与直线 $x = 1$；

（4）$y = \ln x$，y 轴与直线 $y = \ln a$，$y = \ln b$　$(b > a > 0)$.

2. 求抛物线 $y^2 = 2px$ 及其在点 $\left(\dfrac{p}{2}, p\right)$ 处的法线所围成的图形的面积.

3. 求位于曲线 $y = \mathrm{e}^x$ 下方，该曲线过原点的切线的左方以及 x 轴上方之间的图形的面积.

4. 求由摆线 $x = a(t - \sin t)$，$y = a(1 - \cos t)$ 的一拱 $(0 \leqslant t \leqslant 2\pi)$ 与横轴所围成的图形的面积.

5. 求由心形线 $\rho = a(1 + \cos\theta)$ $(a > 0)$ 所围成的图形的面积.

6. 求对数螺线 $\rho = a\mathrm{e}^\theta$（$-\pi \leqslant \theta \leqslant \pi$）及射线 $\theta = \pi$ 所围成的图形的面积.

7. 把抛物线 $y^2 = 4ax$ 及直线 $x = x_0$ $(x_0 > 0)$ 所围成的图形绕 x 轴旋转，计算所得旋转体的体积.

8. 由 $y = x^3$，$x = 2$，$y = 0$ 所围成的图形，分别绕 x 轴及 y 轴旋转，计算两个旋转体的体积.

9. 求由曲线 $y = 2x - x^2$ 和 x 轴所围图形绕 y 轴旋转，计算所得旋转体的体积.

10. 立体的底面为抛物线 $y = x^2$ 与直线 $y = 1$ 围成的图形，而任一垂直于 y 轴的截面部分是：

（1）等边三角形；

（2）半圆形.

求上面两种情况下立体的体积.

11. 计算曲线 $y = \ln x$ 上相应于 $\sqrt{3} \leqslant x \leqslant \sqrt{8}$ 的一段弧的长度.

12. 计算曲线 $y = \dfrac{2}{3}x^{\frac{3}{2}}$ 上相应于 x 从 a 到 $b(0 < a < b)$ 的一段弧的长度.

13. 计算圆的渐伸线 $x = a(\cos t + t\sin t)$，$y = a(\sin t - t\cos t)$ 上相应于 t 从 0 到 2π 的一段弧的弧长.

14. 计算阿基米德螺线 $\rho = a\theta(a > 0)$ 相应于 θ 从 0 到 2π 一段弧的弧长.

15. 计算星形线 $x = a\cos^3 t$，$y = a\sin^3 t$ 的全长.

6.3　定积分在物理学上的应用

1. 变力沿直线所做的功

从物理学知道，如果一个物体在恒力 F 作用下，沿着力的方向从 a 点运动到 b 点，那么力 F 对物体所做的功为

$$W = F(b - a).$$

如果物体受到的力 F 是变化的，那么变力 F 对物体所做的功 W，就可以用定积分的元素法来求。

取坐标轴 x 如图 6-21 所示，则 F 是 x 的函数，即 $F = F(x)$，其方向与物体运动方向一致，并假设 $F(x)$ 在 $[a,b]$ 上连续。

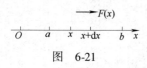

图 6-21

取 x 为积分变量，它的变化区间为 $[a,b]$。在 $[a,b]$ 上任取一小区间 $[x, x+dx]$。由于 dx 很小，可以假设 F 在 $[x, x+dx]$ 上不变，那么 F 在 $[x, x+dx]$ 上对物体所做的功近似于 F 与 dx 的乘积。于是功元素为

$$dW = F(x)\,dx.$$

以 $F(x)\,dx$ 为被积表达式，在闭区间 $[a,b]$ 上作定积分，从而所求的功为

$$W = \int_a^b F(x)\,dx.$$

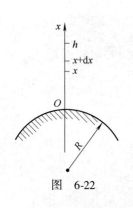

图 6-22

例 1 要使质量为 m 的物体垂直上升到 h 的高度，需做多少功？如果要飞离地球引力范围，试问该物体的初速度 v_0 至少应多大？

解 取 x 轴如图 6-22 所示。设地球的质量为 M，地球的半径为 R，则当物体上升到离地面为 x 时，按万有引力公式，该物体受到地心的引力

$$F = \frac{kMm}{(R + x)^2},$$

其中 k 为引力常量。

已知当 $x = 0$ 时，$F = mg$，代入上式得 $kM = gR^2$，从而得

$$F = \frac{gR^2 m}{(R + x)^2}.$$

取 x 为积分变量，它的变化区间为 $[0, h]$。在 $[0, h]$ 内任取一小区间 $[x, x+dx]$，则该物体在 $[x, x+dx]$ 上克服地心引力所做的功近似地为

$$dW = \underline{\qquad\qquad},$$

这就是功元素，从而所求的功为

$$W = \int_0^h \frac{gR^2 m}{(R + x)^2}\,dx = \underline{\qquad\qquad}$$

$$= gR^2 m \left(\frac{1}{R} - \frac{1}{R + h} \right).$$

当物体在近地面时，也就是 $h \ll R$ 时，

$$W = gR^2 m \left(\frac{1}{R} - \frac{1}{R + h} \right) \approx mgh.$$

要使物体飞离地球的引力范围，也就是要把物体从 $h=0$ 移动到无穷远处，即 $h \to \infty$，那么所做的总功为

$$W = \lim_{h \to \infty} \int_0^h \frac{gR^2 m}{(R+x)^2} \mathrm{d}x = \lim_{h \to \infty} gR^2 m \left(\frac{1}{R} - \frac{1}{R+h} \right)$$

$$= gRm.$$

要使物体飞离地球，施于物体的初始动能至少应等于克服地心引力所做的功，即

$$\frac{1}{2} mv_0^2 = gRm.$$

由此解得

$$v_0 = \sqrt{2gR}.$$

将 $g = 9.8 \mathrm{m/s}^2$，$R = 6.4 \times 10^6 \mathrm{m}$ 代入上式，得

$$v_0 = \sqrt{2 \times 9.8 \times 6.4 \times 10^6} (\mathrm{m/s}) = 11.2 (\mathrm{km/s}).$$

例 2 一个半径为 R 的半球形容器盛满了水，试问要把容器中的水全部抽出，需做多少功？

解 取坐标系如图 6-23 所示，则断面边界的半圆弧方程为

$$x^2 + y^2 = R^2 \quad (x > 0).$$

取深度 x 为积分变量，它的变化区间为 $[0, R]$. 在 $[0, R]$ 内任取一小区间 $[x, x+\mathrm{d}x]$，则与这一小区间相应的一薄层水的体积近似于

$$\mathrm{d}V = \underline{\hspace{3cm}}.$$

因此，取 x 的单位为 m，重力加速度 g 取 $9.8 \mathrm{m/s}^2$，这薄层水的重力为

$$\mathrm{d}F = 9.8\pi (R^2 - x^2) \mathrm{d}x (\mathrm{kN}).$$

将这一薄层水抽到容器口所经过的位移可近似地看做是相同的. 因而克服重力所做的功近似地为

$$\mathrm{d}W = \underline{\hspace{3cm}},$$

此即功元素. 从而所求的功为

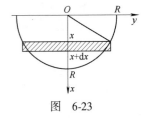

图 6-23

$$W = 9.8\pi \int_0^R x(R^2 - x^2) \mathrm{d}x = 2.45\pi R^4 (\mathrm{kJ}).$$

2. 水压力

在水坝、闸门、船体等工程设计中，常常需要计算它们所承受的水的总压力.

从物理学知道，在水深为 h 处的压强为 $p = \rho gh$，这里 ρ 是水的密度，g 是重力加速度. 如果有一面积为 A 的平板水平地放置在水深为 h 处，那么，平板一侧受到的水压力为

$$P = p \cdot A = \rho ghA.$$

如果平板铅垂地放置在水中，那么，由于水深不同的点处压强 p 不相等，平板一侧所受的水压力就不能用上述方法计算．下面通过举例说明它的计算方法．

例 3 有一等腰梯形闸门直立在水中，它的两条底边各长 3m 和 2m，高为 2m，较长的底边与水面相齐．计算闸门的一侧所受的水压力．

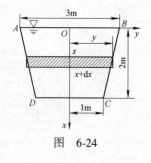

图 6-24

解 选取坐标系如图 6-24 所示．

取 x 为积分变量，它的变化区间为 $[0,2]$．在 $[0,2]$ 内任取一小区间 $[x, x+\mathrm{d}x]$．等腰梯形中相应于 $[x, x+\mathrm{d}x]$ 的窄条上各点处的压强近似等于 $\rho g x$，该窄条的面积近似为 $2y\mathrm{d}x$．因此，该窄条一侧所受水压力的近似值，即压力元素为

$$\mathrm{d}P = 2\rho g x y \mathrm{d}x.$$

现在我们来找出 x 和 y 之间的函数关系．由 B，C 两点的坐标 $B\left(0, \dfrac{3}{2}\right)$，$C(2,1)$，可知 BC 的方程为

$$y = \underline{\hspace{2cm}}.$$

因此，压力元素为

$$\mathrm{d}P = \underline{\hspace{2cm}},$$

在闭区间 $[0,2]$ 上作定积分，便得所求的水压力为

$$P = \int_0^2 2\rho g x \left(\frac{3}{2} - \frac{1}{4}x\right)\mathrm{d}x$$

$$= \underline{\hspace{2cm}} = \frac{14}{3}\rho g = 4.67 \times 10^4 (\mathrm{N}).$$

3. 引力

由物理学知道，质量分别为 m_1，m_2，相距为 r 的两质点间的引力为

$$F = k\frac{m_1 m_2}{r^2},$$

其中 k 为引力常量，引力的方向沿着两质点的连线方向．

现在我们应用定积分的元素法来解决较复杂的引力问题．

例 4 计算半径为 a 及固定的表面密度为 δ_0 的圆形薄板以怎样的力吸引质量为 m 的质点 P，此质点位于通过薄板中心 Q 且垂直于薄板平面的铅垂线上，最短距离 QP 等于 b．

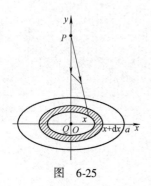

图 6-25

解 取坐标系如图 6-25 所示．取 x 为积分变量，在 $[0,a]$ 内任取一小区间 $[x, x+\mathrm{d}x]$．作以 x 为内径，以 $x+\mathrm{d}x$ 为外径的窄圆环．设想该窄圆环是由无限多个小圆环段形成，并把每一个小圆环段收缩成一个质点．那么圆环上的每个质点到质点 P 的距离都近似于 $\sqrt{b^2+x^2}$，

它们对质点 P 都产生引力. 由于对称性, 圆环上各质点对 P 的引力在水平方向的分力互相抵消, 而在铅垂方向的分力相互叠加. 因此引力的合力指向 y 轴的负向. 由于 dx 很小, 圆环的面积近似于 $dA = 2\pi x dx$, 因此圆环上质点的总质量近似于 $dm = $ _____, 从而对质点 P 的引力的合力近似于

$$dF_y = 2km\delta_0\pi \frac{1}{b^2 + x^2} \cdot \frac{b}{\sqrt{b^2 + x^2}} x dx.$$

这就是圆环上的质点对质点 P 的引力在铅垂方向分力 F_y 的元素.

于是, 所要求的引力为

$$F_y = 2km\delta_0\pi \int_0^a \frac{bx}{\left(b^2 + x^2\right)^{\frac{3}{2}}} dx$$
$$= 2\pi km\delta_0\left(1 - \frac{b}{\sqrt{a^2 + b^2}}\right).$$

习题 6.3

1. 由实验知道, 弹簧在拉伸过程中, 需要的力 F(单位: N)与伸长量 s(单位: cm)成正比, 即

$$F = ks \quad (k \text{ 是比例常数}),$$

如果把弹簧由原长拉伸6cm, 计算所做的功.

2. 把一个带 $+q$ 电荷量的点电荷放在 x 轴上坐标原点 O 处, 它产生一个电场. 这个电场对周围的电荷有作用力. 由物理学知道, 如果有一个单位正电荷放在这个电场中距离原点 O 为 r 的地方, 那么电场对它的作用力的大小为

$$F = k\frac{q}{r^2} \quad (k \text{ 是常数}).$$

当这个单位正电荷在电场中从 $x = a$ 处沿 x 轴移动到 $x = b(a < b)$ 处时, 计算电场力 F 对它所做的功.

3. 一物体按规律 $x = ct^3$ 作直线运动, 介质的阻力与速度的平方成正比. 计算物体由 $x = 0$ 移至 $x = a$ 时, 克服介质阻力所做的功.

4. 用铁锤将一铁钉击入木板, 设木板对铁钉的阻力与铁钉击入木板的深度成正比, 在击第一次时, 将铁钉击入木板1cm. 如果铁锤每次打击铁钉所做的功相等. 问用铁锤击第二次时, 铁钉又击入多少?

5. 设一锥形贮水池, 深15m, 口径20m, 盛满水, 今以唧筒将水吸尽. 问要做多少功?

6. 高 100cm 的铅垂水闸, 其形状是上底宽 200cm, 下底宽 100cm 的等腰梯形, 分别在下面条件下, 求水闸上的水压力;

(1) 当水深 50cm 时;

(2) 当水深 100cm 时.

7. 今设有一长为 l, 质量为 M 的均匀细杆 AB, 另有一质量为 m 的质点 P 和细杆在一条直线上, 它到细杆的近端 A 的距离为 a, 求细杆 AB 对质点 P 的引力.

8. 设有一半径为 R, 中心角为 φ 的圆弧形细棒, 其线密度为常数 μ. 在圆心处有一质量为 m 的质点 M. 试求该细棒对质点 M 的引力.

*6.4 定积分在经济学中的应用

1. 由边际函数求总函数

设某产品的固定成本为 C_0, 边际成本函数为 $C'(\theta)$, 边际收益函数为 $R'(\theta)$. 其中 θ 为产量, 并假定该产品处于产销平衡状态, 则根据经济学的有关理论和定积分的元素法可知:

总成本函数

$$C(\theta) = \int_0^\theta C'(\theta)\mathrm{d}\theta + C_0,$$

总收益函数

$$R(\theta) = \int_0^\theta R'(\theta)\mathrm{d}\theta,$$

总利润函数

$$L(\theta) = \int_0^\theta (R'(\theta) - C'(\theta))\mathrm{d}\theta - C_0.$$

例1 设某产品的边际成本为 $C'(\theta) = 4 + \dfrac{\theta}{4}$ (万元/百台), 固定成本 $C_0 = 1$ (万元), 边际收益为 $R'(\theta) = 8 - \theta$ (万元/百台), 求:

(1) 产量从 100 台增加到 500 台的成本增量;

(2) 总成本函数 $C(\theta)$ 和总收益函数 $R(\theta)$;

(3) 产量为多少时, 总利润最大? 并求最大利润.

解 (1) 产量从 100 台增加到 500 台的成本变化量为

$$\int_1^5 C'(\theta)\mathrm{d}\theta = \int_1^5 \left(4 + \frac{\theta}{4}\right)\mathrm{d}\theta = \underline{\hspace{3cm}} = 19 \text{(万元)}.$$

(2) 总成本函数

$$C(\theta) = \int_0^\theta C'(\theta)\mathrm{d}\theta + C_0 = \int_0^\theta \left(4 + \frac{\theta}{4}\right)\mathrm{d}\theta + 1 = \underline{\hspace{3cm}} + 1,$$

总收益函数

$$R(\theta) = \int_0^\theta R'(\theta)\mathrm{d}\theta = \int_0^\theta (8 - \theta)\mathrm{d}\theta = 8\theta - \frac{\theta^2}{2}.$$

(3) 总利润函数

$$L(\theta) = R(\theta) - C(\theta) = \left(8\theta - \frac{\theta^2}{2}\right) - \left(4\theta + \frac{\theta^2}{8} + 1\right)$$

$$= -\frac{5}{8}\theta^2 + 4\theta - 1,$$

$$L'(\theta) = \underline{\hspace{3cm}}.$$

令 $L'(\theta)=0$，得唯一驻点 $\theta=3.2$（百台），又因 $L''(3.2)=$
————————<0，所以当 $\theta=3.2$（百台）时总利润最大，最大利润为
$L(3.2)=5.4$（万元）.

2. 消费者剩余和生产者剩余

经济学上常用 $p=D(x)$ 表示需求函数，即当某商品的价格为 p 时，购买此商品的消费者人数为 x. 一般说来，商品价格越低，购买的人数越多，需求就大；商品价格越高，需求就小. 因此需求函数 $p=D(x)$ 是单调递减函数（图 6-26）.

现假定某商品的当前价格为 $\bar{p}$，相应的消费者人数为 $\bar{x}$. 考虑到在这些消费者中，一些人愿意在高出当前价格 $\bar{p}$ 的情况下也购买该商品，但他们实际支付的价格是 $\bar{p}$. 由此他们得到的利益就是这个差价. 现在我们用定积分的元素法来计算消费者在这项经济活动中所获得的利益. 经济学上称此为消费者剩余（Consumer surplus），简记为 CS.

取 x 为积分变量，它的变化区间为 $[0,\bar{x}]$. 相应于 $[0,\bar{x}]$ 上任一小区间 $[x,x+\mathrm{d}x]$ 的消费者所获得的利益近似于 $[D(x)-\bar{p}]\mathrm{d}x$. 从而求得消费者剩余为

$$\mathrm{CS}=\int_0^{\bar{x}}(D(x)-\bar{p})\mathrm{d}x=\int_0^{\bar{x}}D(x)\mathrm{d}x-\bar{p}\bar{x}.$$

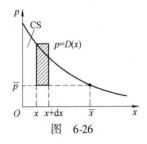

图　6-26

在经济学上也常用消费者剩余来衡量某一项经济活动的社会效益.

例 2　考虑修建一条公路. 若每日通过的车辆数为 Q（万辆），每辆车每次收费 p（元），估计需求函数为 $p=81-Q^2$，建成后每天成本为 300 万元. 问：

（1）有没有私人企业愿意修建这条公路？

（2）从社会效益上看，这条公路应不应修？政府每天应补助多少才能使这条公路不亏本？

解　（1）设每日的车流量为 Q，过路费应为 $p=81-Q^2$. 这时每天收入为

$$R(Q)=pQ=(81-Q^2)Q.$$

当 $Q=$ ————————时，$p=54$. 收入 $R(Q)$ 取得最大值为 $162\sqrt{3}\approx$ 280.5（万元）. 由于最大收入小于 300 万元，因此私人企业是不愿修路的.

（2）由图 6-27 可知，当 $p=0$（也就是 $Q=9$）时，这条路产生的消费者剩余（也就是社会效益）最大. 这时

$$\mathrm{CS}=\int_0^9(81-Q^2)\mathrm{d}Q=486>300,$$

因此这条路应该修.

为了使企业愿意修建，政府应每天补助企业

$$300-162\sqrt{3}\approx19.5（万元），$$

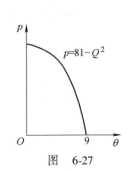

图　6-27

企业才愿修建(这时假设 300 万元已包括合理的利润). 这时企业规定的过路费为 $p_0 = 54(元)$，每天车流量为 $Q_0 = 3\sqrt{3}(万辆)$，消费者剩余为

$$CS = \int_0^{3\sqrt{3}} (81 - Q^2)dQ - p_0Q_0 = 216\sqrt{3} - 162\sqrt{3}$$
$$\approx 93.5(万元).$$

这比政府支出大 74 万元，即这项支出(19.5 万元)产生的社会效益为每天 74 万元.

现在我们考虑<u>生产者剩余</u>(Producer Surplus)，简记为 PS.

经济学上常用 $p = s(x)$ 表示供给函数. 即表示当某商品的价格为 p 时，生产者(或供货商)所提供的商品数量为 x. 一般来说，价格低，生产者不愿生产，供给就少；反之，价格高，供给就多. 因此供给函数 $p = s(x)$ 是单调递增函数，如图 6-28 所示.

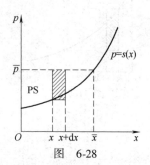

图 6-28

现假定商品的当前价格为 $\bar{p}$，相应地生产者提供的商品数为 $\bar{x}$. 考虑到一些生产者愿意以比当前价格 $\bar{p}$ 低的价格提供商品，但实际上他们以当前价格 $\bar{p}$ 出售商品. 由此生产者得到的利益称为生产者剩余，简记为 PS.

应用定积分元素法，易知生产者剩余为

$$PS = \int_0^{\bar{x}} (\bar{p} - s(x))dx = \bar{p}\bar{x} - \int_0^{\bar{x}} s(x)dx.$$

在市场经济下，商品的价格和数量在不断地调整，最后趋向于均衡价格和均衡数量. 分别用 p^* 和 x^* 表示，也即供给曲线与需求函数的交点 E，如图 6-29 所示.

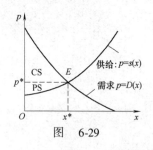

图 6-29

例3 设某商品的需求函数为 $D(x) = 24 - 3x$，供给函数为 $s(x) = 2x + 9$，求该商品的均衡价格和均衡数量；并求出此时的消费者剩余 CS 和生产者剩余 PS.

解 首先求出均衡价格和均衡数量.

由 $24 - 3x = 2x + 9$，得

$$x^* = 3, \quad p^* = 15.$$

$$CS = \int_0^3 (24 - 3x)dx - 15 \times 3 = \underline{\qquad} - 45 = \frac{27}{2},$$

$$PS = 45 - \int_0^3 (2x + 9) = 45 - \underline{\qquad} = 9.$$

3. 资金的现值和将来值

若现有本金 P_0 元，以年利率 r 的连续复利计息，则 t 年后的本利和 $A(t)$ 为

$$A(t) = P_0 e^{rt}.$$

反之，若某项投资资金 t 年后的本利和 A 已知，则按连续复利计算，现在应有资金

$$P_0 = Ae^{-rt},$$

称 P_0 为资本的现值.

当我们考虑支付给某人款项或从某人获得款项时，通常是把这些款项当成离散地支付或获得．即在某些特定时刻支付或获得．可是，我们也可以把一个公司获得的款项当成连续地获得．例如，某巨型公司的收益，一般来说是随时流进．因此，这些收益可以被表示成为一连续的收入流，或用一个连续函数 $f(t)$ 来表示资金的流入.

现在，我们利用定积分的元素法来计算由 $f(t)$ 表示的收入流在以年为单位表示的时间区间 $[0,T]$ 内所获得的现值和第 T 年末的将来值.

取时间 t 为积分变量，它的变化区间为 $[0,T]$．相应于 $[0,T]$ 内任一小区间 $[t,t+dt]$ 上所获得的收入近似于 $f(t)dt$．注意到这笔收入是在 t 年后获得．因此，把它折算为现值应是 $f(t)e^{-rt}dt$.

以 $f(t)e^{-rt}dt$ 为被积表达式，在 $[0,T]$ 上作定积分，便得

$$\text{收入流的现值} = \int_0^T f(t)e^{-rt}dt.$$

注意到在 $[t,t+dt]$ 上所获得的收入 $f(t)dt$ 是在 t 年后获得，因此计息期是 $(T-t)$ 年，所以在时间段 $[t,t+dt]$ 内的收入将来值近似于 $f(t)e^{r(T-t)}dt$．在 $[0,T]$ 上作定枳分，便得

$$\text{收入的将来值} = \int_0^T f(t)e^{r(T-t)}dt.$$

例 4　某航空公司为了发展新航线的航运业务，需要增加一架波音 747 客机．如果购进一架客机需要一次支付 5000 万美元现金，客机的使用寿命为 15 年．如果租用一架客机，每年需支付 600 万美元的租金，租金以均匀货币流的方式支付．若银行的年利率为 12%，请问购买客机与租用客机哪种方案为佳？如果银行的年利率为 6% 呢？

解　两种方案所支付的价值无法直接比较，必须将它们都化为同一时刻的价值才能比较．我们先以当前价值为准.

购买一架客机的现值为 5000 万美元；

租用一架客机并使用 15 年的租金的现值为

$$\int_0^{15} 600e^{-rt}dt = \underline{\qquad\qquad} = \begin{cases} 4173.5(\text{万美元}), r = 12\%, \\ 5934.3(\text{万美元}), r = 6\%. \end{cases}$$

若以 15 年后的将来值进行比较，购买飞机所支付的 5000 万美元，15 年之后的将来值为

$$5000e^{15r} = \begin{cases} 30248(\text{万美元}), r = 12\%, \\ 12298(\text{万美元}), r = 6\%. \end{cases}$$

租用飞机所付租金 15 年后的将来值为

$$\int_0^{15} 600e^{r(15-t)}dt = \frac{600}{r}(e^{15r} - 1) = \begin{cases} 25248(\text{万美元}), r = 12\%, \\ 14596(\text{万美元}), r = 6\%. \end{cases}$$

比较可知，当年利率为 12% 时，租用客机比购买客机合算；当年利率为 6% 时，购买客机比租用客机合算．

例 5　某企业有一投资项目，期初总投入为 A. 经测算，该企业在未来 T 年中可以按每年 a 元的均匀收入率获得收入．若年利率为 r，试求：

（1）该投资的纯收入的现值；

（2）收回该笔投资所需要的时间．

解　（1）投资后的 T 年中所获总收入的现值为

$$y = \int_0^T a e^{-rt} dt = \underline{\qquad\qquad},$$

从而投资所获得的纯收入的现值为

$$R = y - A = \frac{a}{r}(1 - e^{-rT}) - A.$$

（2）收回投资，即为总收入的现值等于投资，故有

$$\frac{a}{r}(1 - e^{-rT}) = A,$$

解得

$$T = \frac{1}{r}\ln\frac{a}{a - Ar},$$

此即为收回投资所需的时间．

例如，若某企业投资 $A = 800$（万元），年利率 $r = 5\%$，设在 20 年中的均匀收入率 $a = 100$（万元/年），则总收入的现值为

$$y = \frac{100}{0.05}(1 - e^{0.05 \times 20}) = 2000(1 - e^{-1}) \approx 1264.2（万元），$$

投资所得纯收入的现值为

$$R = y - A = 1264.2 - 800 = 464.2（万元），$$

投资回收期为

$$T = \frac{1}{0.05}\ln\frac{100}{100 - 800 \times 0.05} = 20\ln\frac{5}{3} \approx 10.2（年）.$$

*习题 6.4

1. 某厂生产某产品 Q（百台）的总成本 C（万元）的变化率为 $C'(Q) = 2$（设固定成本为零），总收入 R（万元）的变化率为产量 Q（百台）的函数 $R'(Q) = 7 - 2Q$. 试问生产量为多少时总利润最大？最大利润为多少？

2. 设某商品的需求函数为 $p = D(x) = 20 - 0.05x$，供给函数为 $p = s(x) = 2 + 0.0002x^2$. 试问：

（1）均衡价格和均衡数量分别是多少？

（2）当该商品处于均衡价格时，消费者剩余和生产者剩余各是多少？

3. 有一个大型投资项目，投资成本为 $A = 10000$（万元），投资年利率 5%，每年的均匀收入率为 $a = 2000$（万元），试问：

（1）该投资为无限期时的纯收入的现值是多少？

（2）该投资的回收期是几年？

综合练习6

1. 设 $y = f(x)$ 是严格单增的，试在 a 与 b 之间找一点 ξ，使在这点两边阴影部分的面积相等，如图 6-30 所示．

2. 设抛物线 $y = ax^2 + bx + c$ 通过点 $(0,0)$．且当 $x \in [0,1]$ 时，$y \geq 0$．试确定 a，b，c 的值，使得抛物线 $y = ax^2 + bx + c$ 与直线 $x = 1$，$y = 0$ 所围图形的面积为 $\dfrac{4}{9}$，且使该图形绕 x 轴旋转而成的旋转体的体积最小．

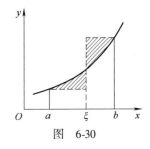

图　6-30

3. 求圆盘 $(x-2)^2 + y^2 \leq 1$ 绕 y 轴旋转而成的旋转体体积．

4. 求抛物线 $y = \dfrac{1}{2} x^2$ 被圆 $x^2 + y^2 = 3$ 所截下的有限部分的弧长．

5. 两个半径为 R 的圆柱体中心轴垂直相交，求这两个圆柱体公共部分的体积．

6. 半径为 R 的球沉入水中，球的上部与水面相切，球的密度与水相同，现将球从水中取出，需做多少功？

7. 一铅垂倒立的等腰三角形水闸，底为 $a(\mathrm{m})$，高为 $h(\mathrm{m})$，且底与水面相齐，求：

（1）水闸的一侧所受的水压力；

（2）作一水平线把水闸分为上、下两部分，使两部分所受水压力相等．

8. 设一长度为 l，线密度为 μ 的均匀细直棒，在与棒的一端垂直距离为 a 处有一质量为 m 的质点 M．试求该细棒对质点 M 的引力．

9. 现有一购房者，向银行贷款 30 万元，还款期为 20 年．若贷款的年利率为 7.11%，按连续复利付息．试求该购房者每月需向银行偿还的金额是多少？

第7章

微 分 方 程

在科学研究及经济活动的过程中，常常需要知道变量之间的函数关系，而有些变量间的关系往往是由含有导数或微分的方程所决定的，如何从中寻求未知函数，这就是解微分方程．本章主要介绍微分方程的一些基本概念和几种常用的微分方程的解法．

7.1 微分方程的基本概念

在不定积分的学习过程中，经常遇到一些最简单的微分方程，请看下面两个例子．

例1 求过点 $(1,4)$ 且切线斜率为 $3x^2$ 的曲线方程．

解 设所求的曲线方程为 $y = y(x)$，则依题意，应有下面的关系：

$$\begin{cases} \dfrac{\mathrm{d}y}{\mathrm{d}x} = 3x^2, & (1) \\ y(1) = 4. & (2) \end{cases}$$

将式(1)两端积分，得

$$y = x^3 + C \quad (C \text{ 为任意常数}).$$

把条件"$x = 1$ 时，$y(1) = 4$"代入 $y = x^3 + C$，得

$$C = 3,$$

即得所求曲线方程为

$$y = x^3 + 3.$$

例2 根据实验，放射性元素镭会不断放出射线而其质量逐渐减少，这种现象叫做衰变，其衰变的速率与元素剩余的质量成正比，已知 $t = 0$ 时镭的质量为 m_0，求任意时刻 t 镭的剩余质量．

解 设任意时刻 t 镭的剩余质量为 m，由衰变速度与元素剩余质量成正比，令正比例系数为 $k(k < 0)$ 得方程

$$\frac{\mathrm{d}m}{\mathrm{d}t} = km. \tag{1}$$

此外 $m(t)$ 应满足条件

$$m(0) = m_0, \tag{2}$$

将式(1)变形得

$$\frac{\mathrm{d}m}{m} = k\mathrm{d}t. \tag{3}$$

将式(3)两端积分有

$$\ln m = kt + C_1,$$

得 $$m = \mathrm{e}^{kt+C_1} = \mathrm{e}^{C_1} \cdot \mathrm{e}^{kt}.$$

令常数 $\mathrm{e}^{C_1} = C$，得

$$m = C\mathrm{e}^{kt},$$

由式(2)得

$$m_0 = C.$$

故任意时刻 t 镭的剩余质量 $m = m_0\mathrm{e}^{kt}$.

上述两例中的方程 $y' = 3x^2$ 及 $m' = km$ 都含有未知函数的导数称这样的方程为微分方程. 其定义如下：

定义 7.1　含有未知函数的导数或微分的方程，叫做微分方程. 未知函数为一元函数的微分方程叫做常微分方程；未知函数是多元函数的微分方程叫做偏微分方程.

本章简要介绍常微分方程的概念，以及某些简单微分方程的解法.

定义 7.2　在微分方程里，未知函数的导数或微分的最高阶数，叫做微分方程的阶.

例如，方程 $y'' + \frac{1}{2}xy' - y = 3x^2$ 为二阶微分方程；方程 $y^{(4)} - 6y''' + 10y'' - 8y' + 3y = \sin x$ 是四阶微分方程.

一般地，n 阶微分方程的一般形式可写为 $F(x, y, y', y'', \cdots, y^{(n)}) = 0$（$x$ 为自变量，y 为未知函数），其中 F 是 $n+2$ 个变量的函数，此函数中的 $y^{(n)}$ 是必须出现的，而 $x, y, y', \cdots, y^{(n-1)}$ 等变量则可以不出现，如 $y^{(n)} + 1 = 0$ 就是如此.

定义 7.3　如果一个函数代入微分方程后，方程两端恒等，则称此函数为该微分方程的解. 如果微分方程的解中所包含的互相独立的任意常数的个数与微分方程的阶数相等，这样的解叫做微分方程的通解. 例如，函数 $y = x^3 + C$（C 为任意常数）为一阶微分方程 $\frac{\mathrm{d}y}{\mathrm{d}x} = 3x^2$ 的通解，函数 $y = C_1\mathrm{e}^x + C_2\mathrm{e}^{2x}$（$C_1$，$C_2$ 为任意常数）为二阶微分方程 $y'' - 3y' + 2y = 0$ 的通解. 微分方程的通解所确定的曲线称为方程的积分曲线.

在建立一个微分方程的过程中，即找出自变量、未知函数、未知

函数的导数之间的关系式时，往往会同时出现这些量之间需要满足的伴随条件.

例如，如果微分方程是一阶的，通常用来确定任意常数的条件是

$$x = x_0 \text{ 时}, y = y_0$$

或写成

$$y \big|_{x = x_0} = y_0,$$

其中，x_0，y_0 都是给定的值；如果微分方程是二阶的，通常用来确定任意常数的条件是

$$x = x_0 \text{ 时}, y = y_0, y' = y_0',$$

或写成

$$y \big|_{x = x_0} = y_0, \ y' \big|_{x = x_0} = y_0',$$

其中 x_0，y_0 和 y_0' 都是给定的值.

上述这种条件叫做定解条件. 通常定解条件与微分方程放在一起用以下形式表达：

$$\begin{cases} F(x, y, y', y'', \cdots, y^{(n)}) = 0, \\ y(x_0) = y_0, \\ y'(x_0) = y_0', \\ \vdots \\ y^{(n-1)}(x_0) = y_0^{(n-1)}. \end{cases}$$

确定了通解中的任意常数以后，就得到微分方程的特解. 求微分方程 $y' = f(x, y)$ 满足定解条件 $y \big|_{x = x_0} = y_0$ 的特解这样一个问题，叫做一阶微分方程的定解问题. 例如，前面的例1、例2就是求特解的定解问题.

求微分方程通解或特解的过程称为解微分方程，从17世纪末到18世纪初，常微分方程研究的中心问题是如何通过初等积分法求出通解表达式，但是到了19世纪中叶人们就发现，能够通过初等积分法把通解求出来的微分方程只是极少数，即使像 $\mathrm{d}y + (x^2 + y^2) \mathrm{d}x = 0$ 这样简单的一阶微分方程，要想通过求积分把方程的通解用已知函数表示出来也是办不到的. 所以，我们在本章只介绍一些特殊类型方程的求解方法和技巧.

习题 7.1

1. 指出下列各微分方程的阶数：

(1) $xy'^3 + 2y^2y' + 5x = 0$；

(2) $x^2y''' - xy'' + y^2 = 0$；

(3) $(5x - 3y) \mathrm{d}x + (x + y) \mathrm{d}y = 0$；

(4) $\dfrac{\mathrm{d}^2\theta}{\mathrm{d}t^2} + \theta = \cos^2\theta.$

2. 验证下列各给定函数是否是其对应微分方程的解：

(1) $y'' - 5y' + 6y = 0$，$y = C_1 \mathrm{e}^{2x} + C_2 \mathrm{e}^{3x}$；

（2）$y'' + y = 0$，$y = 3\sin x - 4\cos x$；

（3）$y'' + 3y' - 10y = 2x$，$y = C_1 \mathrm{e}^{2x} + C_2 \mathrm{e}^{-5x} + 2x$；

（4）$y'' + \omega^2 y = 0$，$y = C_1 \cos \omega x + C_2 \sin \omega x$　（C_1，C_2 为任意常数）．

3. 求通解 $y = C\mathrm{e}^{2x} + x$ 的微分方程，这里的 C 为任意常数．

7.2　一阶微分方程

一阶微分方程的一般形式是

$$y' = f(x, y) \quad 或 \quad F(x, y, y') = 0.$$

一阶微分方程的通解含有一个任意常数，为了确定这个任意常数，必须给出一个定解条件．

一阶微分方程必须根据方程的不同特点分别求解．

7.2.1　可分离变量的微分方程

一般地，如果一个一阶微分方程写成

$$\frac{\mathrm{d}y}{\mathrm{d}x} = f(x)g(y) \tag{7-1}$$

的形式，那么就称此方程为可分离变量的微分方程．

当 $g(y) = 0$，若 $g(y_0) = 0$，则 $y = y_0$ 为微分方程(7-1)的解；

当 $g(y) \neq 0$，由式(7-1)分离变量得

$$\frac{1}{g(y)}\mathrm{d}y = f(x)\mathrm{d}x,$$

上式两端积分得

$$\int \frac{1}{g(y)}\mathrm{d}y = \int f(x)\mathrm{d}x,$$

假设 $f(x)$，$g(y)$ 连续，且 $G(y)$ 及 $F(x)$ 依次为 $g(y)$ 及 $f(x)$ 的原函数，于是有

$$G(y) = F(x) + C.$$

这就是微分方程(7-1)的隐式通解．

例 1　解微分方程

$$x\mathrm{d}y = -y\mathrm{d}x.$$

解　方程变形为

$$\frac{\mathrm{d}y}{\mathrm{d}x} = \underline{\hspace{3cm}} \quad (y \neq 0)$$

分离变量得

$$\frac{\mathrm{d}y}{y} = \underline{\hspace{3cm}},$$

两边积分得

$$\ln|y| = -\ln|x| + \ln|C| \quad (C \neq 0),$$

即
$$xy = C \text{ 或 } y = \frac{C}{x}$$

又由 $y = 0$ 为方程的解，故 $y = \frac{C}{x}$（C 为任意常数）为微分方程的通解.

例 2 求微分方程 $2xy^2 dx + (1 + x^2)^2 dy = 0$ 的通解.

解 分离变量得

$$\underline{\hspace{3cm}} = -\frac{dy}{y^2} \quad (y \neq 0),$$

两边积分，即

$$\underline{\hspace{3cm}} = -\int \frac{dy}{y^2},$$

从而得

$$-\frac{1}{1 + x^2} = \frac{1}{y} + C \text{ 或 } -y = (1 + x^2) + Cy(1 + x^2)$$

故微分方程的通解为

$$-y = (1 + x^2) + Cy(1 + x^2) \quad （C \text{ 为任意常数}）$$

7.2.2 齐次方程

如果一阶微分方程 $\dfrac{dy}{dx} = f(x, y)$ 中的函数 $f(x, y)$ 可写成 $\dfrac{y}{x}$ 的函数，

即 $\dfrac{dy}{dx} = \varphi\left(\dfrac{y}{x}\right)$，则称该方程为齐次方程. 例如，

$$\frac{dy}{dx} = \frac{y^2}{xy - x^2}$$

是齐次方程，因为原方程可写为

$$\frac{dy}{dx} = \frac{\left(\dfrac{y}{x}\right)^2}{\dfrac{y}{x} - 1}.$$

解此类方程可作变换 $y = ux$，再两边对 x 求导得

$$y' = xu' + u,$$

代入齐次方程

$$\frac{dy}{dx} = \varphi\left(\frac{y}{x}\right).$$

移项后得

$$xu' = \varphi(u) - u, \text{得}$$

再分离变量得

$$\frac{du}{\varphi(u) - u} = \frac{dx}{x},$$

两边积分得

$$\int \frac{\mathrm{d}u}{\varphi(u) - u} = \int \frac{\mathrm{d}x}{x},$$

即

$$\int \frac{\mathrm{d}u}{\varphi(u) - u} = \ln|x| + C_1.$$

变形得

$$x = C\mathrm{e}^{\int \frac{\mathrm{d}x}{\varphi(u) - u}} \quad (\text{其中} \ C = \pm\, \mathrm{e}^{-C_1}).$$

积分后再回代 $u = \dfrac{y}{x}$ 即可得通解.

例 3 解微分方程 $\dfrac{\mathrm{d}y}{\mathrm{d}x} = \dfrac{y}{x} + \dfrac{x}{2y}$.

解 这是齐次方程，作变换 $y = xu$，则 $y' = u + xu'$，代入原方程得

$$u + xu' = \underline{\hspace{3cm}}.$$

分离变量得

$$2u\mathrm{d}u = \frac{\mathrm{d}x}{x},$$

积分得

$$u^2 = \ln|x| + \ln|C| \quad (C \neq 0),$$

将 $u = \dfrac{y}{x}$ 回代上式得通解为

$$\underline{\hspace{3cm}}.$$

例 4 解方程

$$\begin{cases} x\dfrac{\mathrm{d}y}{\mathrm{d}x} = y\ln\dfrac{y}{x}, \\ y(1) = 1. \end{cases}$$

解 原方程可写为

$$\frac{\mathrm{d}y}{\mathrm{d}x} = \frac{y}{x}\ln\frac{y}{x},$$

故而是齐次方程. 令 $\dfrac{y}{x} = u$，则

$$y = ux, \quad \frac{\mathrm{d}y}{\mathrm{d}x} = u + x\frac{\mathrm{d}u}{\mathrm{d}x},$$

于是原方程变为

$$u + x\frac{\mathrm{d}u}{\mathrm{d}x} = u\ln u,$$

分离变量得

$$\underline{\hspace{3cm}} = \frac{\mathrm{d}x}{x},$$

两边积分得

$$\underline{\hspace{3cm}} = \ln|x| + \ln|C|,$$

或写为

$$\ln u - 1 = Cx.$$

以 $u = \dfrac{y}{x}$ 代入上式，便得所给方程的通解为

$$y = xe^{Cx+1},$$

将 $x = 1$，$y = 1$ 代入上式，得

$$C = -1,$$

故 $\underline{\hspace{2.5cm}}$ 为满足 $y(1) = 1$ 的解．

7.2.3 可化为齐次方程的微分方程

对于方程

$$\frac{dy}{dx} = \frac{ax + by + C}{a_0 x + b_0 y + C_0}, \tag{7-2}$$

当 $C = C_0 = 0$ 时是齐次的，否则不是齐次的．在此情形之下，可经过适当的变换把它化为齐次方程．

(1) 如果 $\dfrac{a}{a_0} = \dfrac{b}{b_0} = \lambda$，即 $a = \lambda a_0$，$b = \lambda b_0$，则方程(7-2)可化为

$$\frac{dy}{dx} = \frac{\lambda(a_0 x + b_0 y) + C}{a_0 x + b_0 y + C_0}.$$

令 $z = a_0 x + b_0 y$，则

$$\frac{dz}{dx} = a_0 + b_0 \frac{\lambda z + C}{z + C_0}.$$

这是一个可分离变量方程，解出 z 后再用 $z = a_0 x + b_0 y$ 回代．

(2) 如果 $\dfrac{a}{a_0} \neq \dfrac{b}{b_0}$，作变换 $\begin{cases} x = u + h, \\ y = v + k, \end{cases}$ 其中 h，k 是待定的常数．

由 $\begin{cases} dx = du \\ dy = dv \end{cases}$，知 $\dfrac{dy}{dx} = \dfrac{dv}{du}$，方程(7-2)化为

$$\frac{dv}{du} = \frac{au + bv + ah + bk + C}{a_0 u + b_0 v + a_0 h + b_0 k + C_0}. \tag{7-3}$$

为了使之成为齐次方程，令

$$\begin{cases} ah + bk + C = 0, \\ a_0 h + b_0 k + C_0 = 0, \end{cases}$$

由于 $\dfrac{a}{a_0} \neq \dfrac{b}{b_0}$，两条直线相交于一点，从中一定能解出唯一的 h，k，那么方程(7-3)就变为

$$\frac{dv}{du} = \frac{au + bv}{a_0 u + b_0 v}.$$

这是一个齐次方程，再按齐次方程的解法求出通解，最后回代

$u = x - h$, $v = y - k$ 可得原方程的通解.

例 5 解微分方程
$$\frac{\mathrm{d}y}{\mathrm{d}x} = \frac{x + y + 1}{2x + 2y - 1}.$$

解 令 $x + y = z$, 两边同时对 x 求导得
$$1 + y' = z',$$
代入方程得
$$\frac{\mathrm{d}z}{\mathrm{d}x} = \frac{3z}{2z - 1},$$
分离变量得
$$\frac{2z - 1}{3z}\mathrm{d}z = \mathrm{d}x,$$
两边积分得
$$2z - \ln|z| = 3x + \ln|C| \quad (C \neq 0),$$
代回原变量并移项得
$$2y - x = \ln|C(x + y)|,$$
即通解为
$$C(x + y) = \mathrm{e}^{2y - x} \quad (C \neq 0).$$

例 6 解微分方程
$$(2x + y - 4)\mathrm{d}x + (x + y - 1)\mathrm{d}y = 0.$$

解 设 $\begin{cases} x = u + h, \\ y = v + k, \end{cases}$ 则
$$\begin{cases} \mathrm{d}x = \mathrm{d}u, \\ \mathrm{d}y = \mathrm{d}v. \end{cases}$$
代入原方程得
$$(2u + v + 2h + k - 4)\mathrm{d}u + (u + v + h + k - 1)\mathrm{d}v = 0,$$
解方程组

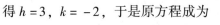

得 $h = 3$, $k = -2$, 于是原方程成为
$$(2u + v)\mathrm{d}u + (u + v)\mathrm{d}v = 0,$$
即
$$\frac{\mathrm{d}v}{\mathrm{d}u} = \underline{\hspace{2cm}} = -\frac{2 + \dfrac{v}{u}}{1 + \dfrac{v}{u}}.$$

令 $\dfrac{v}{u} = z$, 则 $v = uz$, $\dfrac{\mathrm{d}v}{\mathrm{d}u} = z + u\dfrac{\mathrm{d}z}{\mathrm{d}u}$, 于是原方程变为
$$z + u\frac{\mathrm{d}z}{\mathrm{d}u} = \underline{\hspace{3cm}},$$

或
$$u\frac{\mathrm{d}z}{\mathrm{d}u} = \underline{}$$

分离变量得

$$-\frac{z+1}{z^2+2z+2}\mathrm{d}z = \frac{\mathrm{d}u}{u},$$

积分得

$$\ln C_1 - \frac{1}{2}\ln(z^2+2z+2) = \ln|u|,$$

于是

$$|u| = \frac{C_1}{\sqrt{z^2+2z+2}},$$

或
$$C_2 = u^2(z^2+2z+2) \quad (C_2 = C_1^2),$$
即

$$v^2 + 2uv + 2u^2 = C_2.$$

将 $u = x - 3$，$v = y + 2$ 代入上式并化简得

$$2x^2 + 2xy + y^2 - 8x - 2y = C \quad (C = C_2 - 10).$$

7.2.4　一阶线性微分方程

方程

$$\frac{\mathrm{d}y}{\mathrm{d}x} + p(x)y = q(x) \tag{7-4}$$

叫做一阶线性微分方程，因为其对于未知函数 y 及其导数是一次方程．当 $q(x) \equiv 0$ 时，方程(7-4)称为一阶齐次线性方程；当 $q(x)$ 不恒等于零时则方程(7-4)称为一阶非齐次线性方程．

1. 一阶齐次线性微分方程的通解

将 $\dfrac{\mathrm{d}y}{\mathrm{d}x} + p(x)y = 0$ 分离变量，得

$$\frac{\mathrm{d}y}{y} = -p(x)\mathrm{d}x,$$

两边积分后得

$$\ln|y| = -\int p(x)\mathrm{d}x + C_1,$$

即

$$\ln\frac{y}{C} = -\int p(x)\mathrm{d}x,$$

$$y = Ce^{-\int p(x)\mathrm{d}x} \quad (C\text{ 为任意常数}).$$

此为一阶齐次线性微分方程的通解．

2. 一阶非齐次线性微分方程的通解

方程(7-4)的解可用"常数变易法"求得．即将其对应的齐次方程中的任意常数 C 换成待定的函数 $C(x)$．即设 $y = C(x)e^{-\int p(x)\mathrm{d}x}$ 是方程(7-4)的解．代入方程(7-4)，由乘积和复合函数的求导公式，有

$$C'(x)\mathrm{e}^{-\int p(x)\mathrm{d}x} - p(x)C(x)\mathrm{e}^{-\int p(x)\mathrm{d}x} + p(x)C(x)\mathrm{e}^{-\int p(x)\mathrm{d}x} = q(x),$$

化简得

$$C'(x)\mathrm{e}^{-\int p(x)\mathrm{d}x} = q(x),$$

即

$$C'(x) = q(x)\mathrm{e}^{\int p(x)\mathrm{d}x}.$$

对上式两边积分得

$$C(x) = \int q(x)\mathrm{e}^{\int p(x)\mathrm{d}x}\mathrm{d}x + C,$$

这里的 C 表示积分后加上的任意常数. 将结果代入 $y = C(x)\mathrm{e}^{-\int p(x)\mathrm{d}x}$
得

$$y = \left(\int q(x)\mathrm{e}^{\int p(x)\mathrm{d}x}\mathrm{d}x + C\right)\mathrm{e}^{-\int p(x)\mathrm{d}x}.$$

这就是一阶非齐次线性微分方程(7-4)的通解公式. 其中 $p(x)$, $q(x)$
为连续函数.

例 7 求 $y' - \dfrac{2}{x}y = 3x^4$ 的通解.

解 由 $y' - \dfrac{2}{x}y = 0$ 分离变量, 得

$$\frac{\mathrm{d}y}{y} = \frac{2\mathrm{d}x}{x},$$

两边积分得

$$y = Cx^2,$$

令 $y = x^2 C(x)$, 则

$$y' = 2xC(x) + x^2 C'(x),$$

将其与 $y = x^2 C(x)$ 代入原方程得

$$y = x^2(x^3 + C).$$

得通解

$$y = Cx^2 + x^5. \quad （C \text{ 为任意常数}）$$

例 8 求方程 $(x+y)\mathrm{d}x + x\mathrm{d}y = 0$ 的通解.

解法 1 原方程可化为

$$\frac{\mathrm{d}y}{\mathrm{d}x} = -\frac{y}{x} - 1,$$

这是齐次方程, 令 $u = \dfrac{y}{x}$, 则原方程可化为

$$x\frac{\mathrm{d}u}{\mathrm{d}x} = -1 - 2u,$$

分离变量得

$$\underline{\hspace{3cm}} = -\frac{\mathrm{d}x}{x},$$

两端积分得

$$\frac{1}{2}\ln|1+2u| = -\ln|x| + \frac{1}{2}\ln|C| \quad (C \neq 0),$$

化简得

$$1 + 2u = \underline{\hspace{3cm}},$$

以 $\frac{y}{x}$ 代 u 得

$$2xy + x^2 = C \quad (C \text{ 为任意常数})$$

为原方程的通解.

解法 2 方程 $\frac{dy}{dx} = -\frac{y}{x} - 1$ 也可以看成一阶线性微分方程.

设 $p(x) = \frac{1}{x}$, $q(x) = -1$, 由公式可得

$$y = \underline{\hspace{3cm}}$$
$$= \frac{1}{x}\left(-\frac{x^2}{2} + C_1\right).$$

故 $2xy + x^2 = C(C = 2C_1)$ 为所求方程的通解.

注意: 通过此例说明一个方程可以用不同的解法得到它的通解.

7.2.5 伯努利方程

方程

$$\frac{dy}{dx} + p(x)y = q(x)y^n \quad (n \neq 0,1)$$

叫做伯努利方程. 对此方程可作变换

$$u = y^{1-n},$$

即可化为线性方程

$$\frac{du}{dx} + (1-n)p(x)u = (1-n)q(x).$$

求出这个方程的通解后, 以 y^{1-n} 代替 u, 便得到伯努利方程的通解.

例9 求微分方程 $\frac{dy}{dx} - \frac{2}{x}y = 4xy^2$ 的通解.

解 这是伯努利方程. 令 $u = y^{1-2} = \frac{1}{y}$, 则原方程化为

$$\frac{du}{dx} + \frac{2}{x}u = -4x.$$

这是线性方程, 用求解公式可得

$$u = e^{-\int \frac{2}{x}dx}\left[\int\left(-4xe^{\int \frac{2}{x}dx}\right)dx + C\right] = \frac{1}{x^2}(-x^4 + C),$$

以 y^{-1} 代 u 得所求方程的通解为

$$y^{-1} = \frac{1}{x^2}(-x^4 + C),$$

即

$$y = \frac{x^2}{C - x^4} \quad (C \text{ 为任意常数})$$

为所求微分方程的通解.

习题 7.2

1. 求下列微分方程的通解:

(1) $\dfrac{\mathrm{d}y}{\mathrm{d}x} = \mathrm{e}^{x-y}$;

(2) $(1 + 2y)x\mathrm{d}x + (1 + x^2)\mathrm{d}y = 0$;

(3) $y\ln x\mathrm{d}x + x\ln y\mathrm{d}y = 0$;

(4) $\dfrac{\mathrm{d}y}{\mathrm{d}x} = \dfrac{y}{x} + \tan\dfrac{y}{x}$;

(5) $xy^2\mathrm{d}y = (x^3 + y^3)\mathrm{d}x$;

(6) $y' + y = \mathrm{e}^{-x}$;

(7) $\dfrac{\mathrm{d}y}{\mathrm{d}x} + \dfrac{y}{x} = \dfrac{\sin x}{x}$;

(8) $2y\mathrm{d}x + (y^2 - 6x)\mathrm{d}y = 0$;

(9) $xy' - y = xy^3$;

(10) $\dfrac{\mathrm{d}y}{\mathrm{d}x} = \dfrac{3x - y + 1}{x + y + 1}$.

2. 求下列方程的特解:

(1) $\dfrac{\mathrm{d}x}{y} + \dfrac{\mathrm{d}y}{x} = 0$, $y\big|_{x=3} = 4$;

(2) $(\mathrm{e}^{x+y} + \mathrm{e}^y)\mathrm{d}x + (\mathrm{e}^{x+y} + \mathrm{e}^x)\mathrm{d}y = 0$, $y\big|_{x=0} = 0$;

(3) $2y'\sqrt{x} = y$, $y\big|_{x=4} = 1$;

(4) $y' - y = \mathrm{e}^x$, $y\big|_{x=0} = 0$;

(5) $y' + \dfrac{1 - 2x}{x^2}y = 1$, $y\big|_{x=1} = 0$.

3. 求下列各微分方程的通解或在给定定解条件下的特解:

(1) $\dfrac{\mathrm{d}y}{\mathrm{d}x} = \dfrac{3y}{x+1} + (x+1)^4$;

(2) $(x^2 + 1)\dfrac{\mathrm{d}y}{\mathrm{d}x} + 2xy = 4x^2$;

(3) $\dfrac{\mathrm{d}y}{\mathrm{d}x} - 2xy = x\mathrm{e}^{-x^2}$;

(4) $\dfrac{\mathrm{d}y}{\mathrm{d}x} - \dfrac{y}{x} = x\sin x$, $y\big|_{x=\pi} = 0$.

4. 一曲线通过原点且该曲线上任意点 $P(x, y)$ 处的切线斜率为 $2x + y$. 求此曲线的方程.

7.3 可降阶的高阶微分方程

二阶以上的微分方程叫做高阶微分方程,一般形式为 $F(x, y, y', \cdots, y^{(n)}) = 0$($n$ 为大于等于 2 的整数). 对于这些高阶微分方程,我们可以通过变量代换将它化成较低阶的方程来求解.

本节着重介绍三种容易降阶的高阶微分方程的求解方法.

7.3.1 $y^{(n)} = f(x)$ 型微分方程

对 $y^{(n)} = f(x)$ 的两边连续积分 n 次即可得通解

$$y = \int \cdots \int \left(\int f(x) \, dx \right) dx \cdots dx = C_1 x^{n-1} + C_2 x^{n-2} + \cdots + C_n.$$

例 1 求微分方程 $y''' = e^{2x} - \sin x$ 的通解.

解 将所给方程连续三次积分得

$$y'' = \frac{1}{2} e^{2x} + \cos x + C_1;$$

$$y' = \frac{1}{4} e^{2x} + \sin x + C_1 x + C_2;$$

$$y = \frac{1}{8} e^{2x} - \cos x + \frac{1}{2} C_1 x^2 + C_2 x + C_3,$$

这就是通解.

例 2 求微分方程 $y'' = x - 1$ 的通解，并求满足定解条件 $y \big|_{x=1} = -\frac{1}{3}$，$\frac{dy}{dx} \big|_{x=1} = \frac{1}{2}$ 的特解.

解 先对方程连续积分两次有

$$y = \frac{1}{6} x^3 - \frac{1}{2} x^2 + C_1 x + C_2.$$

将定解条件 $y(1) = -\frac{1}{3}$，$y'(1) = \frac{1}{2}$ 代入通解及 $y' = \frac{1}{2} x^2 - x + C_1$ 后，得

$$\begin{cases} \dfrac{1}{6} - \dfrac{1}{2} + C_1 + C_2 = -\dfrac{1}{3}, \\ \dfrac{1}{2} - 1 + C_1 = \dfrac{1}{2}, \end{cases}$$

解得 $\qquad\qquad\qquad C_1 = 1, C_2 = -1.$

故所给方程的特解为

$$y = \frac{1}{6} x^3 - \frac{1}{2} x^2 + x - 1.$$

7.3.2 $y'' = f(x, y')$ 型微分方程

方程 $y'' = f(x, y')$ 的右端不含有未知函数 y，若令 $y' = z$，则 $y'' = z'$，原方程就变为 $z' = f(x, z)$，就达到了降阶的目的.

例 3 解方程 $y'' = \dfrac{1}{x} y' + x e^x$.

解 令 $y' = z$，则 $y'' = z'$，原方程化为

$$z' - \frac{1}{x} z = x e^x.$$

由一阶线性非齐次方程的通解公式得

$$z = \left(C_1 + \int x e^x e^{-\int \frac{1}{x} dx} \, dx \right) e^{\int \frac{1}{x} dx} = \left(C_1 + \int e^x \, dx \right) x$$

$$= (C_1 + e^x) x.$$

因此，原方程的通解为

$$y = \int (C_1 x + x \mathrm{e}^x) \mathrm{d}x + C_2 = (x - 1) \mathrm{e}^x + \frac{C_1}{2} x^2 + C_2.$$

7.3.3　$y'' = f(y, y')$ 型微分方程

方程 $y'' = f(y, y')$ 中不显含自变量 x. 为了求其解，将 y' 看成是 y 的函数，令 $y' = z(y)$，则

$$y'' = \frac{\mathrm{d}z}{\mathrm{d}x} = \frac{\mathrm{d}z}{\mathrm{d}y} \cdot \frac{\mathrm{d}y}{\mathrm{d}x} = z'_y \cdot z,$$

于是 $y'' = f(y, y')$ 化为

$$z'_y \cdot z = f(y, z).$$

先从中求出 z 为关于 y 的函数. 然后再利用 $y' = z$ 而求得未知函数 $y(x)$.

例 4　求方程 $y y'' - y'^2 = 0$ 的通解.

解　令

$$y' = z(y), \quad y'' = z \cdot \frac{\mathrm{d}z}{\mathrm{d}y},$$

代入原式，得

$$y z \frac{\mathrm{d}z}{\mathrm{d}y} - z^2 = 0,$$

$$z \left(y \frac{\mathrm{d}z}{\mathrm{d}y} - z \right) = 0,$$

$$z = 0, y = C.$$

$$z \neq 0, y \frac{\mathrm{d}z}{\mathrm{d}y} - z = 0.$$

分离变量得

$$\frac{\mathrm{d}z}{z} = \frac{\mathrm{d}y}{y},$$

两边积分得

$$\ln |z| = \ln |y| + \ln |C_1| \quad (C_1 \neq 0),$$

即

$$z = C_1 y,$$

所以

$$\frac{\mathrm{d}y}{\mathrm{d}x} = C_1 y,$$

分离变量得

$$\frac{\mathrm{d}y}{y} = C_1 \mathrm{d}x,$$

两边积分得

$$\ln |y| = C_1 x + \ln |C_2| \quad (C_2 \neq 0),$$

即

$$y = C_2 \mathrm{e}^{C_1 x}$$

又由 $y = 0$ 是方程的解，故 $y = C_2 \mathrm{e}^{C_1 x}$（$C_1$，$C_2$ 为任意常数）为微分方程

的通解.

习题 7.3

1. 求下列微分方程的通解:

(1) $y'' = x + \cos x$; 　　　　(2) $y'' + \dfrac{2}{1-x}y' = 0$;

(3) $xy'' + y' = 0$; 　　　　(4) $y'' + (y')^2 = 0$.

2. 求下列各组微分方程满足所给定解条件的特解:

(1) $x^2 y'' - 1 = 0$, $y \big|_{x=1} = 0$, $y' \big|_{x=1} = 0$;

(2) $y'' - \dfrac{1}{x}y' = x$, $y(0) = 1$, $y'(1) = 0$.

7.4　高阶线性微分方程

形如

$$y^{(n)} + a_1(x)y^{(n-1)} + \cdots + a_{n-1}(x)y' + a_n(x)y = f(x) \qquad (7\text{-}5)$$

的高阶方程叫做 n 阶线性微分方程.

当 $f(x) \equiv 0$ 时,

$$y^{(n)} + a_1(x)y^{(n-1)} + \cdots + a_{n-1}(x)y' + a_n(x)y = 0 \qquad (7\text{-}6)$$

叫做 n 阶齐次线性方程;

当 $f(x)$ 不恒为零时, 方程(7-5)叫做 n 阶非齐次线性方程.

7.4.1　高阶线性微分方程解的结构

设 $y_1(x)$, $y_2(x)$, $\cdots$, $y_n(x)$ 为定义在区间 I 上的 n 个函数, 如果存在 n 个不全为零的常数 k_1, k_2, $\cdots$, k_n, 使得当 $x \in I$ 时,

$$k_1 y_1 + k_2 y_2 + \cdots + k_n y_n = 0$$

恒成立, 那么称这 n 个函数在区间 I 上线性相关; 否则称为线性无关.

零与任何函数都线性相关. 两个函数的线性相关性和线性无关性可用这两个非零函数之比是否为常数来确定.

应用上述概念可知, 对于两个函数的情形, 它们**线性相关与否**, 只要看它们的比是否为常数: 若比是常数, 则线性相关; 否则就线性无关.

下面给出高阶线性微分方程的解的结构定理.

定理 7.1　如果 y_1, y_2, $\cdots$, y_m 是 n 阶齐次线性方程(7-6)的 m 个解, 则 $k_1 y_1 + k_2 y_2 + \cdots + k_m y_m$ 也是方程(7-6)的解, 其中 k_1, k_2, $\cdots$, k_m 都是常数.

证　将 $y = k_1 y_1 + k_2 y_2 + \cdots + k_m y_m$ 代入方程(7-6)的左端得

$$(k_1y_1 + k_2y_2 + \cdots + k_my_m)^{(n)} + a_1(x)(k_1y_1 + \cdots + k_my_m)^{(n-1)} + \cdots +$$

$$a_n(x)(k_1y_1 + \cdots + k_my_m)$$

$$= k_1\left[y_1^{(n)} + a_1(x)y_1^{(n-1)} + \cdots + a_n(x)y_1\right] + \cdots +$$

$$k_m\left[y_m^{(n)} + a_1(x)y_m^{(n-1)} + \cdots + a_n(x)y_m\right]$$

$$= k_1 \cdot 0 + \cdots + k_m \cdot 0 = 0.$$

证毕.

定理 7.2　如果 y_1，y_2，$\cdots$，y_n 是 n 阶齐次线性方程(7-6)的 n 个线性无关的解，则 $y = k_1y_1 + k_2y_2 + \cdots + k_ny_n$ 是方程(7-6)的通解.

定理 7.3　如果 y_1，y_2 是 n 阶非齐次线性方程(7-5)的两个特解，则 $y_1 - y_2$ 是其对应的 n 阶齐次线性方程(7-6)的一个特解.

定理 7.4　n 阶非齐次线性方程(7-5)的一个特解 $\bar{y}$ 可与其对应的 n 阶齐次线性方程(7-6)的特解 y_1 的和 $\bar{y} + y_1$ 是方程(7-5)的特解.

上述三定理证明略.

定理 7.5　如果 $\bar{y}$ 是 n 阶非齐次线性方程(7-5)的一个特解，Y 是其对应的 n 阶齐次线性方程(7-6)的通解，则 $\bar{y} + Y$ 是方程(7-5)的通解.

证　将 $\bar{y} + Y$ 代入方程(7-5)的左端得

$$(\bar{y} + Y)^{(n)} + a_1(x)(\bar{y} + Y)^{(n-1)} + \cdots + a_n(x)(\bar{y} + Y)$$

$$= \bar{y}^{(n)} + a_1(x)\bar{y}^{(n-1)} + \cdots + a_n(x)\bar{y} + Y^{(n)} +$$

$$a_1(x)Y^{(n-1)} + \cdots + a_n(x)Y$$

$$= f(x) + 0 = f(x).$$

证毕.

7.4.2　n 阶常系数齐次线性微分方程

形如

$$y^{(n)} + a_1y^{(n-1)} + a_2y^{(n-2)} + \cdots + a_ny = 0 \quad (a_1,a_2,\cdots,a_n \text{ 是实常数})$$

的方程叫做 n 阶常系数齐次线性微分方程.

解此方程只需找到方程的 n 个线性无关的特解，再分别乘上任意常数相加即可.

为了找到方程的解，设想 $y^{(n)}$，$y^{(n-1)}$，$\cdots$，y 有相同的函数形式，只是各函数的系数不同而已，而指数函数具有这种特征，所以设 n 阶常系数齐次线性微分方程的解具有指数函数的形式

$$y = \mathrm{e}^{\lambda x} \quad (\lambda \text{ 是待定常数}),$$

于是

$$(\mathrm{e}^{\lambda x})^{(n)} + a_1(\mathrm{e}^{\lambda x})^{(n-1)} + \cdots + a_n\mathrm{e}^{\lambda x} = 0,$$

得

$$\lambda^n e^{\lambda x} + a_1 \lambda^{n-1} e^{\lambda x} + \cdots + a_n e^{\lambda x} = 0,$$

由于 $e^{\lambda x} \neq 0$，两边同除以 $e^{\lambda x}$，方程化简为

$$\lambda^n + a_1 \lambda^{n-1} + \cdots + a_n = 0.$$

这是一个关于 λ 的一元 n 次代数方程，将其称为常系数齐次线性微分方程的特征方程，特征方程的根，叫做特征方程的特征根.

由代数学基本定理，上述特征方程在复数范围内有 n 个根. 从特征方程中解出的特征根 λ_0 代入 $y = e^{\lambda x}$ 中，那么 $y = e^{\lambda_0 x}$ 就是 n 阶常系数齐次线性方程的解.

如果特征方程有 n 个不同的复根：λ_1，λ_2，$\cdots$，λ_n，那么可用线性代数的知识证明 $y_1 = e^{\lambda_1 x}$，$y_2 = e^{\lambda_2 x}$，$\cdots$，$y_n = e^{\lambda_n x}$ 是 n 阶常系数齐次线性方程的 n 个线性无关的解.

如果特征方程有重根，比如 λ 是 $k(1 \leq k \leq n)$ 重根，可以验证 $e^{\lambda x}$，$x e^{\lambda x}$，$x^2 e^{\lambda x}$，$\cdots$，$x^{k-1} e^{\lambda x}$ 是常系数齐次线性方程的 k 个线性无关的解. 而不同的特征根对应的常系数齐次线性方程的解是线性无关的，将所在重根包括单根对应的常系线齐次线性方程的解合起来共有 n 个. 故常系数齐次线性方程一定有 n 个线性无关的解.

以下只针对二阶常系数齐次线性方程 $y'' + py' + qy = 0(p，q$ 为实常数)讨论其解.

$y'' + py' + qy = 0$ 对应的特征方程为 $\lambda^2 + p\lambda + q = 0$，则其判别式 $\Delta = p^2 - 4q$ 为如下三种情形，我们针对不同的情形来讨论二阶常系数齐次线性方程的解的形式：

(1) 当 $\Delta = p^2 - 4q > 0$ 时，特征方程有两个不等的实根 λ_1 和 λ_2，那么 $y'' + py' + qy = 0$ 的通解为

$$y = C_1 e^{\lambda_1 x} + C_2 e^{\lambda_2 x} \quad (C_1，C_2 \text{ 为任意常数})；$$

(2) 当 $\Delta = p^2 - 4q = 0$ 时，特征方程有二重实根 $\lambda_1 = \lambda_2$，那么 $y'' + py' + qy = 0$ 的通解为

$$y = (C_1 + C_2 x) e^{\lambda_1 x} \quad (C_1，C_2 \text{ 为任意常数})；$$

(3) 当 $\Delta = p^2 - 4q < 0$ 时，特征方程有两个共轭复根 $\lambda_{1,2} = \alpha \pm i\beta$（$\alpha$，$\beta$ 为非零的实数），这时，$y_1 = e^{(\alpha+i\beta)x}$，$y_2 = e^{(\alpha-i\beta)x}$ 是微分方程 $y'' + py' + qy = 0$ 的两个解，但它们是复值函数形式. 为了得出实值函数形式的解，先用欧拉公式 $e^{i\theta} = \cos\theta + i\sin\theta$ 把 y_1，y_2 改写为

$$y_1 = e^{(\alpha+i\beta)x} = e^{\alpha x} \cdot e^{i\beta x} = e^{\alpha x}(\cos\beta x + i\sin\beta x),$$

$$y_2 = e^{(\alpha-i\beta)x} = e^{\alpha x} \cdot e^{-i\beta x} = e^{\alpha x}(\cos\beta x - i\sin\beta x),$$

于是

$$\frac{y_1 + y_2}{2} = e^{\alpha x}\cos\beta x，\quad \frac{y_1 - y_2}{2i} = e^{\alpha x}\sin\beta x$$

也是 $y'' + py' + qy = 0$ 的两个解，并且可以判定是线性无关解，因而
$$y = \mathrm{e}^{\alpha x}(C_1\cos\beta x + C_2\sin\beta x) \quad (C_1，C_2 \text{ 为任意常数});$$
就是二阶常系数齐次线性方程 $y'' + py' + qy = 0$ 的通解.

　　例 1　求方程 $y'' + 3y' + 2y = 0$ 的通解.

　　解　特征方程为
$$\lambda^2 + 3\lambda + 2 = 0,$$
其特征根为

_____.

故所求通解为
$$y = C_1\mathrm{e}^{-x} + C_2\mathrm{e}^{-2x}.$$

　　例 2　求方程 $y'' - 4y' + 4y = 0$ 的通解.

　　解　特征方程 $\lambda^2 - 4\lambda + 4 = 0$ 因式分解后得
$$(\lambda - 2)^2 = 0,$$
它只有一个实根_____，所以方程 $y'' - 4y' + 4y = 0$ 的通解为
$$y = C_1\mathrm{e}^{2x} + C_2 x\mathrm{e}^{2x}.$$

　　例 3　求方程 $y'' + 4y' + 8y = 0$ 的通解.

　　解　特征方程 $\lambda^2 + 4\lambda + 8 = 0$ 的解为共轭复根
$$\lambda_1 = -2 + 2\mathrm{i}, \quad _____.$$
所以，原方程的通解是
$$y = \mathrm{e}^{-2x}(C_1\cos 2x + C_2\sin 2x).$$

　　现将二阶常系数齐次线性方程的通解形式列于表 7-1.

表　7-1

特征方程 $\lambda^2 + p\lambda + q = 0$ 根的判别式	特征方程 $\lambda^2 + p\lambda + q = 0$ 的根	微分方程 $y'' + py' + q = 0$ 的通解
$\Delta = p^2 - 4q > 0$	相异实根 $\lambda_1 \neq \lambda_2$	$y = C_1\mathrm{e}^{\lambda_1 x} + C_2\mathrm{e}^{\lambda_2 x}$
$\Delta = p^2 - 4q = 0$	重根 $\lambda_1 = \lambda_2 = -\dfrac{p}{2}$	$y = (C_1 + C_2 x)\mathrm{e}^{\lambda_1 x}$
$\Delta = p^2 - 4q < 0$	共轭复根 $\lambda_{1,2} = \alpha \pm \mathrm{i}\beta$	$y = \mathrm{e}^{\alpha x}(C_1\cos\beta x + C_2\sin\beta x)$

7.4.3　高阶常系数非齐次线性微分方程

　　高阶常系数非齐次线性微分方程的一般形式为
$$y^{(n)} + a_1 y^{(n-1)} + \cdots + a_n y = f(x)(f(x) \neq 0),$$
其通解是由它的一个特解 $\bar{y}$ 与对应的齐次方程的通解 Y 之和所构成.

　　为方便起见，这里只讨论当 $f(x)$ 取三种特殊形式的函数时，二阶常系数非齐次线性方程
$$y'' + py' + qy = f(x) \quad (\text{其中 } p,q \text{ 是常数})$$
的特解的求法.

1. $f(x) = f_n(x)$，其中$f_n(x)$是x的一个n次多项式

在此情形下，原二阶常系数非齐次线性方程可写为

$$y'' + py' + qy = f_n(x). \tag{7-7}$$

由于多项式的导数还是多项式，只不过次数降低一次，因此当$q \neq 0$时，方程(7-7)两边的次数相同，其特解就是一个n次多项式$\overline{y} = g_n(x)$，$g_n(x)$的系数是待定的常数，只需将其代入方程(7-7)，利用多项式相等的条件确定这些系数。而$q = 0$，$p \neq 0$时，方程(7-7)的特解应为$n+1$次多项式$\overline{y} = g_{n+1}(x)$，其系数也可用待定系数法确定。

例 4 求方程$y'' + y = 2x^2 - 3$的一个特解。

解 因为$f_2(x) = 2x^2 - 3$是二次多项式，且

$$q = 1 \neq 0,$$

所以设方程的特解为

$$\overline{y} = Ax^2 + Bx + C \quad (A, B, C \text{是待定系数}).$$

将其代入方程得

$$2A + Ax^2 + Bx + C = 2x^2 - 3,$$

整理得

$$Ax^2 + Bx + (2A + C) = 2x^2 - 3,$$

比较两端同次幂的系数得

$$A = 2, \underline{\qquad\qquad}, C = -7,$$

于是，方程的一个特解为

$$\overline{y} = 2x^2 - 7.$$

例 5 求方程$y'' - 2y' = 4x - 2$的通解。

解 此方程对应的齐次方程$y'' - 2y' = 0$的特征方程是

$\underline{\qquad\qquad}$，特征根为$\underline{\qquad\qquad}$，故对应的齐次方程的通解为

$$Y = C_1 e^{2x} + C_2.$$

对于非齐次方程

$$f_1(x) = 4x - 2, p = -2, q = 0.$$

设特解为

$$\overline{y} = x(Ax + B),$$

代入原方程后得

$$2A - 2(2Ax + B) = 4x - 2,$$

整理并比较同次幂的系数得

$$\underline{\qquad\qquad}.$$

C可取定为0，故原方程的一特解$\overline{y} = -x^2$。故原方程的通解就是

$$y = C_1 e^{2x} + C_2 - x^2.$$

2. $f(x) = f_n(x)e^{\alpha x}$，其中$f_n(x)$是一个$n$次多项式，$\alpha$是常数

这时，原二阶常系数非齐次线性微分方程变为

$$y'' + py' + qy = f_n(x)e^{\alpha x}. \tag{7-8}$$

因为上述方程的右端是一个 n 次多项式与一个指数函数 $e^{\alpha x}$ 的乘积，可推测其特解也是一个多项式 $g(x)$ 与指数函数 $e^{\alpha x}$ 的乘积. 为此，设特解为

$$\overline{y} = g(x)e^{\alpha x},$$

将其代入 $y'' + py' + qy = f_n(x)e^{\alpha x}$，整理得

$$g''(x) + (2\alpha + p)g'(x) + (\alpha^2 + p\alpha + q)g(x) = f_n(x).$$

此方程与前一类型的方程(7-7)形式一致. 于是有 $y'' + py' + qy = f_n(x)e^{\alpha x}$ 的特解

$$\overline{y} = \begin{cases} g_n(x)e^{\alpha x}, \alpha \text{ 不是特征方程的根}, \\ xg_n(x)e^{\alpha x}, \alpha \text{ 是特征根,但不是重根}, \\ x^2 g_n(x)e^{\alpha x}, \alpha \text{ 为特征方程的重根}. \end{cases}$$

例 6　求微分方程 $y'' - 5y' + 6y = xe^{2x}$ 的通解.

解　方程对应的齐次方程为

$$y'' - 5y' + 6y = 0,$$

它的特征方程为

$$\lambda^2 - 5\lambda + 6 = 0,$$

得两实根

$$\lambda_1 = 2, \lambda_2 = 3,$$

于是与所给方程对应的齐次方程的通解为

$$Y = C_1 e^{2x} + C_2 e^{3x}.$$

由于 $\alpha = 2$ 是特征方程的单根，因此设原方程的特解为 $\overline{y} = x(Ax + B)e^{2x}$，把它代入所给方程，有

$$-2Ax + 2A - B = x,$$

比较等式两端同次幂的系数，得

因此求得一个特解为

$$\overline{y} = x\left(-\frac{1}{2}x - 1\right)e^{2x},$$

从而所求通解为

$$y = C_1 e^{2x} + C_2 e^{3x} - \frac{1}{2}(x^2 + 2x)e^{2x}.$$

3. $f(x) = a\cos \omega x + b\sin \omega x$，其中 a，b，ω 是常数

这时，原二阶常系数线性非齐次微分方程成为

$$y'' + py' + qy = a\cos \omega x + b\sin \omega x. \tag{7-9}$$

由于 $f(x)$ 这种形式的三角函数的导数，仍属同一类型，因此，方程(7-9)的特解也应属同一类型. 可以证明方程(7-9)的特解形式为

$$\bar{y} = \begin{cases} A\cos \omega x + B\sin \omega x, & \pm \omega i \ \text{不是特征根}, \\ x(A\cos \omega x + B\sin \omega x), & \pm \omega i \ \text{是特征根}, \end{cases}$$

其中 A 和 B 是待定系数.

例 7 求方程 $y'' + 2y' - 3y = 4\sin x$ 的一个特解.

解 因为 $\omega = 1$, 而 $\omega i = i$ 不是特征方程 $\lambda^2 + 2\lambda - 3 = 0$ 的根, 所以可设方程的特解为 $\bar{y} = A\cos x + B\sin x$, 求导得

$$(\bar{y})' = -A\sin x + B\cos x ; \quad (\bar{y})'' = -A\cos x - B\sin x,$$

代入原方程得

$$(-4A + 2B)\cos x + (-2A - 4B)\sin x = 4\sin x.$$

比较上式两边同类项的系数得

$$\begin{cases} -4A + 2B = 0, \\ -2A - 4B = 4, \end{cases}$$

解得

$$A = -\frac{2}{5}, \ B = -\frac{4}{5},$$

于是原方程的一个特解为

$$\bar{y} = -\frac{2}{5}\cos x - \frac{4}{5}\sin x.$$

例 8 求方程 $y'' + 4y = x + \cos 2x$ 的通解.

解 该方程对应的齐次方程为

$$y'' + 4y = 0,$$

其特征方程为 $\lambda^2 + 4 = 0$, 特征根为一对共轭复数根＿＿＿＿＿＿. 于是, 齐次方程的通解为

$$y = C_1\cos 2x + C_2\sin 2x.$$

由线性微分方程的性质可知

$$y'' + 4y = x$$

及

$$y'' + 4y = \cos 2x$$

的特解 $\bar{y_1}$ 和 $\bar{y_2}$, 那么 $\bar{y} = \bar{y_1} + \bar{y_2}$ 就是原方程的一个特解.

先求方程 $y'' + 4y = x$ 的特解 $\bar{y_1}$. 设 $\bar{y_1} = Ax + B$, 代入方程求得 $A = \frac{1}{4}$, $B = 0$ 即

$$\bar{y_1} = \frac{1}{4}x.$$

再求方程 $y'' + 4y = \cos 2x$ 的特解 $\bar{y_2}$, 因为 $2i$ 是特征根, 所以设

$$\bar{y_2} = x(B\cos 2x + D\sin 2x).$$

对上式求导得

$$\bar{y_2}' = 2Dx\cos 2x - 2Bx\sin 2x + B\cos 2x + D\sin 2x,$$

$$\bar{y_2}'' = -4Bx\cos 2x - 4Dx\sin 2x + 4D\cos 2x - 4B\sin 2x,$$

代入方程, 得

$$4D\cos 2x - 4B\sin 2x = \cos 2x.$$

比较两边同类项系数，可得＿＿＿＿＿＿＿＿. 故而

$$\overline{y_2} = \frac{1}{4}x\sin 2x.$$

于是原方程的一个特解为

$$\overline{y} = \frac{x}{4} + \frac{1}{4}x\sin 2x.$$

所以原方程的通解为

$$y = C_1\cos 2x + C_2\sin 2x + \frac{x}{4} + \frac{1}{4}x\sin 2x.$$

4. $y'' + py' + qy = e^{\alpha x}\left[P_l^{(1)}(x)\cos \omega x + P_m^{(2)}(x)\sin \omega x\right]$　　(7-10)

应用欧拉公式

$$\cos \theta = \frac{1}{2}(e^{i\theta} + e^{-i\theta}),\ \sin \theta = \frac{1}{2i}(e^{i\theta} + e^{-i\theta}),$$

把 $y'' + py' + qy = e^{\alpha x}\left[P_l^{(1)}(x)\cos \omega x + P_m^{(1)}(x)\sin \omega x\right]$ 的特解可写成

$$\overline{y} = e^{\alpha x}x^k\left[Q_n^{(1)}(x)\cos \omega x + Q_n^{(2)}(x)\sin \omega x\right]\ \ (k = 0,\ 1),\ \ 即$$

$$\overline{y} = \begin{cases} e^{\alpha x}\left[Q_n^{(1)}(x)\cos \omega x + Q_n^{(2)}(x)\sin \omega x\right], \alpha \pm \omega i\ 不是特征方程的根, \\ e^{\alpha x}x\left[Q_n^{(1)}(x)\cos \omega x + Q_n^{(2)}(x)\sin \omega x\right], \alpha \pm \omega i\ 是特征方程的根. \end{cases}$$

其中 $n = \max\{l,\ m\}$.

例 9　求微分方程 $y'' + y = x\cos 2x$ 的一个特解.

解　所给方程是二阶常系数非齐次线性方程，且 $f(x) = x\cos 2x$ 是属于式 (7-10) 类型，其中 $\alpha = 0$，$\omega = 2$，$l = 1$，$m = 0$，$n = \max\{1,\ 0\} = 1$.

与所给方程对应的齐次方程为

$$y'' + y = 0,$$

它的特征方程为

$$\lambda^2 + 1 = 0.$$

由 $\alpha \pm \omega i = 0 \pm 2i$ 不是特征方程的根，所以应设特解为

$$\overline{y} = (Ax + B)\cos 2x + (Cx + D)\sin 2x.$$

把它代入所给的方程，得

$$(-3Ax - 3B + 4C)\cos 2x - (3Cx + 3D + 4A)\sin 2x = x\cos 2x.$$

比较两端同类项的系数，得

$$\begin{cases} -3A = 1, \\ -3B + 4C = 0, \\ -3C = 0, \\ -3D - 4A = 0. \end{cases}$$

由此解得

$$A = -\frac{1}{3},\ B = 0,\ C = 0,\ D = \frac{4}{9}.$$

于是求得一个特解为

$$\bar{y} = -\frac{1}{3}x\cos 2x + \frac{4}{9}\sin 2x.$$

例 10 写出微分方程 $y'' + 4y = e^{-2x}\cos x$ 的一个特解形式.

解 所给方程属于式(7-10)类型, 其中 $\alpha = -2$, $\omega = 1$.

$l = m = 0$, 显然 $-2 \pm i$ 不是所给方程对应齐次方程的特征方程的根, 所以此方程的特解可写成

$$\bar{y} = e^{-2x}[A\cos x + B\sin x],$$

其中 A, B 为待定常数.

同理 $y'' + 4y' + 5y = e^{-2x}\cos x$ 的特解可写成

$$\bar{y} = e^{-2x}[Ax\cos x + Bx\sin x],$$

其中 A, B 为待定常数.

5. $x^2 y'' + pxy' + qy = f(x)$ $(p, q$ 为常数$)$ (7-11)

称式(7-11)为欧拉方程, 其解法如下:

作变换当 $x > 0$ 时, $x = e^t$ 或 $t = \ln x$,

将自变量 x 换成 t, 我们有

$$\frac{dy}{dx} = \frac{dy}{dt}\frac{dt}{dx} = \frac{1}{x}\frac{dy}{dt},$$

$$\frac{d^2 y}{dx^2} = \frac{1}{x^2}\left(\frac{d^2 y}{dt^2} - \frac{dy}{dt}\right),$$

代入式(7-11)中, 所得方程

$$\frac{d^2 y}{dt^2} + (p-1)\frac{dy}{dt} + qy = f(e^t).$$

当 $x < 0$ 时, $x = -e^t$ 或 $t = \ln(-x)$, 利用上述方法, 可得同样的结果, 今后为确定起见, 认定 $x > 0$, 但最后结果应以 $t = \ln|x|$ 代回.

例 11 求方程 $x^2 y'' - xy' + y = 2x$ 的通解.

解 作变换 $x = e^t$ 或 $t = \ln x$. 原方程化为

$$\frac{d^2 y}{dt^2} - 2\frac{dy}{dt} + y = 2e^t.$$

方程所对应的齐次方程为

$$\frac{d^2 y}{dt^2} - 2\frac{dy}{dt} + y = 0,$$

其特征方程为

$$\lambda^2 - 2\lambda + 1 = 0,$$

其特征根为 $\lambda_1 = \lambda_2 = 1$, 因此, 求得微分方程的通解为

$$y = (C_1 + C_2 t)e^t.$$

根据式(7-8), 特解形式为

$$\bar{y} = At^2 e^t.$$

代入原方程得 $A = 1$, 即

$$\overline{y} = t^2 e^t.$$

于是，方程 $\dfrac{d^2 y}{dt^2} - 2\dfrac{dy}{dt} + y = 2e^t$ 的通解为

$$y = (C_1 + C_2 t)e^t + t^2 e^t.$$

用 $t = \ln|x|$ 代入上式中的 t，得欧拉方程的通解为

$$y = (C_1 + C_2 \ln|x|)x + 2x(\ln|x|)^2.$$

习题 7.4

1. 求下列方程的通解：

(1) $y'' + y' - 2y = 0$；

(2) $y'' - 5y' = 0$；

(3) $y'' + 4y = 0$；

(4) $y'' - 2y' + y = 0$；

(5) $4\dfrac{d^2 x}{dt^2} - 20\dfrac{dx}{dt} + 25x = 0$；

(6) $y'' - 6y' + 13y = 0$；

(7) $y'' - 2y' - 3y = 2e^x$；

(8) $y'' - y = 4\sin 2x$.

2. 求下列方程的一个特解

(1) $y'' - 5y' + 6y = x + 1$

(2) $y'' + 4y' + 3y = e^{2x}$.

3. 写出下列方程的特解形式：

(1) $y'' - y' = (x^2 + 1)e^{2x}$；

(2) $y'' + 4y = 2\cos 2x - \sin 2x$；

(3) $y'' - 4y' + 4y = x^2 + e^{2x} + \sin 2x$.

4. 求下列微分方程满足所给初始条件的特解：

(1) $y'' + 25y = 0$　$y(0) = 2$，$y'(0) = 5$；

(2) $y'' + y = \sin x$　$y(\pi) = 1$，$y'(\pi) = 1$.

*7.5　MATLAB 解微分方程

前面介绍了几种常微分方程的解法，对于这几种方程是否能求得其解析解还依赖于对积分的熟练程度．对于绝大多数变系数方程和非线性方程我们并不能得到其解析解，即使看起来非常简单的方程如 $y' = y^2 + x^2$ 也"解不出来"，于是对于用微分方程解决实际问题来说，数值解法就是一个十分重要的手段．本节将介绍 MATLAB 中求解常微分方程解析解的专用命令和求解常微分方程数值解的函数命令．

7.5.1　常微分方程的 MATLAB 符号表示法

MATLAB 符号法要求微分方程作如下形式的变换：

(1) 用"Dmy"表示函数 $y = f(x)$ 的 m 阶导数 $y^{(m)} = f^{(m)}(x)$. 例如，Dy 表示 y 对自变量的一阶导数 $\dfrac{dy}{dx}$ 或 $\dfrac{dy}{dt}$；Dmy 表示 y 对自变量的 m 阶导数 $\dfrac{d^m y}{dx^m}$ 或 $\dfrac{d^m y}{dt^m}$，式中的 D 必须大写．常微分方程可写成

Dmy = F(x, y, Dy, D2y, $\cdots$, D(m - 1)y).

（2）初始条件可写成

$$y(x0) = y0, \; Dy(x0) = y1, \cdots, D(m-1)y(x0) = ym-1.$$

（3）不特别界定时，通常默认小写字母"t"为函数的自变量.

7.5.2　求解常微分方程的符号法——函数 dsolve

该命令的调用格式为

$$[y1, y2, \cdots, yn] = dsolve(a1, a2, \cdots, an)$$

（1）每个输入参数 a1，a2，$\cdots$，an 都包含三部分内容：符号化的微分方程、初始条件和界定的自变量，每个部分都用单引号界定，两部分之间用逗号分隔，第一部分内容不得缺省.

（2）当"初始条件"全部缺省或部分缺省时，输出含有待定常数的微分方程的通解，待定常数的数目等于缺省的初始条件数. 待定常数用 C1，C2，$\cdots$表示.

（3）当"界定的自变量"缺省时，默认的自变量是小写"t".

（4）由于每个输入参量 ai($i = 1$，2，$\cdots$，n)中第一部分内容不限于一个微分方程，参量 ai 可以多达 12 个，所以该命令可以用于求解常微分方程组.

（5）输出参量只有在求解一个常微分方程时可以缺省，求解常微分方程组时不得缺省，因为此时要输出多个函数，缺省将无法区分.

例1　求一阶常微分方程 $y' = -2y + 2x^2 + 2x$，$0 \leqslant x \leqslant 0.5$，$y(0) = 1$.

解　在命令窗口输入：

>> syms x y;

>> y = dsolve(' Dy = $-1 * y + x^2 + x$ ', ' x ')

回车得到：

y =

x^2 + exp($-2 * x$) * C1

这是一阶微分方程的通解，含有一个任意常数，其表达式为

$$y = x^2 + C_1 \mathrm{e}^{-2x}.$$

在命令窗口输入：

>> y = dsolve(' Dy = $-2 * y + 2 * x^2 + 2 * x$ ', ' y(0) = 1 ', ' x ')

回车得到：

y =

x^2 + exp($-2 * x$)

这是一阶微分方程的一个特解，其表达式为 $y = x^2 + \mathrm{e}^{-2x}$. 利用 ezplot画图命令，可以将函数图像画出来，如图7-1 所示. 在命令窗口输入：

>> ezplot(' x^2 + exp($-2 * x$)', [0, 0.5]), grid

例2　求二阶常微分方程 $y'' = \dfrac{1}{x}y' + xe^x$，$y(1) = 0$，$y'(1) = 0$.

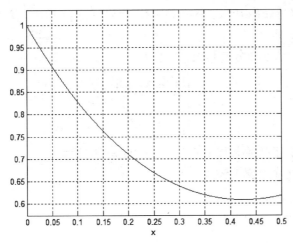

图 7-1　一阶常微分方程 $y' = -2y + 2x^2 + 2x$ 的一条特解曲线

解　在命令窗口输入：

>> syms x y;

>> y = dsolve(' D2y = Dy/x + x * exp(x)', 'x')

　　回车得到：

y =

exp(x) * x - exp(x) + 1/2 * x^2 * C1 + C2

其中含有两个任意常数 C1 和 C2. 若在命令窗口输入：

>> y = dsolve(' D2y = Dy/x + x * exp(x)', ' y(1) = 0', ' Dy(1) = 0', 'x')

　　回车得到：

y =

exp(x) * x - exp(x) - 1/2 * x^2 * exp(1) + 1/2 * exp(1)

　　利用 ezplot 画图命令，可以将上述函数图像画出来，如图 7-2 所示. 在命令窗口输入：

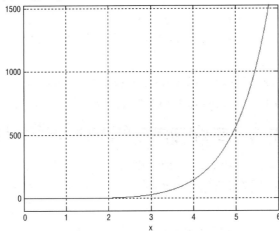

图 7-2　二阶常微分方程 $y'' = \dfrac{1}{x}y' + xe^x$ 的一条特解曲线

```
>> ezplot('exp(x)*x - exp(x) - 1/2*x^2*exp(1) + 1/2*exp(1)',
[0 6]), grid
```

例 3 求常微分方程组

$$\begin{cases} \dfrac{\mathrm{d}y}{\mathrm{d}x} = 3y + 4z, \\ \dfrac{\mathrm{d}z}{\mathrm{d}x} = -4y + 3z \end{cases}$$

的通解及满足初始条件 $y(0) = 2$，$z(0) = 3$ 的特解.

解 在命令窗口输入：

```
>> syms x y z;
>> [y z] = dsolve('Dy = 3*y + 4*z, Dz = -4*y + 3*z', 'x')
```

回车得到：

```
y =
exp(3*x)*(C1*sin(4*x) + C2*cos(4*x))
z =
exp(3*x)*(C1*cos(4*x) - C2*sin(4*x))
```

这是二阶微分方程组的通解，含有两个任意常数 C1 和 C2，其表达式为

$$y = \mathrm{e}^{3x}(C_1 \sin 4x + C_2 \cos 4x), z = \mathrm{e}^{3x}(C_1 \cos 4x - C_2 \sin 4x).$$

在命令窗口输入：

```
>> [y z] = dsolve('Dy = 3*y + 4*z, Dz = -4*y + 3*z', 'y(0) =
2, z(0) = 3', 'x')
```

回车得到

```
y =
exp(3*x)*(3*sin(4*x) + 2*cos(4*x))
z =
exp(3*x)*(3*cos(4*x) - 2*sin(4*x))
```

利用 fplot 画图命令，可以将函数图像画出来，如图 7-3 所示. 在命令窗口输入：

```
>> fplot('[exp(3*x)*(3*sin(4*x) + 2*cos(4*x)), exp(3*x)
*(3*cos(4*x) - 2*sin(4*x))]', pi*[-1 1 -1 1], '+')
```

7.5.3 常微分方程初值问题数值解的 MATLAB 实现

MATLAB7.0 可以解决三种常微分方程组的初值问题，即显式、线性隐式和完全隐式常微分方程组. 显式常微分方程组的初值问题的形式如下：

$$y' = f(t, y), \quad y(t_0) = y_0,$$

其中 y'，y 和 y_0 均为向量，故可以代表微分方程组. 线性隐式常微分方程组可以表述为如下形式：

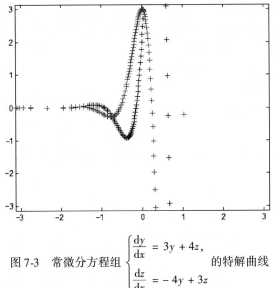

图 7-3　常微分方程组 $\begin{cases} \dfrac{\mathrm{d}y}{\mathrm{d}x} = 3y + 4z, \\[2mm] \dfrac{\mathrm{d}z}{\mathrm{d}x} = -4y + 3z \end{cases}$ 的特解曲线

$$M(t,y)y' = f(t,y), \quad y(t_0) = y_0.$$

完全隐式常微分方程组可以表述为如下形式：

$$f(t,y,y') = 0, \quad y(t_0) = y_0.$$

这里我们仅介绍显式常微分方程组的解法. MATLAB 中有多个求解常微分方程数值解的函数命令，在此介绍两个最常用的函数 ode23 ( ) 和 ode45( ). 命令中的"ode"是英文常微分方程"Ordinary Differential Equation"的缩写，它们的调用格式基本相同. 在此仅以 ode45( ) 为例来说明函数的用法.

$[x,y] = ode45('odefun', tspan, y0, options)$

(1) 该命令适用于一阶显式常微分方程组，如果遇到高阶常微分方程组则可以先把高阶微分方程组转换为一阶微分方程组；

(2) 参数"odefun"为定义微分方程组的 M 文件名，可以在文件名前加写 @ 或用英文格式单引号界定文件名；

(3) 在编写一阶微分方程组的 M 文件时，每个微分方程的格式必须都与 $y' = f(t,y)$ 一致，右端函数的变量严格以"先自变量后函数"的固定顺序输入；

(4) 参数"tspan"可以是向量 $[x0,xn]$，这时函数返回到自变量取 x0 至 xn 范围内的常微分方程的解；"tspan"也可以是向量 $[x0, x1, \cdots, xn]$，这时函数返回到自变量取 $[x0,x1,\cdots,xn]$ 时的解；

(5) 参数"y0"表示初始条件向量是与 y 具有相同长度的向量，$y0 = [y(x0), y'(x0), y''(x0), \cdots]$；微分方程组中的方程个数必须等于初始条件数，这是求常微分方程数值解所必需的条件；

(6) 参数"options"表示选项参数，可以有函数 odeset( ) 来获得；

(7) 输出参数 $[x,y]$ 缺省时输出解函数的曲线，即函数 $y = f(x)$

及其各阶导数的曲线.

求解微分方程的命令还有 ode23( )，ode113( )，ode15s( )，ode23s( )，ode23t( )和 ode23tb( ).

例 4 求二阶常微分方程

$$\begin{cases} y'' = 5e^{2x}\sin x - 2y + 2y', \\ y(0) = -2, y'(0) = -3 \end{cases} (0 \leqslant x \leqslant 1)$$

的数值解.

解 将二阶常微分方程变换成两个一阶常微分方程组

$$\begin{cases} \dfrac{dy_1}{dx} = y_2 \\ \dfrac{dy_2}{dx} = 5e^{2x}\sin x - 2y_1 + 2y_2. \end{cases}$$

先建立 M 文件：

function dy = myfun_1(x,y)　　　% 定义输入、输出变量和函数文件名

dy = zeros(2,1);　　　　　　　% 明确 dy 的维数

dy(1) = y(2);　　　　　　　% dy(m)表示 y 的 m 阶导数，y(n)表示向量 y 的第 n 列

dy(2) = 5 * exp(2 * x) * sin(x) - 2 * y(1) + 2 * y(2);

在命令窗口输入：

>> [x,y] = ode45(@ myfun_1, [0,1], [-2; -3])

回车得到：

x =

　　　0

0. 0250

…

1. 0000

y =

　　-2. 0000　　　-3. 0000

　　-2. 0756　　　-3. 0477

　　…

　　-1. 7670　　　12. 8937

显示的结果是自变量 x 和两个待求函数 $y(x)$ 和 $y'(x)$ 在自变量取不同值时的对应数据.

还可以直接使用内联函数 inline 求解，在命令窗口输入：

>> myfun_2 = inline('[y(2); 2 * y(2) - 2 * y(1) + 5 * exp(2 * x) * sin(x)]', ' x ', ' y ');

>> [x y] = ode45(myfun_2, [0,1], [-2, -3])

回车得到与前面相同的结果，但是内联函数不利于再次调用.

如果不写输出参量, 则可直接得到微分方程的图示解(图 7-4).
在命令窗口输入:

`>> ode45(@myfun_1, [0,1], [-2;-3])`

回车得到:

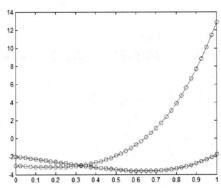

图 7-4　函数的数值解及其导数的数值曲线

ode23( )的调用格式与 ode45( )完全一样, 但是精度和计算量却
不同. ode45( )计算精度高, 但计算量大; ode23( )计算精度低, 但计
算量小. 因此, 在使用时应根据问题的精度、计算量的大小来确定用
哪个函数来求解微分方程的初值问题.

* 习题 7.5

1. 求二阶常微分方程 $y'' = y + x^3 + 6$, $y(0) = 1$, $y'(0) = 3$ 的通解及特解.

2. 求二阶常微分方程 $y'' - (1 - y^2)y' + y = 0$, $x \in [0,20]$, $y(0) = 2$,
$y'(0) = 0$ 的数值解.

3. 求解三阶常微分方程 $y''' = (y'' - 1)^2 - y' - y^2$, $x \in [0,20]$, $y(0) = 0$,
$y'(0) = 1$, $y''(0) = -1$ 的数值解.

综合练习 7

一、填空题

1. 微分方程 $y' + y\tan x = \cos x$ 的通解为_____.

2. 微分方程 $y\mathrm{d}x + (x^2 - 4x)\mathrm{d}y = 0$ 的通解为_____.

3. 微分方程 $y'' + y = -2x$ 的通解为_____.

4. 微分方程 $y'' - 2y' + 2y = \mathrm{e}^x$ 的通解为_____.

5. 已知曲线 $y = f(x)$ 过点 $\left(0, -\dfrac{1}{2}\right)$, 且其上任一点 (x,y) 处的切
线斜率为 $x\ln(1 + x^2)$, 则 $f(x) =$ _____.

二、选择题

1. 若连续函数 $f(x)$ 满足关系式 $f(x) = \displaystyle\int_0^{2x} f\left(\dfrac{t}{2}\right)\mathrm{d}t + \ln 2$, 则 $f(x)$
等于(　　).

(A) $e^x \ln 2$ (B) $e^{2x} \ln 2$ (C) $e^x + \ln 2$ (D) $e^{2x} + \ln 2$

2. 微分方程 $y'' + y = x^2 + 1 + \sin x$ 的一个特解形式可设为(   ).

(A) $\overline{y} = ax^2 + bx + c + x(A\cos x + B\sin x)$

(B) $\overline{y} = ax^2 + bx + c + A\sin x$

(C) $\overline{y} = x(ax^2 + bx + c) + x(A\cos x + B\sin x)$

(D) $\overline{y} = ax^2 + bx + c + A\cos x$

三、求解下列微分方程的通解，或满足给定条件的特解

1. $y' + xy^2 = 0$.

2. $y' + xy - y - x + 1 = 0$, $y\big|_{x=1} = 2$.

3. $x^2 y' - xy = y^2$, $y\big|_{x=1} = 1$.

4. $xy' - y = \dfrac{x}{\ln x}$.

5. $y'' - y = \sin x + \cos 2x$.

6. $y'' - 2y' + y = 5xe^x$.

7. $y'' + y = x^2 - x + 2$.

8. $y'' - y = x^2 \sin 3x$.

四、解答题

1. 设 $f(x)$ 二阶可导且满足 $\displaystyle\int_0^x (x + 1 - t) f'(t)\, \mathrm{d}t = x^2 + e^x - f(x)$ 求 $f(x)$ 的表达式.

2. 设 $f(x) = \sin x - \displaystyle\int_0^x (x - t) f(t)\, \mathrm{d}t$, 其中 $f(x)$ 为二阶可微函数, 求 $f(x)$.

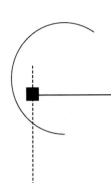

附　　录

附录 A　希腊字母

字母		读音	字母		读音
大写	小写		大写	小写	
A	α	alpha	N	ν	nu
B	β	beta	Ξ	ξ	xi
Γ	γ	gamma	O	o	omicron
Δ	δ	delta	Π	π	pi
E	ε	epsilon	P	ρ	rho
Z	ζ	zeta	Σ	σ	sigma
H	η	eta	T	τ	tau
Θ	$\theta,\ \vartheta$	theta	Y	υ	upsilon
I	ι	iota	Φ	$\varphi,\ \phi$	phi
K	κ	kappa	X	χ	chi
Λ	λ	lambda	Ψ	ψ	psi
M	μ	mu	Ω	ω	omega

附录 B　常用数学公式

1. 代数

（1）指数和对数运算

$$a^x \cdot a^y = a^{x+y} \quad \frac{a^x}{a^y} = a^{x-y} \qquad (a^x)^y = a^{xy} \quad \sqrt[y]{a^x} = a^{\frac{x}{y}}\ (a \geqslant 0)$$

$$\log_a 1 = 0 \quad \log_a a = 1 \qquad \log(N_1 \cdot N_2) = \log N_1 + \log N_2$$

$$\log \frac{N_1}{N_2} = \log N_1 - \log N_2 \qquad \log(N^n) = n\log N$$

$$\log \sqrt[n]{N} = \frac{1}{n}\log N \qquad\qquad \log_b N = \frac{\log_a N}{\log_a b}$$

$e \approx 2.718\ 3$

$\lg e \approx 0.434\ 3 \quad \ln 10 \approx 2.302\ 6$

(2)有限项数项级数

$$1 + 2 + 3 + \cdots + (n-1) + n = \frac{n(n+1)}{2}$$

$$p + (p+1) + (p+2) + \cdots + (n-1) + n = \frac{(n+p)(n-p+1)}{2}$$

$$1 + 3 + 5 + \cdots + (2n-3) + (2n-1) = n^2$$

$$2 + 4 + 6 + \cdots + (2n-2) + 2n = n(n+1)$$

$$1^2 + 2^2 + 3^2 + \cdots + (n-1)^2 + n^2 = \frac{n(n+1)(2n+1)}{6}$$

$$1^3 + 2^3 + 3^3 + \cdots + (n-1)^3 + n^3 = \frac{n^2(2n+1)^2}{4}$$

$$1^2 + 3^2 + 5^2 + \cdots + (2n-1)^2 = \frac{n(4n^2-1)}{3}$$

$$1^3 + 3^3 + 5^3 + \cdots + (2n-1)^3 = n^2(2n^2-1)$$

$$a + (a+d) + (a+2d) + \cdots + (a+(n-1)d) = n\left(a + \frac{n-1}{2}d\right)$$

$$a + aq + aq^2 + \cdots + aq^{n-1} = a\frac{1-q^n}{1-q}(q \neq 1)$$

(3)牛顿公式

$$(a+b)^n = a^n + na^{n-1}b + \frac{n(n-1)}{2!}a^{n-2}b^2 + \frac{n(n-1)(n-2)}{3!}a^{n-3}b^3 +$$

$$\cdots +$$

$$\frac{n(n-1)\cdots(n-m+1)}{m!}a^{n-m}b^m + \cdots + nab^{n-1} + b^n$$

$$(a-b)^n = a^n - na^{n-1}b + \frac{n(n-1)}{2!}a^{n-2}b^2 - \frac{n(n-1)(n-2)}{3!}a^{n-3}b^3 +$$

$$\cdots +$$

$$(-1)^m\frac{n(n-1)\cdots(n-m+1)}{m!}a^{n-m}b^m + \cdots + (-1)^n b^n$$

(4)因式分解公式

$$(x \pm y)^2 = x^2 \pm 2xy + y^2$$

$$(x + y + z)^2 = x^2 + y^2 + z^2 + 2xy + 2xz + 2yz$$

$$(x \pm y)^3 = x^3 \pm 3x^2 y + 3xy^2 \pm y^3$$

$$(x \pm y)^n (按“牛顿公式”展开) = \sum_{k=0}^{n} C_n^k x^{n-k} y^k$$

$$(x + y)(x - y) = x^2 - y^2$$

$$(x^n - y^n) \div (x - y) = x^{n-1} + x^{n-2}y + x^{n-3}y^2 + \cdots + xy^{n-2} + y^{n-1}$$

$(x^n + y^n) \div (x + y) = x^{n-1} - x^{n-2}y + x^{n-3}y^2 - \cdots - xy^{n-2} + y^{n-1}$（$n$ 是奇数）

$(x^n - y^n) \div (x + y) = x^{n-1} - x^{n-2}y + x^{n-3}y^2 - \cdots + xy^{n-2} - y^{n-1}$（$n$ 是偶数）

2. 三角公式

（1）基本公式

$$\sin^2\alpha + \cos^2\alpha = 1 \qquad \frac{\sin\alpha}{\cos\alpha} = \tan\alpha \qquad \csc\alpha = \frac{1}{\sin\alpha}$$

$$1 + \tan^2\alpha = \sec^2\alpha \qquad \frac{\cos\alpha}{\sin\alpha} = \cot\alpha \qquad \sec\alpha = \frac{1}{\cos\alpha}$$

$$1 + \cot^2\alpha = \csc^2\alpha \qquad \cot\alpha = \frac{1}{\tan\alpha}$$

（2）约化公式

函数	$\beta = \dfrac{\pi}{2} \pm \alpha$	$\beta = \pi \pm \alpha$	$\beta = \dfrac{3}{2}\pi \pm \alpha$	$\beta = 2\pi - \alpha$
$\sin\beta$	$+\cos\alpha$	$\mp\sin\alpha$	$-\cos\alpha$	$-\sin\alpha$
$\cos\beta$	$\mp\sin\alpha$	$-\cos\alpha$	$\pm\sin\alpha$	$+\cos\alpha$
$\tan\beta$	$\mp\cot\alpha$	$\pm\tan\alpha$	$\mp\cot\alpha$	$-\tan\alpha$
$\cos\beta$	$\mp\tan\alpha$	$\pm\cot\alpha$	$\mp\tan\alpha$	$-\cot\alpha$

（3）和差公式

$$\sin(\alpha \pm \beta) = \sin\alpha\cos\beta \pm \cos\alpha\sin\beta$$

$$\cos(\alpha \pm \beta) = \cos\alpha\cos\beta \mp \sin\alpha\sin\beta$$

$$\tan(\alpha \pm \beta) = \frac{\tan\alpha \pm \tan\beta}{1 \mp \tan\alpha\tan\beta} \qquad \cot(\alpha \pm \beta) = \frac{\cot\alpha\cot\beta \mp 1}{\cot\beta \pm \cot\alpha}$$

$$\sin\alpha + \sin\beta = 2\sin\frac{\alpha + \beta}{2}\cos\frac{\alpha - \beta}{2}$$

$$\sin\alpha - \sin\beta = 2\cos\frac{\alpha + \beta}{2}\sin\frac{\alpha - \beta}{2}$$

$$\cos\alpha + \cos\beta = 2\cos\frac{\alpha + \beta}{2}\cos\frac{\alpha - \beta}{2}$$

$$\cos\alpha - \cos\beta = -2\sin\frac{\alpha + \beta}{2}\sin\frac{\alpha - \beta}{2}$$

$$\cos A\cos B = \frac{1}{2}\left(\cos(A - B) + \cos(A + B)\right)$$

$$\sin A\sin B = \frac{1}{2}\left(\cos(A - B) - \cos(A + B)\right)$$

$$\sin A\cos B = \frac{1}{2}\left(\sin(A - B) + \sin(A + B)\right)$$

（4）倍角和半角公式

$$\sin 2\alpha = 2\sin\alpha\cos\alpha \qquad \tan 2\alpha = \frac{2\tan\alpha}{1 - \tan^2\alpha} \qquad \cot 2\alpha = \frac{\cot^2\alpha - 1}{2\cot\alpha}$$

$$\sin\frac{\alpha}{2} = \sqrt{\frac{1-\cos\alpha}{2}} \qquad\qquad \tan\frac{\alpha}{2} = \sqrt{\frac{1-\cos\alpha}{1+\cos\alpha}}$$

$$\cos\frac{\alpha}{2} = \sqrt{\frac{1+\cos\alpha}{2}} \qquad\qquad \cot\frac{\alpha}{2} = \sqrt{\frac{1+\cos\alpha}{1-\cos\alpha}}$$

(5) 任意三角形的基本关系

$$\frac{a}{\sin A} = \frac{b}{\sin B} = \frac{c}{\sin C} = 2R \quad (正弦定理)$$

$$a^2 = b^2 + c^2 - 2bc\cos A \quad (余弦定理)$$

$$\frac{a+b}{a-b} = \frac{\tan\frac{1}{2}(A+B)}{\tan\frac{1}{2}(A-B)} \quad (正切定理)$$

$$S = \frac{1}{2}ab\sin C \quad (面积公式)$$

$$S = \sqrt{p(p-a)(p-b)(p-c)}, \quad P = \frac{1}{2}(a+b+c).$$

(6) 双曲函数和反双曲函数

$$\sinh x = \frac{e^x - e^{-x}}{2} \qquad\qquad \cosh x = \frac{e^x + e^{-x}}{2}$$

$$\tanh x = \frac{e^x - e^{-x}}{e^x + e^{-x}} \qquad\qquad \operatorname{sech} x = \frac{1}{\cosh x}$$

$$\operatorname{csch} x = \frac{1}{\sinh x} \qquad\qquad \coth x = \frac{1}{\tanh x}$$

$$\cosh^2 x = -\sinh^2 x = 1 \qquad\qquad \operatorname{sech}^2 x + \tanh^2 x = 1$$

$$\cosh^2 x - \operatorname{csch}^2 x = 1$$

$$\frac{\sinh x}{\cosh x} = \tanh x \qquad\qquad \frac{\cosh x}{\sinh x} = \coth x$$

$$\operatorname{Ar} \operatorname{sh} x = \ln(x + \sqrt{x^2 + 1})$$

$$\operatorname{Ar} \operatorname{ch} x = \pm\ln(x + \sqrt{x^2 - 1}) \quad (x \geq 1)$$

$$\operatorname{Ar} \operatorname{th} x = \begin{cases} \frac{1}{2}\ln\frac{1+x}{1-x} & (|x| < 1) \\ \frac{1}{2}\ln\frac{x+1}{x-1} & (|x| > 1) \end{cases}$$

3. 初等几何

在下列公式中,字母 R, r 表示半径, h 表示高, l 表示斜高.

(1) 圆、圆扇形

圆:周长 $= 2\pi r$;面积 $= \pi r^2$

圆扇形:面积 $= \frac{1}{2}r^2\alpha$ (式中 α 为扇形的圆心角,以 rad 计)

(2) 正圆锥

体积 $= \dfrac{1}{3}\pi r^2 h$ ；侧面积 $= \pi r l$ ；全面积 $= \pi r(r+l)$

（3）截圆锥

体积 $= \dfrac{\pi h}{3}(R^2 + r^2 + Rr)$ ；侧面积 $= \pi l(R + r)$

（4）球

体积 $= \dfrac{4}{3}\pi r^3$ ；面积 $= 4\pi r^2$

附录 C　基本初等函数

函数	表达式	定义域与值域	图像	特性
常数函数	$y = k$	$x \in (-\infty, +\infty)$ $y \in \{k\}$		偶函数
幂函数	$y = x$	$x \in (-\infty, +\infty)$ $y \in (-\infty, +\infty)$		奇函数；单调增加；无界
	$y = x^2$	$x \in (-\infty, +\infty)$ $y \in [0, +\infty)$		偶函数，在 $(-\infty, 0)$ 单调减少，在 $(0, +\infty)$ 内单调增加；无界
	$y = x^3$	$x \in (-\infty, +\infty)$ $y \in (-\infty, +\infty)$		奇函数；在 $(-\infty, +\infty)$ 内单调增加；无界
	$y = x^{-1}$	$x \in (-\infty, 0) \cup (0, +\infty)$ $y \in (-\infty, 0) \cup (0, +\infty)$		奇函数；单调减少；无界

（续）

函数	表达式	定义域与值域	图像	特性
幂函数	$y = x^{\frac{1}{2}}$	$x \in [0, +\infty)$ $y \in [0, +\infty)$		单调增加； 无界
指数函数	$y = a^x$ $(a > 1)$	$x \in (-\infty, +\infty)$ $y \in (0, +\infty)$		单调增加； 无界
	$y = a^x$ $(0 < a < 1)$	$x \in (-\infty, +\infty)$ $y \in (0, +\infty)$		单调减少； 无界
对数函数	$y = \log_a x$ $(a > 1)$	$x \in (0, +\infty)$ $y \in (-\infty, +\infty)$		单调增加； 无界
	$y = \log_a x$ $(0 < a < 1)$	$x \in (0, +\infty)$ $y \in (-\infty, +\infty)$		单调减少； 无界
三角函数	$y = \sin x$	$x \in (-\infty, +\infty)$ $y \in [-1, 1]$		奇函数；周期 2π；在 $(2k\pi - \frac{\pi}{2}, 2k\pi + \frac{\pi}{2})$ $(k \in \mathbf{Z})$内单调增加，在 $(2k\pi + \frac{\pi}{2}, 2k\pi + \frac{3}{2}\pi)$ $(k \in \mathbf{Z})$内单调减少；有界

(续)

函数	表达式	定义域与值域	图像	特性
三角函数	$y = \cos x$	$x \in (-\infty, +\infty)$ $y \in [-1, 1]$		偶函数；周期 2π；在 $(2k\pi, 2k\pi + \pi)(k \in \mathbf{Z})$ 内单调减少，在 $(2k\pi + \pi, 2k\pi + 2\pi)(k \in \mathbf{Z})$ 内单调增加；有界
	$y = \tan x$	$x \neq k\pi + \dfrac{\pi}{2}$ $(k \in \mathbf{Z})$ $y \in (-\infty, +\infty)$		奇函数；在 $\left(k\pi - \dfrac{\pi}{2}, k\pi + \dfrac{\pi}{2}\right)$ 内单调增加；无界；周期为 π
	$y = \cot x$	$x \neq k\pi (k \in \mathbf{Z})$ $y \in (-\infty, +\infty)$		奇函数；在 $(k\pi, k\pi + \pi)$ 内单调减少；无界；周期为 π
反三角函数	$y = \arcsin x$	$x \in [-1, 1]$ $y \in \left[-\dfrac{\pi}{2}, \dfrac{\pi}{2}\right]$		奇函数；单调增加；有界
	$y = \arccos x$	$x \in [-1, 1]$ $y \in [0, \pi]$		单调减少；有界
	$y = \arctan x$	$x \in (-\infty, +\infty)$ $y \in \left(-\dfrac{\pi}{2}, \dfrac{\pi}{2}\right)$		奇函数；单调增加；有界
	$y = \operatorname{arccot} x$	$x \in (-\infty, \infty)$ $y \in (0, \pi)$		单调减少；有界

附录 D　几种常用的曲线方程及其图形

（1）三次抛物线

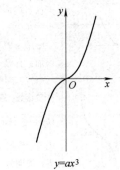

$y = ax^3$

（2）半立方抛物线

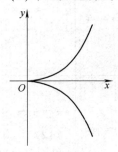

$y^2 = ax^3$

（3）概率曲线

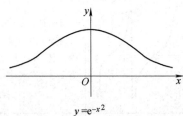

$y = e^{-x^2}$

（4）箕舌线

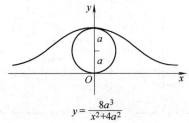

$y = \dfrac{8a^3}{x^2 + 4a^2}$

（5）蔓叶线

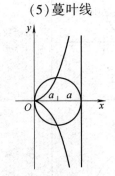

$y^2(2a - x) = x^3$

（6）笛卡儿叶形线

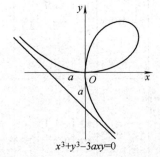

$x^3 + y^3 - 3axy = 0$

$x = \dfrac{3at}{1 + t^3}, \ y = \dfrac{3at^2}{1 + t^3}$

（7）星形线（内摆线的一种）

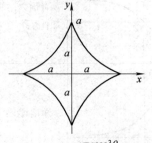

$x^{\frac{2}{3}} + y^{\frac{2}{3}} = a^{\frac{2}{3}}$　$\begin{cases} x = a\cos^3\theta \\ y = a\sin^3\theta \end{cases}$

（8）摆线

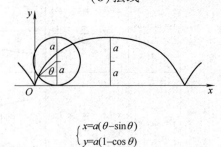

$\begin{cases} x = a(\theta - \sin\theta) \\ y = a(1 - \cos\theta) \end{cases}$

（9）心形线（外摆线的一种）

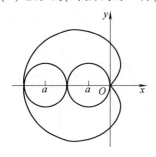

$$x^2+y^2+ax=a\sqrt{x^2+y^2}$$
$$\rho=a(1-\cos\theta)$$

（10）阿基米德螺线

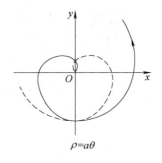

$$\rho=a\theta$$

（11）对数螺线

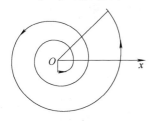

$$\rho=\mathrm{e}^{a\theta}$$

（12）双曲螺线

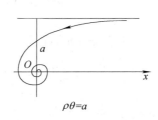

$$\rho\theta=a$$

（13）伯努利双纽线

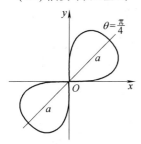

$$(x^2+y^2)^2=2a^2xy$$
$$\rho^2=a^2\sin 2\theta$$

（14）伯努利双纽线

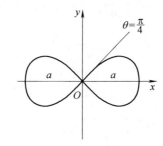

$$(x^2+y^2)^2=a^2(x^2-y^2)$$
$$\rho^2=a^2\cos 2\theta$$

（15）三叶玫瑰线

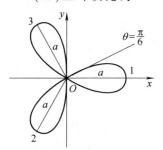

$$\rho=a\cos 3\theta$$

（16）三叶玫瑰线

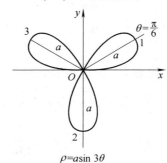

$$\rho=a\sin 3\theta$$

（17）四叶玫瑰线

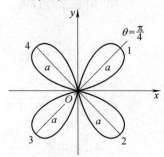

$\rho = a\sin 2\theta$

（18）四叶玫瑰线

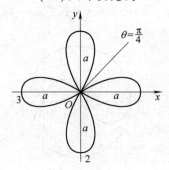

$\rho = a\cos 2\theta$

附录 E 积 分 表

1. 含有 $ax+b$ 的积分

（1）$\displaystyle\int \frac{dx}{ax+b} = \frac{1}{a}\ln|ax+b| + C$

（2）$\displaystyle\int (ax+b)^{\mu}dx = \frac{1}{a(\mu+1)}(ax+b)^{\mu+1} + C(\mu \neq -1)$

（3）$\displaystyle\int \frac{x}{ax+b}dx = \frac{1}{a^2}(ax+b - b\ln|ax+b|) + C$

（4）$\displaystyle\int \frac{x^2}{ax+b}dx = \frac{1}{a^3}\left[\frac{1}{2}(ax+b)^2 - 2b(ax+b) + b^2\ln|ax+b|\right] + C$

（5）$\displaystyle\int \frac{dx}{x(ax+b)} = -\frac{1}{b}\ln\left|\frac{ax+b}{x}\right| + C$

（6）$\displaystyle\int \frac{dx}{x^2(ax+b)} = -\frac{1}{bx} + \frac{a}{b^2}\ln\left|\frac{ax+b}{x}\right| + C$

（7）$\displaystyle\int \frac{x}{(ax+b)^2}dx = \frac{1}{a^2}\left(\ln|ax+b| + \frac{b}{ax+b}\right) + C$

（8）$\displaystyle\int \frac{x^2}{(ax+b)^2}dx = \frac{1}{a^3}\left(ax+b - 2b\ln|ax+b| - \frac{b^2}{ax+b}\right) + C$

（9）$\displaystyle\int \frac{dx}{x(ax+b)^2} = \frac{1}{b(ax+b)} - \frac{1}{b^2}\ln\left|\frac{ax+b}{x}\right| + C$

2. 含有 $\sqrt{ax+b}$ 的积分

（10）$\displaystyle\int \sqrt{ax+b}\,dx = \frac{2}{3a}\sqrt{(ax+b)^3} + C$

（11）$\displaystyle\int x\sqrt{ax+b}\,dx = \frac{2}{15a^2}(3ax-2b)\sqrt{(ax+b)^3} + C$

（12）$\displaystyle\int x^2\sqrt{ax+b}\,dx = \frac{2}{105a^3}(15a^2x^2 - 12abx + 8b^2)\sqrt{(ax+b)^3} + C$

$(13)\displaystyle\int\frac{x}{\sqrt{ax+b}}\mathrm{d}x=\frac{2}{3a^2}(ax-2b)\sqrt{ax+b}+C$

$(14)\displaystyle\int\frac{x^2}{\sqrt{ax+b}}\mathrm{d}x=\frac{2}{15a^3}(3a^2x^2-4abx+8b^2)\sqrt{ax+b}+C$

$(15)\displaystyle\int\frac{\mathrm{d}x}{x\sqrt{ax+b}}=\begin{cases}\dfrac{1}{\sqrt{b}}\ln\left|\dfrac{\sqrt{ax+b}-\sqrt{b}}{\sqrt{ax+b}+\sqrt{b}}\right|+C\,(b>0)\\[3mm]\dfrac{2}{\sqrt{-b}}\arctan\sqrt{\dfrac{ax+b}{-b}}+C\,(b<0)\end{cases}$

$(16)\displaystyle\int\frac{\mathrm{d}x}{x^2\sqrt{ax+b}}=-\frac{\sqrt{ax+b}}{bx}-\frac{a}{2b}\int\frac{\mathrm{d}x}{x\sqrt{ax+b}}$

$(17)\displaystyle\int\frac{\sqrt{ax+b}}{x}\mathrm{d}x=2\sqrt{ax+b}+b\int\frac{\mathrm{d}x}{x\sqrt{ax+b}}$

$(18)\displaystyle\int\frac{\sqrt{ax+b}}{x^2}\mathrm{d}x=-\frac{\sqrt{ax+b}}{x}+\frac{a}{2}\int\frac{\mathrm{d}x}{x\sqrt{ax+b}}$

3. 含有 $x^2\pm a^2$ 的积分

$(19)\displaystyle\int\frac{\mathrm{d}x}{x^2+a^2}=\frac{1}{a}\arctan\frac{x}{a}+C$

$(20)\displaystyle\int\frac{\mathrm{d}x}{(x^2+a^2)^n}=\frac{x}{2(n-1)a^2(x^2+a^2)^{n-1}}+\frac{2n-3}{2(n-1)a^2}\int\frac{\mathrm{d}x}{(x^2+a^2)^{n-1}}$

$(21)\displaystyle\int\frac{\mathrm{d}x}{x^2-a^2}=\frac{1}{2a}\ln\left|\frac{x-a}{x+a}\right|+C$

4. 含有 $ax^2+b\,(a>0)$ 的积分

$(22)\displaystyle\int\frac{\mathrm{d}x}{ax^2+b}=\begin{cases}\dfrac{1}{\sqrt{ab}}\arctan\sqrt{\dfrac{a}{b}}x+C\,(b>0)\\[3mm]\dfrac{1}{2\sqrt{-ab}}\ln\left|\dfrac{\sqrt{a}x-\sqrt{-b}}{\sqrt{a}x+\sqrt{-b}}\right|+C\,(b<0)\end{cases}$

$(23)\displaystyle\int\frac{x}{ax^2+b}\mathrm{d}x=\frac{1}{2a}\ln|ax^2+b|+C$

$(24)\displaystyle\int\frac{x^2}{ax^2+b}\mathrm{d}x=\frac{x}{a}-\frac{b}{a}\int\frac{\mathrm{d}x}{ax^2+b}$

$(25)\displaystyle\int\frac{\mathrm{d}x}{x(ax^2+b)}=\frac{1}{2b}\ln\frac{x^2}{|ax^2+b|}+C$

$(26)\displaystyle\int\frac{\mathrm{d}x}{x^2(ax^2+b)}=-\frac{1}{bx}-\frac{a}{b}\int\frac{\mathrm{d}x}{ax^2+b}$

$(27)\displaystyle\int\frac{\mathrm{d}x}{x^3(ax^2+b)}=\frac{a}{2b^2}\ln\frac{|ax^2+b|}{x^2}-\frac{1}{2bx^2}+C$

$(28)\displaystyle\int\frac{\mathrm{d}x}{(ax^2+b)^2}=\frac{x}{2b(ax^2+b)}+\frac{1}{2b}\int\frac{\mathrm{d}x}{ax^2+b}$

5. 含有 $ax^2+bx+c\,(a>0)$ 的积分

(29) $\int \dfrac{\mathrm{d}x}{ax^2 + bx + c}$

$$= \begin{cases} \dfrac{2}{\sqrt{4ac - b^2}}\arctan\dfrac{2ax + b}{\sqrt{4ac - b^2}} + C\,(b^2 < 4ac) \\[4mm] \dfrac{1}{\sqrt{b^2 - 4ac}}\ln\left|\dfrac{2ax + b - \sqrt{b^2 - 4ac}}{2ax + b + \sqrt{b^2 - 4ac}}\right| + C\,(b^2 > 4ac) \end{cases}$$

(30) $\int \dfrac{x}{ax^2 + bx + c}\mathrm{d}x = \dfrac{1}{2a}\ln|ax^2 + bx + c| - \dfrac{b}{2a}\int\dfrac{\mathrm{d}x}{ax^2 + bx + c}$

6. 含有 $\sqrt{x^2 + a^2}\,(a > 0)$ 的积分

(31) $\int \dfrac{\mathrm{d}x}{\sqrt{x^2 + a^2}} = \operatorname{arsh}\dfrac{x}{a} + C_1 = \ln(x + \sqrt{x^2 + a^2}) + C$

(32) $\int \dfrac{\mathrm{d}x}{\sqrt{(x^2 + a^2)^3}} = \dfrac{x}{a^2\,\sqrt{x^2 + a^2}} + C$

(33) $\int \dfrac{x}{\sqrt{x^2 + a^2}}\mathrm{d}x = \sqrt{x^2 + a^2} + C$

(34) $\int \dfrac{x}{\sqrt{(x^2 + a^2)^3}}\mathrm{d}x = -\dfrac{1}{\sqrt{x^2 + a^2}} + C$

(35) $\int \dfrac{x^2}{\sqrt{x^2 + a^2}}\mathrm{d}x = \dfrac{x}{2}\sqrt{x^2 + a^2} - \dfrac{a^2}{2}\ln(x + \sqrt{x^2 + a^2}) + C$

(36) $\int \dfrac{x^2}{\sqrt{(x^2 + a^2)^3}}\mathrm{d}x = -\dfrac{x}{\sqrt{x^2 + a^2}} + \ln(x + \sqrt{x^2 + a^2}) + C$

(37) $\int \dfrac{\mathrm{d}x}{x\,\sqrt{x^2 + a^2}} = \dfrac{1}{a}\ln\dfrac{\sqrt{x^2 + a^2} - a}{|x|} + C$

(38) $\int \dfrac{\mathrm{d}x}{x^2\,\sqrt{x^2 + a^2}} = -\dfrac{\sqrt{x^2 + a^2}}{a^2 x} + C$

(39) $\int \sqrt{x^2 + a^2}\,\mathrm{d}x = \dfrac{x}{2}\sqrt{x^2 + a^2} + \dfrac{a^2}{2}\ln(x + \sqrt{x^2 + a^2}) + C$

(40) $\int \sqrt{(x^2 + a^2)^3}\,\mathrm{d}x = \dfrac{x}{8}(2x^2 + 5a^2)\,\sqrt{x^2 + a^2} + \dfrac{3}{8}a^4\ln(x + \sqrt{x^2 + a^2}) + C$

(41) $\int x\,\sqrt{x^2 + a^2}\,\mathrm{d}x = \dfrac{1}{3}\sqrt{(x^2 + a^2)^3} + C$

(42) $\int x^2\,\sqrt{x^2 + a^2}\,\mathrm{d}x = \dfrac{x}{8}(2x^2 + a^2)\,\sqrt{x^2 + a^2} - \dfrac{a^4}{8}\ln(x + \sqrt{x^2 + a^2}) + C$

(43) $\int \dfrac{\sqrt{x^2 + a^2}}{x}\mathrm{d}x = \sqrt{x^2 + a^2} + a\ln\dfrac{\sqrt{x^2 + a^2} - a}{|x|} + C$

(44) $\int \dfrac{\sqrt{x^2 + a^2}}{x^2}\mathrm{d}x = -\dfrac{\sqrt{x^2 + a^2}}{x} + \ln(x + \sqrt{x^2 + a^2}) + C$

7. 含有 $\sqrt{x^2+a^2}\,(a>0)$ 的积分

(45) $\displaystyle\int \frac{\mathrm{d}x}{\sqrt{x^2-a^2}} = \frac{x}{|x|}\mathrm{arch}\,\frac{|x|}{a}+C_1 = \ln|x+\sqrt{x^2-a^2}|+C$

(46) $\displaystyle\int \frac{\mathrm{d}x}{\sqrt{(x^2-a^2)^3}} = -\frac{x}{a^2\sqrt{x^2-a^2}}+C$

(47) $\displaystyle\int \frac{x}{\sqrt{x^2-a^2}}\mathrm{d}x = \sqrt{x^2-a^2}+C$

(48) $\displaystyle\int \frac{x}{\sqrt{(x^2-a^2)^3}}\mathrm{d}x = -\frac{1}{\sqrt{x^2-a^2}}+C$

(49) $\displaystyle\int \frac{x^2}{\sqrt{x^2-a^2}}\mathrm{d}x = \frac{x}{2}\sqrt{x^2-a^2}+\frac{a^2}{2}\ln|x+\sqrt{x^2-a^2}|+C$

(50) $\displaystyle\int \frac{x^2}{\sqrt{(x^2-a^2)^3}}\mathrm{d}x = -\frac{x}{\sqrt{x^2-a^2}}+\ln|x+\sqrt{x^2-a^2}|+C$

(51) $\displaystyle\int \frac{\mathrm{d}x}{x\sqrt{x^2-a^2}} = \frac{1}{a}\arccos\frac{a}{|x|}+C$

(52) $\displaystyle\int \frac{\mathrm{d}x}{x^2\sqrt{x^2-a^2}} = \frac{\sqrt{x^2-a^2}}{a^2 x}+C$

(53) $\displaystyle\int \sqrt{x^2-a^2}\,\mathrm{d}x = \frac{x}{2}\sqrt{x^2-a^2}-\frac{a^2}{2}\ln|x+\sqrt{x^2-a^2}|+C$

(54) $\displaystyle\int \sqrt{(x^2-a^2)^3}\,\mathrm{d}x = \frac{x}{8}(2x^2-5a^2)\sqrt{x^2-a^2}+\frac{3}{8}a^4\ln|x+$
$\sqrt{x^2-a^2}|+C$

(55) $\displaystyle\int x\sqrt{x^2-a^2}\,\mathrm{d}x = \frac{1}{3}\sqrt{(x^2-a^2)^3}+C$

(56) $\displaystyle\int x^2\sqrt{x^2-a^2}\,\mathrm{d}x = \frac{x}{8}(2x^2-a^2)\sqrt{x^2-a^2}-\frac{a^4}{8}\ln|x+$
$\sqrt{x^2-a^2}|+C$

(57) $\displaystyle\int \frac{\sqrt{x^2-a^2}}{x}\mathrm{d}x = \sqrt{x^2-a^2}-a\arccos\frac{a}{|x|}+C$

(58) $\displaystyle\int \frac{\sqrt{x^2-a^2}}{x^2}\mathrm{d}x = -\frac{\sqrt{x^2-a^2}}{x}+\ln|x+\sqrt{x^2-a^2}|+C$

8. 含有 $\sqrt{a^2-x^2}\,(a>0)$ 的积分

(59) $\displaystyle\int \frac{\mathrm{d}x}{\sqrt{a^2-x^2}} = \arcsin\frac{x}{a}+C$

(60) $\displaystyle\int \frac{\mathrm{d}x}{\sqrt{(a^2-x^2)^3}} = \frac{x}{a^2\sqrt{a^2-x^2}}+C$

(61) $\displaystyle\int \frac{x}{\sqrt{a^2-x^2}}\mathrm{d}x = -\sqrt{a^2-x^2}+C$

$(62)\ \displaystyle\int \frac{x}{\sqrt{(a^2-x^2)^3}}dx = \frac{1}{\sqrt{a^2-x^2}} + C$

$(63)\ \displaystyle\int \frac{x^2}{\sqrt{a^2-x^2}}dx = -\frac{x}{2}\sqrt{a^2-x^2} + \frac{a^2}{2}\arcsin\frac{x}{a} + C$

$(64)\ \displaystyle\int \frac{x^2}{\sqrt{(a^2-x^2)^3}}dx = \frac{x}{\sqrt{a^2-x^2}} - \arcsin\frac{x}{a} + C$

$(65)\ \displaystyle\int \frac{dx}{x\sqrt{a^2-x^2}} = \frac{1}{a}\ln\frac{a-\sqrt{a^2-x^2}}{|x|} + C$

$(66)\ \displaystyle\int \frac{dx}{x^2\sqrt{a^2-x^2}} = -\frac{\sqrt{a^2-x^2}}{a^2 x} + C$

$(67)\ \displaystyle\int \sqrt{a^2-x^2}dx = \frac{x}{2}\sqrt{a^2-x^2} + \frac{a^2}{2}\arcsin\frac{x}{a} + C$

$(68)\ \displaystyle\int \sqrt{(a^2-x^2)^3}dx = \frac{x}{8}(5a^2-2x^2)\sqrt{a^2-x^2} + \frac{3}{8}a^4\arcsin\frac{x}{a} + C$

$(69)\ \displaystyle\int x\sqrt{a^2-x^2}dx = -\frac{1}{3}\sqrt{(a^2-x^2)^3} + C$

$(70)\ \displaystyle\int x^2\sqrt{a^2-x^2}dx = \frac{x}{8}(2x^2-a^2)\sqrt{a^2-x^2} + \frac{a^4}{8}\arcsin\frac{x}{a} + C$

$(71)\ \displaystyle\int \frac{\sqrt{a^2-x^2}}{x}dx = \sqrt{a^2-x^2} + a\ln\frac{a-\sqrt{a^2-x^2}}{|x|} + C$

$(72)\ \displaystyle\int \frac{\sqrt{a^2-x^2}}{x^2}dx = -\frac{\sqrt{a^2-x^2}}{x} - \arcsin\frac{x}{a} + C$

9. 含有 $\sqrt{\pm ax^2+bx+c}\,(a>0)$ 的积分

$(73)\ \displaystyle\int \frac{dx}{\sqrt{ax^2+bx+c}} = \frac{1}{\sqrt{a}}\ln|2ax+b+2\sqrt{a}\sqrt{ax^2+bx+c}| + C$

$(74)\ \displaystyle\int \sqrt{ax^2+bx+c}\,dx = \frac{2ax+b}{4a}\sqrt{ax^2+bx+c} +$

$$\frac{4ac-b^2}{8\sqrt{a^3}}\ln|2ax+b+2\sqrt{a}\sqrt{ax^2+bx+c}| + C$$

$(75)\ \displaystyle\int \frac{x}{\sqrt{ax^2+bx+c}}dx = \frac{1}{a}\sqrt{ax^2+bx+c} -$

$$\frac{b}{2\sqrt{a^3}}\ln|2ax+b+2\sqrt{a}\sqrt{ax^2+bx+c}$$

$$|+C$$

$(76)\ \displaystyle\int \frac{dx}{\sqrt{c+bx-ax^2}} = -\frac{1}{\sqrt{a}}\arcsin\frac{2ax-b}{\sqrt{b^2+4ac}} + C$

$(77)\ \displaystyle\int \sqrt{c+bx-ax^2}\,dx = \frac{2ax-b}{4a}\sqrt{c+bx-ax^2} + \frac{b^2+4ac}{8\sqrt{a^3}}\arcsin\frac{2ax-b}{\sqrt{b^2+4ac}} + C$

(78) $\int \dfrac{x}{\sqrt{c+bx-ax^2}}dx = -\dfrac{1}{a}\sqrt{c+bx-ax^2} + \dfrac{b}{2\sqrt{a^3}}\arcsin\dfrac{2ax-b}{\sqrt{b^2+4ac}} + C$

10. 含有 $\sqrt{\pm\dfrac{x-a}{x-b}}$ 或 $\sqrt{(x-a)(b-x)}$ 的积分

(79) $\int \sqrt{\dfrac{x-a}{x-b}}dx = (x-b)\sqrt{\dfrac{x-a}{x-b}} + (b-a)\ln(\sqrt{|x-a|}+\sqrt{|x-b|}) + C$

(80) $\int \sqrt{\dfrac{x-a}{b-x}}dx = (x-b)\sqrt{\dfrac{x-a}{b-x}} + (b-a)\arcsin\sqrt{\dfrac{x-a}{b-a}} + C$

(81) $\int \dfrac{dx}{\sqrt{(x-a)(b-x)}} = 2\arcsin\sqrt{\dfrac{x-a}{b-a}} + C(a<b)$

(82) $\int \sqrt{(x-a)(b-x)}dx = \dfrac{2x-a-b}{4}\sqrt{(x-a)(b-x)} +$

$$\dfrac{(b-a)^2}{4}\arcsin\sqrt{\dfrac{x-a}{b-a}} + C(a<b)$$

11. 含有三角函数的积分

(83) $\int \sin x dx = -\cos x + C$

(84) $\int \cos x dx = \sin x + C$

(85) $\int \tan x dx = -\ln|\cos x| + C$

(86) $\int \cot x dx = \ln|\sin x| + C$

(87) $\int \sec x dx = \ln|\tan(\dfrac{\pi}{4}+\dfrac{x}{2})| + C = \ln|\sec x+\tan x| + C$

(88) $\int \csc x dx = \ln|\tan\dfrac{x}{2}| + C = \ln|\csc x-\cot x| + C$

(89) $\int \sec^2 x dx = \tan x + C$

(90) $\int \csc^2 x dx = -\cot x + C$

(91) $\int \sec x\tan x dx = \sec x + C$

(92) $\int \csc x\cot x dx = -\csc x + C$

(93) $\int \sin^2 x dx = \dfrac{x}{2} - \dfrac{1}{4}\sin 2x + C$

(94) $\int \cos^2 x dx = \dfrac{x}{2} + \dfrac{1}{4}\sin 2x + C$

(95) $\int \sin^n x dx = -\dfrac{1}{n}\sin^{n-1}x\cos x + \dfrac{n-1}{n}\int \sin^{n-2}x dx$

(96) $\int \cos^n x dx = \dfrac{1}{n}\cos^{n-1}x\sin x + \dfrac{n-1}{n}\int \cos^{n-2}x dx$

$$(97) \int \frac{dx}{\sin^n x} = -\frac{1}{n-1} \cdot \frac{\cos x}{\sin^{n-1} x} + \frac{n-2}{n-1} \int \frac{dx}{\sin^{n-2} x}$$

$$(98) \int \frac{dx}{\cos^n x} = \frac{1}{n-1} \cdot \frac{\sin x}{\cos^{n-1} x} + \frac{n-2}{n-1} \int \frac{dx}{\cos^{n-2} x}$$

$$(99) \int \cos^m x \sin^n x dx = \frac{1}{m+n} \cos^{m-1} x \sin^{n+1} x + \frac{m-1}{m+n} \int \cos^{m-2} x \sin^n x dx$$

$$= -\frac{1}{m+n} \cos^{m+1} x \sin^{n-1} x + \frac{n-1}{m+n} \int \cos^m x \sin^{n-2} x dx$$

$$(100) \int \sin ax \cos bx dx = -\frac{1}{2(a+b)} \cos(a+b)x - \frac{1}{2(a-b)} \cos(a-b)x + C$$

$$(101) \int \sin ax \sin bx dx = -\frac{1}{2(a+b)} \sin(a+b)x + \frac{1}{2(a-b)} \sin(a-b)x + C$$

$$(102) \int \cos ax \cos bx dx = \frac{1}{2(a+b)} \sin(a+b)x + \frac{1}{2(a-b)} \sin(a-b)x + C$$

$$(103) \int \frac{dx}{a+b\sin x} = \frac{2}{\sqrt{a^2-b^2}} \arctan \frac{a\tan \frac{x}{2} + b}{\sqrt{a^2-b^2}} + C \, (a^2 > b^2)$$

$$(104) \int \frac{dx}{a+b\sin x} = \frac{1}{\sqrt{b^2-a^2}} \ln \left| \frac{a\tan \frac{x}{2} + b - \sqrt{b^2-a^2}}{a\tan \frac{x}{2} + b + \sqrt{b^2-a^2}} \right| + C \, (a^2 < b^2)$$

$$(105) \int \frac{dx}{a+b\cos x} = \frac{2}{a+b} \sqrt{\frac{a+b}{a-b}} \arctan \left(\sqrt{\frac{a-b}{a+b}} \tan \frac{x}{2} \right) + C \, (a^2 > b^2)$$

$$(106) \int \frac{dx}{a+b\cos x} = \frac{1}{a+b} \sqrt{\frac{a+b}{a-b}} \ln \left| \frac{\tan \frac{x}{2} + \sqrt{\frac{a+b}{a-b}}}{\tan \frac{x}{2} - \sqrt{\frac{a+b}{b-a}}} \right| + C \, (a^2 < b^2)$$

$$(107) \int \frac{dx}{a^2\cos^2 x + b^2\sin^2 x} = \frac{1}{ab} \arctan \left(\frac{b}{a} \tan x \right) + C$$

$$(108) \int \frac{dx}{a^2\cos^2 x - b^2\sin^2 x} = \frac{1}{2ab} \ln \left| \frac{b\tan x + a}{b\tan x - a} \right| + C$$

$$(109) \int x\sin ax dx = \frac{1}{a^2} \sin ax - \frac{1}{a} x\cos ax + C$$

$$(110) \int x^2\sin ax dx = -\frac{1}{a} x^2\cos ax + \frac{2}{a^2} x\sin ax + \frac{2}{a^3} \cos ax + C$$

$$(111) \int x\cos ax dx = \frac{1}{a^2} \cos ax + \frac{1}{a} x\sin ax + C$$

$$(112) \int x^2\cos ax dx = \frac{1}{a} x^2\sin ax + \frac{2}{a^2} x\cos ax - \frac{2}{a^3} \sin ax + C$$

12. 含有反三角函数的积分 (其中 $a > 0$)

$$(113) \int \arcsin \frac{x}{a} dx = x\arcsin \frac{x}{a} + \sqrt{a^2 - x^2} + C$$

$(114)\int x\arcsin\dfrac{x}{a}\mathrm{d}x=\left(\dfrac{x^2}{a}-\dfrac{a^2}{4}\right)\arcsin\dfrac{x}{a}+\dfrac{x}{4}\sqrt{a^2-x^2}+C$

$(115)\int x^2\arcsin\dfrac{x}{a}\mathrm{d}x=\dfrac{x^3}{3}\arcsin\dfrac{x}{a}+\dfrac{1}{9}\left(x^2+2a^2\right)\sqrt{a^2-x^2}+C$

$(116)\int\arccos\dfrac{x}{a}\mathrm{d}x=x\arccos\dfrac{x}{a}-\sqrt{a^2-x^2}+C$

$(117)\int x\arccos\dfrac{x}{a}\mathrm{d}x=\left(\dfrac{x^2}{2}-\dfrac{a^2}{4}\right)\arccos\dfrac{x}{a}-\dfrac{x}{4}\sqrt{a^2-x^2}+C$

$(118)\int x^2\arccos\dfrac{x}{a}\mathrm{d}x=\dfrac{x^3}{3}\arccos\dfrac{x}{a}-\dfrac{1}{9}\left(x^2+2a^2\right)\sqrt{a^2-x^2}+C$

$(119)\int\arctan\dfrac{x}{a}\mathrm{d}x=x\arctan\dfrac{x}{a}-\dfrac{a}{2}\ln\left(a^2+x^2\right)+C$

$(120)\int x\arctan\dfrac{x}{a}\mathrm{d}x=\dfrac{1}{2}\left(a^2+x^2\right)\arctan\dfrac{x}{a}-\dfrac{a}{2}x+C$

$(121)\int x^2\arctan\dfrac{x}{a}\mathrm{d}x=\dfrac{x^3}{3}\arctan\dfrac{x}{a}-\dfrac{a}{6}x^2+\dfrac{a^3}{6}\ln\left(a^2+x^2\right)+C$

13. 含有指数函数的积分

$(122)\int a^x\mathrm{d}x=\dfrac{1}{\ln a}a^x+C$

$(123)\int\mathrm{e}^{ax}\mathrm{d}x=\dfrac{1}{a}\mathrm{e}^{ax}+C$

$(124)\int x\mathrm{e}^{ax}\mathrm{d}x=\dfrac{1}{a^2}\left(ax-1\right)\mathrm{e}^{ax}+C$

$(125)\int x^n\mathrm{e}^{ax}\mathrm{d}x=\dfrac{1}{a}x^n\mathrm{e}^{ax}-\dfrac{n}{a}\int x^{n-1}\mathrm{e}^{ax}\mathrm{d}x$

$(126)\int xa^x\mathrm{d}x=\dfrac{x}{\ln a}a^x-\dfrac{1}{\left(\ln a\right)^2}a^x+C$

$(127)\int x^n a^x\mathrm{d}x=\dfrac{1}{\ln a}x^n a^x-\dfrac{n}{\ln a}\int x^{n-1}a^x\mathrm{d}x$

$(128)\int\mathrm{e}^{ax}\sin bx\mathrm{d}x=\dfrac{1}{a^2+b^2}\mathrm{e}^{ax}\left(a\sin bx-b\cos bx\right)+C$

$(129)\int\mathrm{e}^{ax}\cos bx\mathrm{d}x=\dfrac{1}{a^2+b^2}\mathrm{e}^{ax}\left(b\sin bx+a\cos bx\right)+C$

$(130)\int\mathrm{e}^{ax}\sin^n bx\mathrm{d}x=\dfrac{1}{a^2+b^2n^2}\mathrm{e}^{ax}\sin^{n-1}bx\left(a\sin bx-nb\cos bx\right)+$
$\dfrac{n\left(n-1\right)b^2}{a^2+b^2n^2}\int\mathrm{e}^{ax}\sin^{n-2}bx\mathrm{d}x$

$(131)\int\mathrm{e}^{ax}\cos^n bx\mathrm{d}x=\dfrac{1}{a^2+b^2n^2}\mathrm{e}^{ax}\cos^{n-1}bx\left(a\cos bx+nb\sin bx\right)+$
$\dfrac{n\left(n-1\right)b^2}{a^2+b^2n^2}\int\mathrm{e}^{ax}\cos^{n-2}bx\mathrm{d}x$

14. 含有对数函数的积分

$$(132) \int \ln x \mathrm{d}x = x\ln x - x + C$$

$$(133) \int \frac{\mathrm{d}x}{x\ln x} = \ln |\ln x| + C$$

$$(134) \int x^n \ln x \mathrm{d}x = \frac{1}{n+1}x^{n+1}\left(\ln x - \frac{1}{n+1}\right) + C$$

$$(135) \int (\ln x)^n \mathrm{d}x = x(\ln x)^n - n \int (\ln x)^{n-1} \mathrm{d}x$$

$$(136) \int x^m (\ln x)^n \mathrm{d}x = \frac{1}{m+1}x^{m+1}(\ln x)^n - \frac{n}{m+1} \int x^m (\ln x)^{n-1} \mathrm{d}x$$

15. 含有双曲函数的积分

$$(137) \int \sinh x \mathrm{d}x = \cosh x + C$$

$$(138) \int \cosh x \mathrm{d}x = \sinh x + C$$

$$(139) \int \tanh x \mathrm{d}x = \ln \cosh x + C$$

$$(140) \int \sinh^2 x \mathrm{d}x = -\frac{x}{2} + \frac{1}{4}\sinh 2x + C$$

$$(141) \int \cosh^2 x \mathrm{d}x = \frac{x}{2} + \frac{1}{4}\sinh 2x + C$$

16. 定积分

$$(142) \int_{-\pi}^{\pi} \cos nx \mathrm{d}x = \int_{-\pi}^{\pi} \sin nx \mathrm{d}x = 0$$

$$(143) \int_{-\pi}^{\pi} \cos mx \sin nx \mathrm{d}x = 0$$

$$(144) \int_{-\pi}^{\pi} \cos mx \cos nx \mathrm{d}x = \begin{cases} 0, & m \neq n \\ \pi, & m = n \end{cases}$$

$$(145) \int_{-\pi}^{\pi} \sin mx \sin nx \mathrm{d}x = \begin{cases} 0, & m \neq n \\ \pi, & m = n \end{cases}$$

$$(146) \int_{0}^{\pi} \sin mx \sin nx \mathrm{d}x = \int_{0}^{\pi} \cos mx \cos nx \mathrm{d}x = \begin{cases} 0, & m \neq n \\ \dfrac{\pi}{2}, & m = n \end{cases}$$

$$(147) I_n = \int_{0}^{\frac{\pi}{2}} \sin^n x \mathrm{d}x = \int_{0}^{\frac{\pi}{2}} \cos^n x \mathrm{d}x$$

$$I_n = \frac{n-1}{n} I_{n-2}$$

$$= \begin{cases} I_n = \dfrac{n-1}{n} \cdot \dfrac{n-3}{n-2} \cdot \cdots \cdot \dfrac{4}{5} \cdot \dfrac{2}{3}(n \text{ 为大于 } 1 \text{ 的正奇数}), I_1 = 1 \\ I_n = \dfrac{n-1}{n} \cdot \dfrac{n-3}{n-2} \cdot \cdots \cdot \dfrac{3}{4} \cdot \dfrac{1}{2} \cdot \dfrac{\pi}{2}(n \text{ 为正偶数}), I_0 = \dfrac{\pi}{2} \end{cases}$$

部分习题参考答案

第1章 函数与极限

习题 1.1

1. $(1)(-0.02, 0.02)$; $(2)(2.9, 3.1)$; $(3)(-\pi-0.01, -\pi+0.01)$;

$(4)(0.8,1)\cup(1,1.2)$; $(5)(-0.5,0)\cup(0,0.5)$;

$(6)\left(\dfrac{\pi}{2}-0.1, \dfrac{\pi}{2}\right)\cup\left(\dfrac{\pi}{2}, \dfrac{\pi}{2}+0.1\right)$.

2. $(1)(-\infty, -5)\cup(-5,7)\cup(7, +\infty)$; $(2)\left[-\dfrac{5}{2}, +\infty\right)$; $(3)(-1, +\infty)$;

$(4)(-\infty,1)\cup(1, +\infty)$.

3. $2; \sqrt{5}; \sqrt{x^2+4}; \sqrt{\dfrac{1}{a^2}+4}; \sqrt{(x_0+h)^2+4}$.

4. $\dfrac{1}{2}; \dfrac{\sqrt{2}}{2}; \dfrac{\sqrt{2}}{2}; 0$.

5. (图略) $(1)(-\infty, +\infty); (2)(-2,2); (3)(-\infty, +\infty)$.

6. (1)单调减少; (2)单调增加; (3)单调增加; (4)单调减少.

7. (1)偶函数; (2)奇函数; (3)偶函数; (4)非奇非偶函数; (5)奇函数; (6)非奇非偶函数.

8. (1)有界; (2)有界; (3)无界

9. (1)周期为 2π; (2)周期为 $\dfrac{\pi}{2}$; (3)周期为 2; (4)非周期函数.

10. $(1)y=x^3-1, x\in(-\infty, +\infty)$; $\qquad (2)y=e^{x-1}-2, x\in(-\infty, +\infty)$;

$(3)y=\dfrac{1-x}{1+x}, x\in(-\infty, -1)\cup(-1, +\infty)$; $(4)y=\log_2\dfrac{x}{1-x}, x\in(0,1)$.

11. $(1)y=\sqrt{x^2-3x+2}, x\in(-\infty,1]\cup[2, +\infty)$;

$(2)y=\ln 3^{\sin x}, x\in(-\infty, +\infty)$;

$(3)y=\cos^3(e^x-1), x\in(-\infty, +\infty)$;

$(4)y=\arcsin\dfrac{x-1}{2x+1}, x\in(-\infty, -2]\cup[0, +\infty)$.

12. $(1)y=u^{20}, u=1+x$; $\qquad (2)y=e^u, u=x+1$; $\qquad (3)y=\ln u, u=x+5$;

$(4)y=u^2, u=\cos v, v=3x+1$; $(5)y=\arcsin u, u=v^{\frac{1}{2}}, v=\ln t, t=x^2-1$;

$(6)y=\ln u, u=\ln v, v=\ln x$.

13. $f\left(\dfrac{1}{x}\right)=\dfrac{1}{x-1}; f(f(x))=\dfrac{x}{1-2x}$.

14. $y = \begin{cases} 0.15x, & x \leqslant 50, \\ 0.25x - 5, & x > 50. \end{cases}$

15. $F = \dfrac{\mu M g}{\cos\alpha + \mu\sin\alpha}$.

习题 1. 2

（略）

习题 1. 3

1. (1) -9；(2) $\dfrac{1}{2}$；(3) $\dfrac{1}{2}$；(4) $2x$；(5) -1；(6) -1.

2. (1) 2；(2) 1；(3) 1；(4) $\dfrac{5}{2}$；(5) 1；(6) 1.

3. (1) e^{-2}；(2) e^3；(3) e^3；(4) $e^{\frac{1}{2}}$；(5) e^{-4k}；(6) e.

4. 7 689. 79 元；7 651. 60 元.

习题 1. 4

1. (1) 无穷小；(2) 无穷大；(3) 无穷大；(4) 无穷大；(5) 无穷小；(6) 无穷大.

2. (1) ∞；(2) -1；(3) 0；(4) ∞；(5) ∞；(6) 1；(7) $\dfrac{3}{4}$；

(8) 0；(9) 2；(10) 3.

3. (1) 同阶；(2) 低阶；(3) 等价；(4) 同阶.

4. （略）.

习题 1. 5

1. $\Delta y = 1. 75$.

2. （略）.

3. (1) 连续；(2) 不连续.

4. (1) $x = 2$，第二类间断点；$x = 1$，第一类间断点且为可去间断点；

(2) $x = 0$，第一类间断点且为跳跃间断点；

(3) $x = 0$，第一类间断点且为可去间断点；(4) $x = 0$，第一类间断点且为跳跃间断点；

(5) $x = 0$，第二类间断点；

(6) $x = 0$，第一类间断点且为可去间断点.

5. (1) $a = 0$ 或 $a = 1$；(2) $a = e^6$.

6. (1) $(-\infty, 1) \cup (2, +\infty)$，$\dfrac{\sqrt{2}}{2}$；(2) $(0, 1]$，$\ln\dfrac{\pi}{6}$.

7. (1) $-(1 + \sqrt{1 + a^2})$；(2) $\dfrac{1}{2}$；(3) $\dfrac{2}{3}\sqrt{2}$；(4) 1；(5) $-\sin x$；(6) $\dfrac{\pi}{6}$；(7) $\dfrac{1}{a}$；

(8) $-\dfrac{2}{3}$；(9) 1；(10) 2.

8. （略）.

习题 1. 6

（略）.

综合练习1

一、1. $[-4,-\pi)\cup(0,\pi)$. 2. $\frac{\sqrt{2}}{2},0,0$. 3. $\frac{x-1}{x}(x\neq1),\frac{1}{x}(x\neq1)$.

4. $\arcsin(1-x^2),[-\sqrt{2},\sqrt{2}]$. 5. $\infty,2$. 6. $-\frac{1}{4}$. 7. $-1,1$. 8. $1,0$ 9. $1,1$.

10. $0,1$. 11. $x=0,x=1,x=-1$. 12. $a=2,0$.

二、1. $f(1-x)=\begin{cases}\sin(1-x), & x\geqslant1,\\(1-x)^2+\ln(1-x), & x<1;\end{cases}$

$f(x-1)=\begin{cases}\sin(x-1), & x\leqslant1,\\(x-1)^2+\ln(x-1), & x>1.\end{cases}$

2. (1)1; (2)$\frac{2}{3}$; (3)0; (4)$\frac{3}{4}$.

3. (1)$\frac{\pi}{2}$; (2)$\frac{1}{2}$; (3)e; (4)e^{-2}.

4. (1)0; (2)$\frac{1}{2}$; (3)1; (4)$\ln a$.

5. $a=1$.

6. $f(x)$在$x=1$处连续,连续区间为$(-\infty,+\infty)$.

7. (1)$x=0$是第二类无穷间断点,$x=1$是第一类间断点;

(2)$x=0$是第一类间断点,$x=-1$为第二类无穷间断点.

8. 200

三、(略)

第2章 导数与微分

习题2.1

1. (1)$2,2$; (2)$b,a+b,0$.

2. 27.

3. $y=6x-9$.

4. $\frac{3}{2\sqrt{x_0}}$.

5. (略).

6. 切线方程:$x-y+1=0$,法线方程:$x+y-1=0$.

7. $(2,4)$.

8. $a=6,b=-9$.

9. $\frac{11}{3}$s,$\frac{242}{3}$m.

10. (略).

11. 不可导.

习题 2. 2

1. (1) $3x^2 + 4x + 1$；　(2) $3\cos x$；　　(3) $(2x^2 - x - 4)e^x$；　(4) $(\frac{1}{2}\sin 2x + \cos 2x)e^x$；

(5) $\dfrac{ad - bc}{(cx + d)^2}$；　(6) $\dfrac{(ad - bc)\sec^2 x}{(c\tan x + d)^2}$；　(7) $4x^3 e^{x^4}$；　　(8) $\dfrac{x + 3x^2}{\sqrt{1 + x^2 + 2x^3}}$；

(9) $6(x + 1)(x^2 + 2x - 1)^2$；　　　(10) $\dfrac{1}{x^2}\sin\dfrac{2}{x} \cdot e^{\cos^2\frac{1}{x}}$；　(11) $-\dfrac{\csc^2 \dfrac{x}{2}}{4\sqrt{\cot\dfrac{x}{2}}}$；

(12) $\dfrac{1}{\sqrt{a^2 + x^2}}$；

2. $y' = \dfrac{f(x)f'(x) + g(x)g'(x)}{\sqrt{f^2(x) + g^2(x)}}$.

3. (1) $-\dfrac{1}{\sqrt{x - x^2}}$；　(2) $n\sin^{n-1} x\cos(n + 1)x$；(3) $\dfrac{1}{\sqrt{1 - x^2} + 1 - x^2}$；

(4) $\dfrac{\ln x - 2}{x^2}\sin\dfrac{2 - 2\ln x}{x}$；　(5) $-\dfrac{1}{|x|} \cdot \dfrac{1}{\sqrt{x^2 - 1}}f'(\arcsin\dfrac{1}{x})$.

习题 2. 3

1. (1) $30x^4 + 12x$；　　(2) $-x(x^2 - 1)^{-\frac{3}{2}}$；　(3) $-5e^{2x}\cos 3x - 12e^{2x}\sin 3x$；

(4) $-\dfrac{a^2}{(a^2 - x^2)^{\frac{3}{2}}}$；　(5) $2\sec^2 x\tan x$；　　(6) $2\arctan x + \dfrac{2x}{1 + x^2}$；

(7) $2xe^{x^2}(3 + 2x^2)$；　(8) $\dfrac{e^x(x^2 - 2x + 2)}{x^3}$.

2. (1) $6(1 - 6x^2)\sin 2x + 4x(9 - 2x^2)\cos 2x$；　(2) $\dfrac{4a^3}{(x^2 + a^2)^2}$.

3. (1) $-(x^3 - 270x)\cos x - (30x^2 - 720)\sin x$；　(2) $(x + n)e^x$.

4. (1) $2f'(x^2) + 4x^2 f''(x^2)$；　(2) $\dfrac{f''(x)f(x) - (f'(x))^2}{(f(x))^2}$.

习题 2. 4

1. (1) $\dfrac{2 - x}{y - 3}$；　(2) $-\dfrac{1 + y\sin(xy)}{x\sin(xy)}$；　(3) $\dfrac{e^y}{1 - xe^y}$；　(4) $\dfrac{e^{x+y} - y}{x - e^{x+y}}$.

2. 1.

3. 切线方程: $y = -\dfrac{1}{4}x - \dfrac{1}{2}$; 法线方程: $y = 4x - 9$.

4. (1) $(x^2 + 1)^3(x + 2)^2 x^6\left(\dfrac{6x}{x^2 + 1} + \dfrac{2}{x + 2} + \dfrac{6}{x}\right)$；　(2) $x^x \cdot x^{x^x}\left(\dfrac{1}{x} + \ln x + \ln^2 x\right)$；

(3) $\dfrac{(2x + 1)^2 \sqrt[3]{2 - 3x}}{\sqrt[3]{(x - 2)^2}}\left[\dfrac{4}{2x + 1} - \dfrac{1}{2 - 3x} - \dfrac{2}{3(x - 3)}\right]$；

(4) $-(1 + \cos x)^{\frac{1}{x}}\dfrac{x\tan\dfrac{x}{2} + \ln(1 + \cos x)}{x^2}$.

5. $(1)e^t + 2te^t$； $(2)\tan\theta$； $(3) -\tan\theta$； $(4) -2\cos\theta\sin^3\theta$.

6. $(1)y = 2x$； $(2)4x + 3y - 12a = 0$.

7. $\dfrac{16}{25\pi}m/\min$

习题 2.5

1. $(1)\sin t$； $(2) -\dfrac{1}{\omega}\cos\omega x$； $(3)\ln(1 + x)$； $(4) -\dfrac{1}{2}e^{-2x}$；$(5)2\sqrt{x}$； $(6)\dfrac{1}{3}\tan x$.

2. $\Delta x = 1$ 时，$\Delta y = 18$，$dy = 11$； $\Delta x = 0.1$ 时，$\Delta y = 1.161$，$dy = 1.1$； $\Delta x = 0.01$ 时，

$\Delta y = 0.110\,601$，$dy = 0.11$.

3. $(1)dy = \left(12x^2 - \dfrac{2x}{1 - x^2}\right)dx$； $(2)dy = \left(-\dfrac{1}{\sqrt{1 - x^2}} + \dfrac{1}{2\sqrt{x^3}}\right)dx$；

$(3)dy = e^{-x}\left[\sin(3 - x) - \cos(3 - x)\right]dx$； $(4)dy = \dfrac{1}{|x|}\cdot\dfrac{-x}{\sqrt{1 - x^2}}dx$.

4. $(1)1.01$； $(2)9.9867$； $(3)0.8747$； $(4)\dfrac{23\pi}{5400}$.

5. $dy = \dfrac{x + y}{x - y}dx$.

习题 2.6

(略).

综合练习2

一、**1.** (1)充分，必要； (2)充要； (3)充要.

　　2. $a = 2, b = -1$. **3.** 1. **4.** $-f'(a)$.

　　5. $3x - y - 7 = 0$. **6.** $2xf'(x^2)dx$.

二、**1.** (C). **2.** (C). **3.** (C). **4.** (B). **5.** (D). **6.** (B). **7.** (D).

三、**1.** (1)连续但不可导； (2)可导.

　　2. $(1)\cos x\ln x^2 + \dfrac{2\sin x}{x}$；

　　　　$(2)\dfrac{2}{3(1 + 4x^2)\left(\arctan 2x + \dfrac{\pi}{2}\right)^{\frac{2}{3}}}$；

　　　　$(3)(1 + x^2)^{\sec x}\left(\tan x\ln(1 + x^2) + \dfrac{2x}{1 + x^2}\right)\sec x$； $(4)\dfrac{1}{1 - t^2}$.

　　3. $(1) -2\cos 2x\cdot\ln x - \dfrac{2\sin 2x}{x} - \dfrac{\cos^2 x}{x^2}$； $(2) -\dfrac{1}{2(1 - x)^2} - \dfrac{1 - x^2}{(1 + x^2)^2}$.

　　4. $(1)e^x(x + n)$； $(2)(-1)^n\dfrac{2\cdot n!}{(1 + x)^{n+1}}$.

　　5. $y' = -\dfrac{ye^{xy} + \sin x}{xe^{xy} + 2y}$.

　　6. $(1)\dfrac{dy}{dx} = -\tan\theta, \dfrac{d^2y}{dx^2} = \dfrac{1}{3a}\sec^4\theta\csc\theta$； $(2)\dfrac{dy}{dx} = \dfrac{1}{t}, \dfrac{d^2y}{dx^2} = -\dfrac{1 + t^2}{t^3}$.

7. $\dfrac{3}{2}$ m/min.

第3章 微分中值定理与导数的应用

习题 3.1

(略).

习题 3.2

1. (1) $-\dfrac{3}{7}$;　(2)1;　(3)2;　(4) $-\dfrac{1}{8}$;　(5) $\cos a$;　(6)0;

(7) $\begin{cases} 1, & m=n, \\ \dfrac{m}{n}a^{m-n}, & m\neq n \end{cases}$;　(8)0;　(9)1;　(10) $\dfrac{1}{2}$;　(11) $\dfrac{3}{2}$;　(12) $-\dfrac{1}{2}$;

(13) $+\infty$;　(14) e^{a};　(15)1;　(16)1.

2~3. (略).

习题 3.3

1. $f(x)=1-9x+30x^2-45x^3+30x^4-9x^5+x^6$.

2. (1) $\sqrt{x}=2+\dfrac{1}{4}(x-4)-\dfrac{1}{64}(x-4)^2+\dfrac{1}{512}(x-4)^3-\dfrac{15(x-4)^4}{4!16\left[4+\theta(x-4)\right]^{\frac{7}{2}}}(0<\theta<1)$;

(2) $(x-1)\ln x=(x-1)^2-\dfrac{1}{2}(x-1)^3+$

$$\dfrac{\left[1+\theta(x-1)\right]^{-3}+3\left[1+\theta(x-1)\right]^{-4}}{12}(x-1)^4\,(0<\theta<1).$$

3. (1) $x\mathrm{e}^x=x+x^2+\dfrac{x^3}{2!}+\cdots+\dfrac{x^n}{(n-1)!}+o(x^n)$;

(2) $\dfrac{\mathrm{e}^x+\mathrm{e}^{-x}}{2}=1+\dfrac{1}{2!}x^2+\dfrac{x^4}{4!}+\cdots+\dfrac{x^{2k}}{(2k)!}+o(x^{2k})$.

4. (1) $\sqrt[3]{30}\approx3.10725$,误差: $|R(x)|\approx1.88\times10^{-5}$;

(2) $\sin18°\approx0.3090$,误差: $|R(x)|\approx2.03\times10^{-4}$.

5. (1) $\dfrac{1}{6}$;　(2)1.

习题 3.4

1. 单调增加.

2. (1)单调增加区间为 $(-\infty,1)$ 和 $(2,+\infty)$,单调减少区间为 $[1,2]$;

(2)单调减少区间为 $(0,2]$,单调增加区间为 $(2,+\infty)$;

(3)单调增加区间为 $(-\infty,+\infty)$;

(4)单调减少区间为 $\left(-\infty,\dfrac{1}{2}\right)$,单调增加区间为 $\left[\dfrac{1}{2},+\infty\right)$;

(5)单调增加区间为 $[0,n]$,单调减少区间为 $(n,+\infty)$;

(6)单调增加区间为 $\left[\left(k-\dfrac{1}{2}\right)\pi,\left(k-\dfrac{1}{6}\right)\pi\right]$ 和 $\left[k\pi,\left(k+\dfrac{1}{3}\right)\pi\right]k\in\mathbf{Z}$,单调减少区间为

$$\left[\left(k-\frac{1}{6}\right)\pi,k\pi\right]和\left[\left(k+\frac{1}{3}\right)\pi,\left(k+\frac{1}{2}\right)\pi\right]k\in\mathbf{Z}.$$

3.（略）.

4.（1）$y(0)=0$ 为极小值；　（2）$y\left(\dfrac{3}{4}\right)=\dfrac{5}{4}$ 为极大值；

$$（3）y\left(2k\pi+\frac{\pi}{4}\right)=\frac{\sqrt{2}}{2}e^{2k\pi+\frac{\pi}{4}}(k\in\mathbf{Z})为极大值,$$

$$y\left(2k\pi-\frac{3}{4}\pi\right)=-\frac{\sqrt{2}}{2}e^{2k\pi-\frac{3}{4}\pi}(k\in\mathbf{Z})为极小值;　（4）无极值.$$

5. $a=2$，$f\left(\dfrac{\pi}{3}\right)=\sqrt{3}$ 为极大值.

6.（1）$f_{\min}=f(-3)=0$；　（2）$f_{\max}=\dfrac{5}{4}$，$f_{\min}=\sqrt{6}-5$.

7. $H=\dfrac{2\sqrt{3}}{3}r$.

8. $\alpha=\arctan\dfrac{1}{4}$.

9. 底为 $\dfrac{4P}{3\pi+8}$，高为 $\dfrac{4-\pi}{6\pi+16}P$.

习题 3.5

1.（1）凸；　（2）凹.

2.（1）$(2,2e^{-2})$ 为拐点，$(-\infty,2)$ 为凸区间，$(2,+\infty)$ 为凹区间；

（2）无拐点，凹弧；

（3）$(-\infty,-1)\cup(1,+\infty)$ 为凸区间，$(-1,1)$ 为凹区间；$(1,\ln2)$、$(-1,\ln2)$ 为拐点；

（4）$(1,-7)$ 为拐点，$(0,1)$ 为凸区间，$(1,+\infty)$ 为凹区间.

3. $a=-\dfrac{3}{2}$，$b=\dfrac{9}{2}$.

4. $(x_0,f(x_0))$ 是拐点.

5~6.（略）.

习题 3.6

1. $\dfrac{\sqrt{3}}{4}$（m/min）.

2. $\dfrac{500}{9}\sqrt{6}$（m/min）.

3. 40（m/min）.

4.（1）边际成本 1.1；

（2）产量为 650 时获得利润最大；

（3）产量为 83 时，盈亏平衡.

5.（1）产量为 34 件时获得最大利润 96.56 元；

（2）价格应提高 5 元.

6. $(1) y' = a, \dfrac{Ey}{Ex} = \dfrac{ax}{ax+b}, r_y = \dfrac{a}{ax+b}$;

　　$(2) y' = ab\mathrm{e}^{bx}, \dfrac{Ey}{Ex} = bx, r_y = b$;

　　$(3) y' = ax^{a-1}, \dfrac{Ey}{Ex} = a, r_y = \dfrac{a}{x}$.

7. 需求量分别提高 8% 和 16%.

8. 5.9%.

习题 3.7

1. $K\big|_{(0,2)} = 2$.

2. $K = |\cos x|, \rho = |\sec x|$.

3. $K\big|_{t=t_0} = \left| \dfrac{2}{3a \sin(2t_0)} \right|$.

4. 在点 $\left(\dfrac{\sqrt{2}}{2}, -\dfrac{\ln 2}{2} \right)$ 处有最小曲率半径, $\rho = \dfrac{\left(1 + \dfrac{1}{2}\right)^{\frac{3}{2}}}{\dfrac{\sqrt{2}}{2}} = \dfrac{3\sqrt{3}}{2}$.

5. 1246N.

6. $(x-3)^2 + (y+2)^2 = 8$.

习题 3.8

1. $0.18 < \xi < 0.19$.

2. $-0.20 < \xi < -0.19$.

3. $0.32 < \xi < 0.33$.

4. $2.50 < \xi < 2.51$.

5 ~ 8. (略).

综合练习3

一、**1.** $y = \dfrac{1}{2}x - \dfrac{1}{4}, x = -\dfrac{1}{2}$.　　**2.** $\ln a - \ln b$.　　**3.** $f(a)$.　　**4.** 2,2.

二、**1.** (B).　　**2.** (B).　　**3.** (C).　　**4.** (B).

三、**1.** $-\dfrac{1}{4}$.　　**2.** $\dfrac{1}{2}$.　　**3.** $\mathrm{e}^{-\frac{2}{\pi}}$.　　**4.** $\sqrt{ab}$.　　**5.** (略).　　**6.** (略).

7. $(1) a = g'(0)$;　$(2) f'(x) = \begin{cases} \dfrac{xg'(x) + x \sin x - g(x) + \cos x}{x^2}, & x \neq 0, \\ \dfrac{1}{2}g''(0) + \dfrac{1}{2}, & x = 0; \end{cases}$

$(3) (f'(x)$ 在 $x = 0$ 处连续).

8. $\lim\limits_{x \to \infty} [f(x+a) - f(x)] = ka$.　　**9.** (略).　　**10.** (略).

11. $f\left(\dfrac{1}{\mathrm{e}} \right) = \dfrac{1}{\mathrm{e}^{\frac{2}{\mathrm{e}}}}$ 为极小值, $f(0) = 2$ 为极大值.

12. 纵坐标最大的点为 $(1,2)$，最小的点为 $(-1,-2)$.

13. 剪去的方块边长为 $\dfrac{a}{6}$ m 时容积最大.　　**14.**（略）.　　**15.**（略）.

16. $x = \dfrac{\pi}{2}$ 时有最小曲率半径 $\rho = 1$.

17. 两船相离的速率为 $-2.8\mathrm{km/h}$.

18. 价格为 44、产量为 4 个单位时获得最大利润 112，$p = 11$ 时，需求价格弹性为 $-\dfrac{11}{98}$.

19.（略）.

第4章　不定积分

习题 4.1

1.（1）$2^x \ln 2 + \cos x$；　（2）$-\sin x + C$.

2.（A）.

3.（C）.

4.（1）$4x - \dfrac{4}{3}x^3 + \dfrac{1}{5}x^5 + C$；　（2）$2x - \dfrac{5}{2}x^2 + x^3 + C$；　（3）$x - \dfrac{1}{x} - 2\ln|x| + C$；

（4）$\ln|x| - \dfrac{2}{x} + \dfrac{3}{2}x^{-2} + C$；　（5）$\dfrac{2}{3}x^{\frac{3}{2}} - 2\sqrt{x} + C$；　（6）$\dfrac{4}{11}t^{\frac{11}{4}} + C$；

（7）$-\dfrac{1}{x} - \arctan x + C$；　（8）$x + \arctan x + C$；　（9）$\ln|x| + \arctan x + C$；

（10）$\mathrm{e}^x + x + C$；　（11）$\dfrac{1}{2}x + \dfrac{1}{2}\sin x + C$；　（12）$2\sin x + C$；　（13）$-\cot x - 2x + C$；

（14）$\dfrac{1}{2}\tan x + C$；　（15）$-\cot x - \tan x + C$；　（16）$\tan x - \sec x + C$；　（17）$-\cot x - x + C$；

（18）$-\cos x + \sin x + C$；　（19）$x - \cos x + C$；　（20）$\tan x + \sec x + C$.

5.（1）$f(x) = \ln x + 1$；　（2）$f(x) = \dfrac{x^2}{2} + \mathrm{e}^x + 1$.

6. $p(t) = \dfrac{a}{2}t^2 + bt$.

习题 4.2

1.（1）$\dfrac{1}{3}$；　（2）-3；　（3）$\dfrac{1}{6}$；　（4）$-\dfrac{1}{2}$；　（5）$\dfrac{1}{3}$；　（6）$\dfrac{1}{8}$；　（7）$-\dfrac{1}{4}$；　（8）$\dfrac{1}{2}$；

（9）2；　（10）$\dfrac{1}{2}$.

2. $F(\varphi(t)) + C$.

3. $F(\varphi^{-1}(x)) + C$.

4.（D）.

5.（A）.

6.（1）$-\dfrac{2}{9}(2 - 3x)^{\frac{3}{2}} + C$；　（2）$\dfrac{1}{3}\ln|3x + 1| + C$；　（3）$-\dfrac{1}{4}\cos(4x + 1) + C$；

(4) $-\dfrac{1}{4}\sin(1-4x)+C$; (5) $-\dfrac{1}{2}\cos x^2+C$; (6) $-\dfrac{1}{4}(3-4x^2)^{\frac{1}{2}}+C$;

(7) $\ln|x-2|+C$; (8) $2\sin\sqrt{x}+C$; (9) $\cos\dfrac{1}{x}+C$; (10) $-\dfrac{1}{2}\ln|1-2e^x|+C$;

(11) $\dfrac{1}{2}\ln\left|\dfrac{1+e^x}{1-e^x}\right|+C$; (12) $-\dfrac{1}{3}\cos^3 x+C$; (13) $\dfrac{1}{1-\sin x}+C$; (14) $\dfrac{1}{12}\arctan\dfrac{4}{3}x+C$;

(15) $\dfrac{1}{2}\ln|1+2\ln x|+C$; (16) $\dfrac{1}{3}\ln^3 x+C$; (17) $\dfrac{1}{3}(1+\tan x)^3+C$;

(18) $\dfrac{1}{2}\arctan\sin^2 x+C$; (19) $\dfrac{1}{2}(\ln\tan x)^2+C$; (20) $2\sqrt{1+\tan x}+C$.

7. (1) $\sqrt{2x}-\ln(1+\sqrt{2x})+C$; (2) $2\ln(1+\sqrt{x})+C$; (3) $2e^{\sqrt{x}}+C$; (4) $\dfrac{2}{5}(\sqrt{x-6})^5+4$

$(\sqrt{x-6})^3+C$; (5) $2\arctan\sqrt{x-1}+C$; (6) $\dfrac{2}{27}(\sqrt{3x+1})^3+\dfrac{4}{9}\sqrt{3x+1}+C$;

(7) $-\dfrac{1}{x}\sqrt{x^2+a^2}+\ln(x+\sqrt{x^2+a^2})+C$; (8) $\arcsin x-\dfrac{x}{1+\sqrt{1-x^2}}+C$;

(9) $\dfrac{1}{2}(\arcsin x+\ln|x+\sqrt{1-x^2}|)+C$; (10) $\dfrac{1}{3}(x^2-2)\sqrt{1+x^2}+C$.

8. (1) $\dfrac{1}{4}[f(x^2)]^2+C$; (2) $f(\ln x)+C$.

习题 4.3

1. (1) $-\dfrac{1}{2}xe^{-2x}-\dfrac{1}{4}e^{-2x}+C$; (2) $-xe^{-x}+C$; (3) $-\dfrac{1}{3}x\cos 3x+\dfrac{1}{9}\sin 3x+C$;

(4) $\dfrac{1}{2}(x^2\arctan x-x+\arctan x)+C$; (5) $x\arcsin x+\sqrt{1-x^2}+C$;

(6) $\dfrac{1}{2}x^2\ln(x-1)-\dfrac{1}{4}x^2-\dfrac{1}{2}x-\dfrac{1}{2}\ln(x-1)+C$; (7) $-\dfrac{\ln x}{x}-\dfrac{1}{x}+C$;

(8) $x\ln^2 x-2x(\ln x-1)+C$;

(9) $2\sqrt{1+x}\ln x-4\sqrt{1+x}-2\ln\left|\dfrac{\sqrt{1+x}-1}{\sqrt{1+x}+1}\right|+C$; (10) $2\sqrt{1-x}+2\sqrt{x}\arcsin\sqrt{x}+C$;

(11) $\dfrac{x}{2}(\cos\ln x+\sin\ln x)+C$; (12) $\dfrac{1}{2}e^x-\dfrac{1}{5}e^x\sin 2x-\dfrac{1}{10}e^x\cos 2x+C$;

(13) $2x\sqrt{e^x-1}-4\sqrt{e^x-1}+4\arctan\sqrt{e^x-1}+C$;

(14) $-\dfrac{1}{x}\arctan x+\ln\left(\dfrac{x}{\sqrt{x^2+1}}\right)-\dfrac{1}{2}(\arctan x)^2+C$; (15) $\dfrac{x^{n+1}}{n+1}\left(\ln x-\dfrac{1}{n+1}\right)+C$;

(16) $\left(\dfrac{3}{4}-\dfrac{1}{2}x^2\right)\cos 2x+\dfrac{1}{2}x\sin 2x+C$.

2. $\cos x-\dfrac{2\sin x}{x}+C$.

3. $2x-2\arctan x+C$.

4. $-e^{-x}\ln(1+e^x)-\ln(1+e^{-x})+C$.

习题 4.4

$(1) \dfrac{1}{2a} \ln \left| \dfrac{x-a}{x+a} \right| + C; \quad (2) \dfrac{1}{6} \ln \dfrac{(x+1)^2}{x^2-x+1} + \dfrac{1}{\sqrt{3}} \arctan \dfrac{2x-1}{\sqrt{3}} + C;$

$(3) \dfrac{1}{x-1} + \ln \left[x^4(x-1)^2 \right] + C; \quad (4) \ln \sqrt{\dfrac{|x^2-1|}{x^2+1}} + \dfrac{1}{2(x^2+1)} + C;$

$(5) \ln \left| \dfrac{x}{\sqrt{1+x^2}} \right| + \dfrac{1}{2(1+x^2)} + C; \quad (6) \dfrac{1}{3} \left(\ln \left| \dfrac{x^3}{1+x^3} \right| + \dfrac{1}{1+x^3} \right) + C;$

$(7) \dfrac{2}{1+\tan \frac{x}{2}} + x + C; \quad (8) -\cos x - \dfrac{2}{\cos x} + \dfrac{1}{3\cos^3 x} + C; \quad (9) \dfrac{2}{3} \tan^3 x + \tan x + C;$

$(10) \dfrac{x}{16} - \dfrac{1}{64} \sin 4x + \dfrac{1}{48} \sin^3 2x + C; \quad (11) \dfrac{1}{4} \ln \left| \dfrac{\sqrt{4-x^2}-2}{\sqrt{4-x^2}+2} \right| + C; \quad (12) \arcsin \dfrac{x-3}{\sqrt{20}} + C;$

$(13) \dfrac{1}{2} \sqrt{2x^2+4x+5} - \dfrac{3}{\sqrt{2}} \ln \left| \sqrt{2}(x+1) + \sqrt{2x^2+4x+5} \right| + C;$

$(14) \dfrac{1}{3} (x^2+4x+1)^{\frac{3}{2}} - 2(x+2) \sqrt{x^2+4x+1} + 6\ln \left| x+2 + \sqrt{x^2+4x+1} \right| + C.$

习题 4.5

（略）

综合练习4

一、**1.** $x + e^x + C.$ **2.** $\dfrac{1}{x}(1-2\ln x) + C.$ **3.** $-\dfrac{1}{3}(1-x^2)^{\frac{3}{2}} + C.$

4. $x\arccos x - \sqrt{1-x^2}.$ **5.** $\dfrac{1}{2}(1+x^2) \left[\ln(1+x^2) - 1 \right].$

二、**1.** (C).   **2.** (B).   **3.** (B).   **4.** (D).   **5.** (A).

三、**1.** $\dfrac{4}{7} x^{\frac{7}{4}} + 4x^{-\frac{1}{4}} + C.$ **2.** $\dfrac{4}{5} x^{\frac{5}{4}} - \dfrac{24}{17} x^{\frac{17}{12}} + \dfrac{4}{3} x^{\frac{3}{4}} + C.$ **3.** $-\dfrac{1}{2} \cot(2x) + C.$

4. $-\dfrac{1}{x} + \arctan x + C.$ **5.** $\dfrac{1}{2} e^{x^2-2x} + C.$ **6.** $x^x + C.$ **7.** $\arctan e^x + C.$

8. $\dfrac{1}{3} \tan^3 x + \tan x + C.$ **9.** $-\dfrac{1}{7(x+1)^7} + \dfrac{1}{4(x+1)^8} + C.$

10. $\dfrac{1}{2} \arctan x^2 + \dfrac{1}{4} \ln(1+x^4) + C.$ **11.** $\dfrac{1}{3} \ln \left| x^3 + 3\sin x \right| + C.$

12. $\dfrac{4}{3} \sqrt{1+\sqrt{x}}(\sqrt{x}-2) + C.$ **13.** $\dfrac{1}{2} \sqrt{4x^2-4x+5} + 2\ln \left| 2x-1 + \sqrt{4x^2-4x+5} \right| + C.$

14. $\sqrt{1-x^2} - \ln |x| + \ln \left| 1 - \sqrt{1-x^2} \right| + C.$ **15.** $-\dfrac{\sqrt{1+x^2}}{x} + C.$

16. $\dfrac{1}{9} x^3 (3\ln x - 1) + C.$ **17.** $-2(\sqrt{1-x} \sin \sqrt{1-x} + \cos \sqrt{1-x}) + C.$

18. $e^x \sin e^x + \cos e^x + C.$

19. $\dfrac{1}{2}(x^2 e^{x^2} - e^{x^2}) + C.$ **20.** $\arctan x + \dfrac{1}{2}\ln(1+x^2) + \dfrac{1}{2}(\arctan x)^2 + C.$

四、**1.** $x\cos x\ln x + (1-\ln x)(1+\sin x) + C.$ **2.** $x + 2\ln|x-1| + C.$ **3.** $x + \dfrac{1}{2}\ln x + C.$

4. $x + \dfrac{1}{3}x^3 + 1.$ **5.** $\dfrac{x^2}{\sqrt{1+x^2}} - \sqrt{1+x^2} + C.$ **6.** $\dfrac{x e^{\frac{x}{2}}}{2(1+x)^{\frac{3}{2}}}.$

7. $\displaystyle\int f(x)\,\mathrm{d}x = \begin{cases} \dfrac{x^3}{3} + C, & x \leqslant 0, \\ 1 - \cos x + C, & x > 0. \end{cases}$

第5章 定 积 分

习题 5.1

1. $\dfrac{1}{3}(b^3 - a^3) + b - a.$

2. (略). **3.** 12.

习题 5.2

1. (略).

2. (1) $6 \leqslant \displaystyle\int_1^4 (x^2+1)\,\mathrm{d}x \leqslant 51;$ (2) $\pi \leqslant \displaystyle\int_{\frac{\pi}{4}}^{\frac{5}{4}\pi} (1+\sin^2 x)\,\mathrm{d}x \leqslant 2\pi;$

(3) $\dfrac{\pi}{9} \leqslant \displaystyle\int_{\frac{1}{\sqrt{3}}}^{\sqrt{3}} x\arctan x\,\mathrm{d}x \leqslant \dfrac{2}{3}\pi;$ (4) $-2e^2 \leqslant \displaystyle\int_2^0 e^{x^2-x}\,\mathrm{d}x \leqslant -2e^{-\frac{1}{4}}.$

3. (1) $\displaystyle\int_0^1 x^2\,\mathrm{d}x$ 较大; (2) $\displaystyle\int_1^2 x^3\,\mathrm{d}x$ 较大; (3) $\displaystyle\int_1^2 \ln x\,\mathrm{d}x$ 较大; (4) $\displaystyle\int_0^1 x\,\mathrm{d}x$ 较大;

(5) $\displaystyle\int_0^1 e^x\,\mathrm{d}x$ 较大.

习题 5.3

1. 0. $\dfrac{\sqrt{2}}{2}.$

2. $\cot t.$

3. $\dfrac{\cos x}{\sin x - 1}.$

4. 当 $x = 0$ 时.

5. (1) $2x\sqrt{1+x^4};$ (2) $\dfrac{3x^2}{\sqrt{1+x^{12}}} - \dfrac{2x}{\sqrt{1+x^8}};$ (3) $(\sin x - \cos x)\cdot\cos(\pi\sin^2 x).$

6. (1) $a\left(a^2 - \dfrac{a}{2} + 1\right);$ (2) $2\dfrac{5}{8};$ (3) $45\dfrac{1}{6};$ (4) $\dfrac{\pi}{6}$ (5) $\dfrac{\pi}{3}$ (6) $\dfrac{\pi}{3a}$ (7) $\dfrac{\pi}{6}$

(8) $1 + \dfrac{\pi}{4};$ (9) $-1;$ (10) $1 - \dfrac{\pi}{4};$ (11) $4;$ (12) $\dfrac{8}{3}.$

7. (略).

8. 提示:应用三角学中的积化和差公式.

9. (1)1；(2)2.

10. （略）.

习题 5.4

1. (1) 0；(2) $\dfrac{51}{512}$；(3) $\dfrac{1}{4}$；(4) $\pi-\dfrac{4}{3}$；(5) $\dfrac{\pi}{6}-\dfrac{\sqrt{3}}{8}$；(6) $\dfrac{\pi}{2}$；(7) $\sqrt{2}(\pi+2)$；

(8) $1-\dfrac{\pi}{4}$；(9) $\dfrac{a^4}{16}\pi$；(10) $\sqrt{2}-\dfrac{2\sqrt{3}}{3}$；(11) $\dfrac{1}{6}$；(12) $2+2\ln\dfrac{2}{3}$；(13) $1-2\ln2$；

(14) $(\sqrt{3}-1)a$；(15) $1-\mathrm{e}^{-\frac{1}{2}}$；(16) $2(\sqrt{3}-1)$；(17) $\dfrac{\pi}{2}$；(18) $\dfrac{2}{3}$；

(19) $\dfrac{4}{3}$；(20) $2\sqrt{2}$.

2. (1) 0；(2) $\dfrac{3}{2}\pi$；(3) $\dfrac{\pi^3}{324}$；(4) 0.

3~8. （略）

习题 5.5

1. (1) $1-\dfrac{2}{\mathrm{e}}$；(2) $\dfrac{1}{4}(\mathrm{e}^2+1)$；(3) $-\dfrac{2\pi}{w^2}$；(4) $\left(\dfrac{1}{4}-\dfrac{\sqrt{3}}{9}\right)\pi+\dfrac{1}{2}\ln\dfrac{3}{2}$；(5) $4(2\ln2-1)$；

(6) $\dfrac{\pi}{4}-\dfrac{1}{2}$；(7) $\dfrac{1}{5}(\mathrm{e}^\pi-2)$；(8) $2-\dfrac{3}{4\ln2}$；

(9) $\dfrac{\pi^3}{6}-\dfrac{\pi}{4}$；(10) $\dfrac{1}{2}(\mathrm{e}\sin 1-\mathrm{e}\cos 1+1)$；(11) $2\left(1-\dfrac{1}{\mathrm{e}}\right)$.

2. $I_{100}=\dfrac{\pi^2}{2}\cdot\dfrac{1\cdot3\cdot5\cdot\cdots\cdot99}{2\cdot4\cdot6\cdot\cdots\cdot100}$.

习题 5.6

1. (1) $\dfrac{1}{3}$；(2) 发散；(3) $\dfrac{1}{a}$；(4) $\dfrac{p}{p^2+h^2}$；(5) $\dfrac{w}{p^2+w^2}$；(6) π；(7) 1；(8) 发散；

(9) $2\dfrac{2}{3}$；(10) $\dfrac{\pi}{2}$.

2. 当 $k>1$ 时收敛于 $\dfrac{1}{(k-1)(\ln2)^{k-1}}$；当 $k\leqslant1$ 时发散；当 $k=1-\dfrac{1}{\ln\ln2}$ 时取得最小值.

习题 5.7

（略）

综合练习5

一、**1.** $-\cos x^2$.　**2.** $\dfrac{1}{6}$.　**3.** $2x-\sin x$.　**4.** $\dfrac{\sqrt{3}}{9}\pi$.　**5.** $2\ln2$.

二、**1.** (B)　**2.** (B)　**3.** (C)　**4.** (C)　**5.** (D)　**6.** (A).

三、**1.** $\dfrac{\pi}{2}$.　**2.** $\dfrac{3}{16}$　**3.** $\dfrac{\pi^2}{2}+2\pi-4$.　**4.** $\dfrac{4}{3}$.　**5.** $\sqrt{3}-\dfrac{\pi}{3}$.　**6.** $8\ln2-4$.　**7.** $-3-\ln2$.

8. $\dfrac{3}{4}\pi-1$.

四、**1.** $\dfrac{1}{8}(2e-3)$ **2.** $-\dfrac{1}{8}$ **3.** 证明略，200. **4.** （略）. **5.** 最大值 $\dfrac{1}{2}\ln 3 - \dfrac{\sqrt{3}}{18}\pi$，最小值0. **6.** $\dfrac{1}{\ln 2}$.

第 6 章 定积分的应用

习题 6. 2

1. （1）$\dfrac{3}{2}-\ln 2$； （2）$\dfrac{32}{3}$； （3）$e+\dfrac{1}{e}-2$； （4）$b-a$.

2. $\dfrac{16}{3}p^2$.

3. $\dfrac{e}{2}$.

4. $3\pi a^2$.

5. $\dfrac{3}{2}\pi a^2$.

6. $\dfrac{a^2}{4}(e^{2\pi}-e^{-2\pi})$.

7. $2\pi a x_0^2$.

8. $\dfrac{128}{7}\pi, \dfrac{64}{5}\pi$.

9. $\dfrac{8}{3}\pi$.

10. $\dfrac{\sqrt{3}}{2}, \dfrac{\pi}{4}$.

11. $1+\dfrac{1}{2}\ln\dfrac{3}{2}$.

12. $\dfrac{2}{3}\left[(1+b)^{\frac{3}{2}}-(1+a)^{\frac{3}{2}}\right]$.

13. $2\pi^2 a$.

14. $\dfrac{a}{2}\left[2\pi\sqrt{1+4\pi^2}+\ln(2\pi+\sqrt{1+4\pi^2})\right]$.

15. $6a$.

习题 6. 3

1. 0. 18kJ

2. $kq\left(\dfrac{1}{a}-\dfrac{1}{b}\right)$.

3. $\dfrac{27}{7}kc^{\frac{2}{3}}a^{\frac{7}{3}}$（其中 k 为比例常数）.

4. $\sqrt{2}-1(\text{cm})$.

5. 57 697. 5(kJ).

6. （1）1 429. 1(N)； （2）6 533. 3(N).

7. $\dfrac{kmM}{a(l+a)}$.

8. 引力的大小为 $\dfrac{2km\mu}{R}\sin\dfrac{\varphi}{2}$，方向为 M 指向圆弧的中点.

习题 6.4

1. $Q=2.5$；$L=6.25$.

2. （1）$p^*=10$，$x^*=200$；（2）$CS=1\,000$；$PS=1\,067$.

3. （1）$30\,000$（万元）；（2）5.75（年）.

综合练习6

1. $\dfrac{bf(b)-af(a)-\displaystyle\int_a^b f(x)\mathrm{d}x}{f(b)-f(a)}$.

2. $a=-\dfrac{5}{3}$，$b=2$，$c=0$.

3. $4\pi^2$.

4. $\sqrt{6}+\ln(\sqrt{2}+\sqrt{3})$.

5. $\dfrac{16}{3}R^3$.

6. $\dfrac{3}{4}\pi R^4 g$.

7. （1）$1.63ah^2\times10^3(g=9.8\mathrm{m/s^2})$；（2）$y=\dfrac{h}{2}$（m）.

8. 取 y 轴通过细直棒，$F_y=Gm\mu\left(\dfrac{1}{a}-\dfrac{1}{\sqrt{a^2+l^2}}\right)$，$F_x=-\dfrac{Gm\mu l}{a\sqrt{a^2+l^2}}$（$G$ 为引力常量）.

9. $2\,343$ 元.

第7章 微 分 方 程

习题 7.1

1. （1）一阶；（2）三阶；（3）一阶；（4）二阶.

2. （1）是；（2）是；（3）否；（4）是.

3. $y'-2y=1-2x$.

习题 7.2

1. （1）$\mathrm{e}^x-\mathrm{e}^y=C$；（2）$(1+x^2)(2y+1)=C$；（3）$\ln^2 x+\ln^2 y=C$；

（4）$y=x\arcsin Cx$；（5）$x^3=Ce^{\frac{y^3}{x^3}}$；（6）$y=\mathrm{e}^{-x}(x+C)$；（7）$y=\dfrac{1}{x}(-\cos x+C)$；

（8）$x=y^2\left(\dfrac{1}{2}+Cy\right)$；（9）$y^2=\dfrac{3x^2}{C-2x^3}$；（10）$(3x+y+2)(y-x)=C$.

2. （1）$x^2+y^2=25$；（2）$y-\mathrm{e}^{-y}=-x+\mathrm{e}^{-x}-2$；（3）$y=\mathrm{e}^{\sqrt{x}-2}$；（4）$y=x\mathrm{e}^x$；（5）$y=x^2\left(1-\mathrm{e}^{\frac{1-x}{x}}\right)$.

3. $(1)y=\frac{1}{2}(x+1)^5+C(x+1)^3$. $(2)y=\frac{4x^3+3C}{3(x^2+1)}$; $(3)y=-\frac{1}{4}e^{-x^2}+Ce^{x^2}$;

$(4)y=x(-\cos x-1)$.

4. $y=2(e^x-x-1)$.

习题 7.3

1. $(1)y=\frac{x^3}{6}-\cos x+C_1x+C_2$; $(2)y=-\frac{C_1}{3}(1-x)^3+C_2$; $(3)y=C_1\ln|x|+C_2$;

$(4)e^y=C_1x+C_2$.

2. $(1)y=-\ln|x|+x-1$; $(2)y=\frac{x^3}{3}-\frac{1}{2}x^2+1$.

习题 7.4

1. $(1)y=C_1e^{-2x}+C_2e^x$; $(2)y=C_1e^{5x}+C_2$; $(3)y=C_1\cos 2x+C_2\sin 2x$;

$(4)y=(C_1+C_2x)e^x$; $(5)y=(C_1+C_2t)e^{\frac{5}{2}t}$; $(6)y=e^{3x}(C_1\cos 2x+C_2\sin 2x)$;

$(7)y=C_1e^{3x}+C_2e^{-x}-\frac{1}{2}e^x$; $(8)y=C_1e^x+C_2e^{-x}-\frac{4}{5}\sin 2x$.

2. $(1)\bar{y}=\frac{1}{6}x+\frac{11}{36}$; $(2)\bar{y}=\frac{1}{15}e^{2x}$.

3. $(1)\bar{y}=(Ax^2+Bx+C)e^{2x}$; $(2)\bar{y}=Ax\cos 2x+Bx\sin 2x$;

$(3)\bar{y}=(A_1x^2+B_1x+C_1)+A_2x^2e^{2x}+(A_3\cos 2x+B_3\sin 2x)$.

4. $(1)y=2\cos 5x+\sin 5x$; $(2)y=(\frac{\pi}{2}-1)\cos x-\frac{1}{2}\sin x-\frac{x}{2}\cos x$.

习题 7.5

(略).

综合练习7

一、1. $(x+C)\cos x$. 2. $(x-4)y^4=Cx$. 3. $y=-2x+C_1\cos x+C_2$.

4. $y=e^x(C_1\cos x+C_2\sin x+1)$. 5. $\frac{1}{2}(1+x^2)[\ln(1+x^2)-1]$.

二、1. (B) 2. (A).

三、1. $\frac{1}{2}x^2-\frac{1}{y}=C$. 2. $y=e^{-\frac{1}{2}(x-1)^2}+1$. 3. $y=\frac{-x}{\ln|x|-1}$.

4. $y=x(\ln|\ln x|+C)$. 5. $y=C_1e^x+C_2e^{-x}-\frac{1}{2}\sin x-\frac{1}{5}\cos 2x$.

6. $y=(C_1+C_2x+\frac{5}{6}x^3)e^x$. 7. $y=C_1\cos x+C_2\sin x+x^2-x$.

8. $y=C_1e^x+C_2e^{-x}-(\frac{x^2}{10}-\frac{13}{250})\sin 3x-\frac{3x}{25}\cos 3x$.

四、1. $f(x)=-3+\frac{11}{3}e^{-\frac{x}{2}}+2x+\frac{1}{3}e^x$. 2. $f(x)=\frac{1}{2}\sin x+\frac{1}{2}x\cos x$.

参 考 文 献

[1] 同济大学数学系. 高等数学：上册[M]. 6 版. 北京：高等教育出版社，2007.

[2] 上海交通大学数学系. 高等数学[M]. 2 版. 上海：上海交通大学出版社，2009.

[3] 复旦大学数学系. 数学分析：上册[M]. 3 版. 北京：高等教育出版社，2007.

[4] 现代应用数学手册编委会. 现代应用数学手册：分析与方程卷[M]. 北京：清华大学出版社，2006.

[5] 张顺燕. 数学的源与流[M]. 2 版. 北京：中国人民大学出版社，2003.

[6] 吴赣昌. 高等数学(理工类)：上册[M]. 北京：中国人民大学出版社，2006.